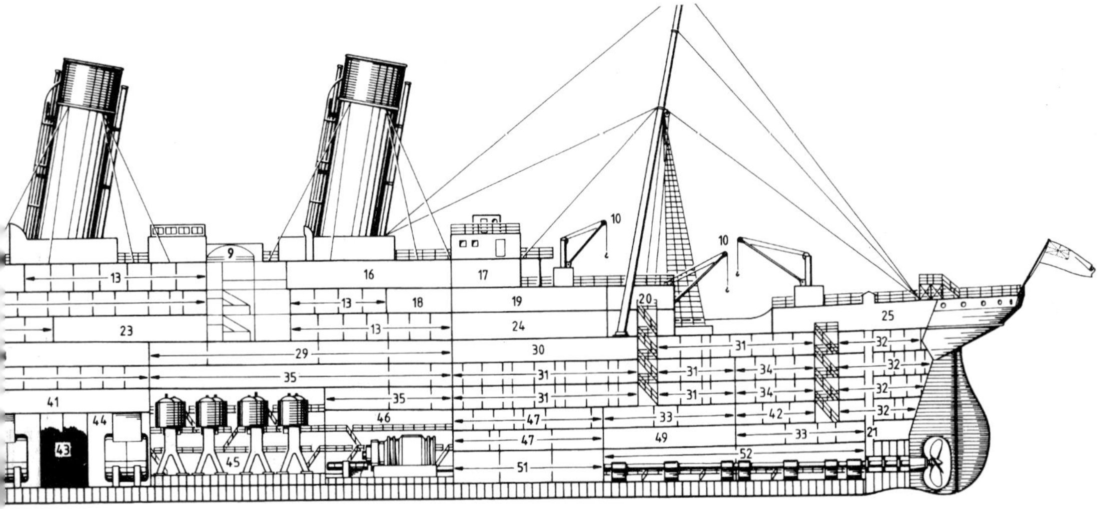

27 Empfangshalle 1. Klasse
28 Speisesaal 1. Klasse
29 Bäckerei und Küche 2. Klasse
30 Speisesaal 2. Klasse
31 Kabinen 2. Klasse
32 Magazin für Ersatzteile und Vorräte
33 Laderäume
34 Kabinen 3. Klasse
35 Personaldeck
36 Raum für Ballspiele
37 Gang
38 Schwimmbad
39 Türkisches Bad
40 Speisesaal 3. Klasse
41 Küche 3. Klasse
42 Aufenthaltsraum 3. Klasse
43 Kohlebunker
44 Kesselraum
45 Kolbendampfmaschinen
46 Dampfturbine
47 Proviantträume
48 Postraum
49 Kühlräume
50 Betriebsgang
51 Frischwassertanks
52 Wellentunnel
53 Doppelboden

Harro Hess · Manfred Hessel

TITANIC

Harro Hess · Manfred Hessel

TITANIC

Das Handbuch

Alles zur Titanic von A–Z

Mit 108 Abbildungen

Herbig

Umschlaggestaltung: Wolfgang Heinzel
Umschlagillustration: Michael Hellmich
Redaktionelle Mitarbeit: Gisela Hess
Layout und Satz: VerlagsService Dr. Helmut Neuberger
& Karl Schaumann GmbH, Heimstetten
Gesetzt aus der 10,5/13 Punkt Optima
in QuarkXPress auf Macintosh
Druck und Binden: Wiener Verlag, Himberg
Printed in Austria
ISBN 3-7766-2091-9

Inhalt

Vorwort

In 3800 m Meerestiefe liegt das Wrack eines Schiffes, das zum Mythos wurde. Die ›Titanic‹. Ich glaube, daß es kaum einen Menschen gibt, der nicht vom Schiff und den Legenden gehört hat, die sich um seinen Untergang gebildet haben. Ich bin davon überzeugt, daß die ›Titanic‹ zu einem Synonym für das wankelmütige und ambivalente Verhältnis von Mensch und Technik geworden ist.

Ich habe viele Jahre meines Lebens damit verbracht, mit Hilfe modernster Technologie nach Schiffen in den Tiefen der Meere zu suchen. Auf vielen dieser Expeditionen erlebte ich eine Menge technischer Unglücksfälle, große und kleine. Wenn man mit der Natur zu tun hat, kann die eigene Sicherheit und die der Ausrüstung nie garantiert werden.

Nach Katastrophen gibt es immer leidenschaftliche Diskussionen über die Ursache; bei der ›Titanic‹ zum Beispiel wurde die Technologie diskutiert, der Mangel an Rettungsbooten, die schlechten Nieten, die Notwendigkeit eines ständigen Funkverkehrs (constant radio operations). Aber nein, es war viel mehr als das, es war eine Verkettung (complex mixture of circumstances) verschiedenster Umstände und menschliches Versagen, die zur Kollision mit dem Eisberg und schließlich zum Tod von mehr als 1500 Menschen führte. Es war nicht die Technologie. Das ältere Schwesternschiff der ›Titanic‹, die ›Olympic‹, hat pflichtgemäß mehr als 500 Mal die Strecke über genau denselben Ozean zurückgelegt, zur selben Jahreszeit; mit denselben Maschinen ausgestattet, hat sie Tausende von Menschen sicher von Europa nach Amerika und zurück gebracht. Kaum jemand weiß von der ›Olympic‹, ihren Fahrten, ihrer Mannschaft.

Ich war der erste, der die ›Titanic‹ aufrecht und stolz auf dem Meeresgrund ruhen sah. Ich habe mit Ehrfurcht die Überreste eines Schiffs betrachtet, das einstmals das technologische Wunder seiner Zeit war. Und ich bin der Meinung, daß das Schiff dort unten gelassen werden sollte, damit

zukünftige Generationen es besuchen und über die Bedeutung seines Verlustes nachdenken können.

Aber leider sind andere nach uns gekommen und haben vom Schiff verschiedene Dinge mitgenommen. Ich hoffe, daß sie bald diese Aktivitäten einstellen und sich darüber klarwerden, daß es reine Dummheit ist, das Schiff heben zu wollen und daß zukünftige Technologiefortschritte es Millionen von Leuten ermöglichen werden, das Schiff mit Hilfe der (Technologie) der »Telepräsenz« zu besuchen.

Ich hoffe, daß dieses Buch zu Ihrem Verständnis der ›Titanic‹ beiträgt und zusätzliche Unterstützung bei der langfristigen Erhaltung dieses Schiffes auf dem Meeresboden leistet.

Robert D. Ballard

Einführung der Autoren

Ein Jahrhundert geht zu Ende. Ein Jahrhundert, das sich durch seine ungeahnten technischen Fortschritte auszeichnet. Die wichtigsten Meilensteine des so oft beschworenen technischen Fortschritts wurden Anfang des Jahrhunderts durch die Entwicklung der Verkehrsmittel gesetzt. Die Eisenbahnen waren im ersten Jahrzehnt von besonderer Bedeutung. In Deutschland war es der Leipziger Hauptbahnhof, der diese Entwicklung symbolisierte, und zugleich auch demonstrierte, daß die Eisenbahn ein Stück unserer Kultur geworden war. Die Eisenbahn war synonymhaft mit Pünktlichkeit verbunden. Erreichten die Züge allerdings die Küsten der Kontinente, stand den Reisenden oft eine lange Wartezeit bevor: Die Unbilden der Natur unterbrachen häufig den Schiffsbetrieb zwischen den Kontinenten. Die Züge brachten mittlerweile so viele Menschen auf einmal in die Häfen, daß die Hafenanlagen buchstäblich verstopft waren. Eine Antwort auf diesen »Reisestau« und auf die Unsicherheiten der Natur konnten nur neue, schnelle, große und stabile Schiffe sein. Zudem sollten sie auch »pünktlich wie die Eisenbahn« in ihren Zielhäfen ankommen, denn dort, vor allem in den USA, sollten die Reisenden ebenso pünktlich abgefertigt und an ihre Zielorte weiterbefördert werden.

Die Antworten auf die moderne Völkerwanderung und den beginnenden Tourismus waren Riesendampfer – wie die ›Olympic‹ und die ›Titanic‹. Die Reisezüge hielten an den Kais und die ankommenden Passagiere eines ganzen Zuges fanden in den bereitstehenden Schiffen Aufnahme. Die Dampfer setzten eigentlich den Schienenstrang über den Ozean fort. Auch der Komfort innerhalb der Schiffe entsprach nun durchaus dem der Bahnen.

Je größer und schneller allerdings Bahnen und Schiffe wurden, desto bedeutender waren auch die Unglücke, die sich aus unterschiedlichsten Gründen bei Bahn- und Schiffsverkehr einstellten. Doch der Glaube an die technische Be-

herrschbarkeit war so ungebrochen, daß man sich in den wenigsten Fällen auf eine Katastrophe einstellte. Den Reisenden suggerierte man das »unsinkbare« Schiff, sie sollten auf keinen Fall an ihrer Sicherheit zweifeln.

Daß die ›Titanic‹ an einem von Tausenden Eisbergen scheiterte, einem seit Jahrhunderten bekannten Phänomen der nördlichen Seewege zum Opfer fallen sollte, erschütterte die ganze Welt. Die Erschütterung dauert bis heute an. Sie hat tiefe Spuren in der Kulturgeschichte hinterlassen. Bücher und Filme, Theaterstücke, Opern, Gemälde, Lieder und Gedichte zeugen davon. Sie entstanden nicht nur unmittelbar nach dem Unglück – selbst nach den großen Weltkriegen flammte immer wieder das Interesse daran auf. Zunächst in dem Bewußtsein, daß dieses Schiff für immer verschwunden bliebe – dann wurde es als wiederentdeckter Sachzeuge einer Epoche überschäumender Technikbegeisterung gefeiert. Die ›Titanic‹ wurde zum Synonym für das Scheitern im allgemeinen und für gescheiterte technische Unternehmungen im besonderen. Bei der Katastrophe von Tschernobyl, dem Challenger-Unglück, dem durchgebrannten Reaktor von Harrisburg wurde immer wieder der Bezug zum Desaster der ›Titanic‹ hergestellt. Eine Schieflage in der Politik wird verglichen mit der Schieflage der ›Titanic‹ in ihren schlimmsten Stunden. Selbst auf den Autobahnen werden wir mit Abbildungen der ›Titanic‹ an die Kollision mit dem Eisberg erinnert. Jedem der Millionen Autofahrer wird unterstellt, daß er sofort weiß, was gemeint ist: ›Titanic‹ als Synonym für den unerwarteten Tod.

Mittlerweile vergeht kein Tag, an dem nicht in irgendeinem katastrophalen Zusammenhang die ›Titanic‹ als Bild, als Synonym, verwendet wird. Die ›Titanic‹ – und viele Schiffe ihrer Größe und Schönheit – wurden Anfang des 19. Jahrhunderts gebaut, um die Beherrschbarkeit der Natur durch Mensch und Technik zu demonstrieren. Ende des Jahrhunderts wurde sie das Synonym für Verwundbarkeit und Übermut.

Kleiner Hinweis zur Benutzung dieses Handbuchs
Das Handbuch ist alphabetisch gegliedert. Pfeile (→) im Text weisen auf weitere Stichworte hin, in denen bestimmte Themen genauer erörtert werden.

Abenteurer

»Für immer wird die ›Titanic‹ unseren Blicken entschwunden sein, werden die Opfer ihre letzte Ruhestätte in den absolut unzugänglichen Tiefen des Ozeans gefunden haben.« Das schrieb die renommierte Berliner »Vossische Zeitung« nach dem Abschluß der Anhörungen vor dem US-amerikanischen Kongreßausschuß. (171) Damit wurde seinerzeit ein Punkt unter dieses dunkle Kapitel der Seefahrtsgeschichte gesetzt.

Dieses allgemeine Urteil entsprach dem Wissensstand zu Beginn des Jahrhunderts. Die damals schon bekannten Druckbedingungen auf dem Meeresboden ließen zu dem Zeitpunkt keinen Gedanken an eine realisierbare Bergung des Schiffsriesen zu. In 3000 m Tiefe ist nämlich mit einem Druck von fast 30 000 kPa zu rechnen.

Allenfalls die kühnen Träume von Jules Verne ließen damals den Gedanken an einen Besuch mit einem Unterseeboot in diesen Tiefen aufkommen. Ernsthaft daran geglaubt hat niemand. Erst als im Jahre 1934 der Amerikaner Beebe eine Tiefe von annähernd 1000 m in einer Stahlkugel erreichte, gewannen die Tiefseebereiche das Interesse der Öffentlichkeit. Der Weg in ozeanische Tiefen wurde zur Mutprobe und zum Bewährungsfeld für Meeresforscher.

Mit verbesserten Ortungsgeräten, der präzisen, durch Erdsatelliten gestützten Navigation und technischen Geräten zum Tieftauchen wurde auch das Interesse an einem Objekt wie der ›Titanic‹ zu einer Herausforderung von Phantasie und Technik.

Die ›Titanic‹ konnte gefunden werden, es schien nur noch eine Frage der aufzuwendenden Mittel zu sein, sie zu orten und zu heben. Im März 1985 spekulierte die »Bunte Illustrierte« bereits mit dem Gedanken, Reporter mit dem Tiefseetauchboot von Piccard, der ›Trieste‹, in die Nähe der ›Titanic‹ manövrieren zu lassen. (142)

Je näher die technischen Möglichkeiten den phantastischen Überlegungen einiger unentwegter Abenteurer oder spleeniger Milliardäre kamen, desto mehr wurde über die ›Titanic‹ in der Öffentlichkeit laut nachgedacht und geschrieben.

Kranteile auf dem Vorschiff. Sie führten zur schnellen Identifizierung des Wracks.

Zunächst wurde über den möglichen Zustand des Wracks gefachsimpelt: ob das Wrack zerborsten wäre und als »riesiger Schrotthaufen« auf dem Meeresboden verstreut liegen würde, oder ob es nur »in der Mitte beim Aufprall auf einen vulkanischen Grat« (154) zerbrochen sei. Man stritt sich um ein Objekt, von dem die »Interessenten« noch nicht einmal wußten, wo es überhaupt lag.

Und wieder wurde das Schiff zu einer Legende gemacht, wieder von der gleichen Sorte Menschen und Interessengruppen, die es bereits kurz nach dem Untergang für ihre Zwecke ausgebeutet hatten: eilige und voreilige Presseleute, nun auch Fernsehjournalisten, Männer mit Geld. Die schillerndste Persönlichkeit unter den Milliardären ist der Texaner Jack → Grimm, der sich bereits bei der Suche nach dem »Ungeheuer von Loch Ness« und bei Verfolgungsjagden um den »Schneemenschen« einen Namen gemacht hatte. Wer sich in jenen Jahren um das Wrack der ›Titanic‹ bemühte, gar große Summen investierte, galt als Abenteurer.

Nur wenige Jahre später wuchs eine neue Generation von Abenteurern heran, die auf wissenschaftlicher Grundlage zielstrebig den Meeresboden erforschten. Die prominentesten Abenteurer waren → Ballard und Michel, die schließlich bei der → Wracksuche erfolgreich waren.

Abreise

Die erste offizielle Reise der ›Titanic‹ begann in → Southampton. Die Passagiere reisten zu den Southampton-Kais in der Regel mit dem Zug aus London. Die Reisenden der 1. und 2. Klasse beförderte ein Sonderzug ›Titanic-Special‹ am 10. April 1912 um 9.45 Uhr von Waterloo Station nach Southampton-Kai. Nach knapp zweistündiger Fahrt, gegen 11.30 Uhr, kam der Zug auf dem Kai, neben der ›Titanic‹ zum Stehen. Auf kurzem Weg erreichten die Passagiere das Schiff. Es wird berichtet, daß die Passagiere mißmutig beobachteten, daß die Besatzung des Schiffes »ein bunt zusammengewürfelter Haufen« gewesen sei. In der Hafenliegezeit von nur sechs Tagen, vom Tag der Übergabe bis zur Abreise, also vom 4. bis 9. April, gab es an Bord des Dampfers noch manches Problem zu lösen. Es mußten schon äußerst erfahrene Leute sein, die ein solches Schiff für die erste Reise vollständig auszustatten vermochten. Dazu kam der Zeitdruck, denn nach einem ungeschriebenen Gesetz in der Linien-Passagierschifffahrt durfte der Auslauftermin unter keinen Umständen verschoben werden, um den Ankunftstermin in New York unbedingt zu sichern. Für die ›Titanic‹ war der 10. April als Abreisetermin seit langer Zeit festgesetzt. Der Termin wurde zunächst präzise eingehalten. Nachdem der Lotse an Bord war, bugsierten sechs Schlepper die ›Titanic‹ gegen 12.00 Uhr aus ihrem Liegeplatz Nr. 44.

Während des Auslaufmanövers kam es zu einem Zwischenfall, der die endgültige Abreise doch noch verzögern sollte. An den Test-Kais (sie tragen den Namen nach dem kleinen Fluß der hier in den Southampton-Kanal mündet) hatte der amerikanische Dampfer ›New York‹ festgemacht. Durch die ungeheure Wasserverdrängung der ›Titanic‹ kam es zu einem heftigen Sog, in dessen Folge die Taue der ›New York‹ rissen. Das Schiff drehte sich mit dem Heck zur ›Titanic‹, durch beherztes Handeln der Schlepperbesatzungen und der präzisen Manöver der ›Titanic‹ wurde eine Kollision verhindert. Mit nunmehr über einer Stunde Verspätung verließ die ›Titanic‹ den Hafen. (→ Reiseplan)

›Akademik Keldysch‹ → Forschungsschiff

›Alvin‹

Mit dem Klein-U-Boot ›Alvin‹ fand die erste Tauchfahrt zum Wrack der ›Titanic‹ statt. Die wissenschaftliche Leitung der Aktion hatte der Geologe und Meeresforscher Robert D. → Ballard.

An der Konstruktion dieses Tiefseetauchboots war Ballard bereits seit 1962 beteiligt. Gebaut wurde das Boot 1963. Die Entwicklung von Tiefseetauchgeräten wurde in den 60er Jahren in den USA, Frankreich und in der Sowjetunion vorangetrieben. Zunächst sollte der Meeresboden auf mögliche Rohstoffreserven erkundet werden. Sehr bald aber galt die Tiefseeforschung vorrangig militärischen Aktionen – von der Überwachung der Tiefsee zur Erkennung von U-Booten des Gegners bis zur Bergung von vermißten Waffensystemen oder deren Teilen. ›Alvin‹ machte erstmalig bei der Erkundung einer verlorengegangenen Wasserstoffbombe im Jahre 1966 von sich reden. In 735 m Wassertiefe entdeckte die Besatzung die Bombe. Sie wurde anschließend von einem unbemannten Tauchfahrzeug geborgen.

In der Folge eines gefährlichen Unfalls im Jahre 1968 versank das Tauchboot nach geglückter Rettung der Besatzung. ›Alvin‹ kam auf dem Meeresgrund in 1560 m Tiefe zu liegen. Ein Jahr später, 1969, wurde das Tauchboot geborgen.

›Alvin‹ wurde später für geologische Untersuchnungen zur Erkundung des Mittelatlantischen Rückens eingesetzt. Bei diesen Forschungsarbeiten blieb ›Alvin‹ während eines Tauchganges im Jahre 1974 mitsamt Besatzung in einer Spalte aus Lava stecken. Die große Stunde von ›Alvin‹ kam ein Jahr nach der Entdeckung des Wracks der ›Titanic‹ und der Dokumentation des Trümmerfeldes durch das Kamera-Suchsystem ANGUS und ›Argo‹ (gemeinsam mit dem französischen Forschungsschiff ›Suroit‹).

Die Begegnung mit den Wrackteilen der ›Titanic‹ 1986 war gewissermaßen der Höhepunkt der Geschichte des Tiefseetauchbootes, »vergleichbar mit der Besteigung des Mount

Everest«. (3) An Bord befand sich neben der dreiköpfigen Besatzung auch ›Jason junior‹, der Prototyp eines Tauchroboters, dem die ersten Innenaufnahmen aus dem ›Titanic‹-Wrack zu verdanken sind. (3)

Andrews, Thomas
(1873–1912)

Thomas Andrews war Leiter der Konstruktionsabteilung von → Harland & Wolff.

In der Öffentlichkeit erfuhr man erst von ihm, als nach dem Unglück bekannt wurde, daß er und Kapitän Smith nach dem Zusammenprall der ›Titanic‹ mit dem Eisberg eine erste Schadensanalyse erstellt hatten. Dabei waren sie zu dem Schluß gekommen, daß das Schiff innerhalb von etwa 2 Stunden sinken werde, »eine mathematische Tatsache, klar, verständlich und simpel. Es gab keinen Ausweg.« (22)

Andrews war Chef der Konstruktionsabteilung von Harland & Wolff in Belfast und in dieser Eigenschaft für die technische Konstruktion und Gestaltung der ›Olympic‹ und ›Titanic‹ zuständig. Er stammte aus der Nähe von Belfast und galt als ein fähiger Schiffbauer. Andrews hatte wichtige konstruktive Elemente entwickelt. Sie verliehen den Schiffen besondere Stabilität, um auch in schwerer See komplikationslos Fahrt zu machen. Charakteristische Säulenkonstruktionen, die sich verjün-

Thomas Andrews, Leiter der Konstruktionsabteilung von Harland & Wolff

gend vom Schiffsboden bis in die oberen Decks zogen, verliehen dem Schiff besondere Festigkeit.

Ihm wird auch zugeschrieben, die bis dahin immer bemängelten Vibrationen der Maschinen und Aggregate durch besondere Konstruktionen und Bauweisen verringert zu haben. Er hatte zunächst die → ›Olympic‹ und nun auch die ›Titanic‹ auf ihrer Jungfernfahrt begleitet, um gegebenenfalls konstruktive Mängel zu vermeiden oder optische Gestaltungselemente (Wandtäfelungen oder Raumaufteilungen) bei künftigen Bauten noch zu verbessern. Für ihn wurde auf der ›Titanic‹ eine spezielle Kajüte eingerichtet, die es ihm ermöglichte, recht schnell zu wichtigen Punkten des Schiffes zu gelangen.

Andrews genaue Kenntnis des Schiffes hatte nach der Kollision zu einer sehr genauen Schadensanalyse geführt: Nicht ein Schlitz, sondern mehrere → Lecks hatte der Eisberg geschlagen. Die von ihm errechnete Schwimmfähigkeit war nur so erklärbar.

Über Andrews wurde berichtet, daß er sich bis zuletzt an der Rettung der Passagiere beteiligte.

Ankunft Überlebender

New-York, Cunard-Pier

Donnerstag, 18. April, 20.30 Uhr. Im Hafen von New York läuft der Cunard-Dampfer → ›Carpathia‹ ein. Es ist das einzige Schiff, das Überlebende der ›Titanic‹ vor Neufundland aufgenommen hat. Alles andere sind → Falschmeldungen, vielleicht auch diktiert von der Hoffnung jener, die nun an der Cunard-Pier in einer fast unüberschaubaren Menge stehen und Angehörige, Freunde und Geschäftspartner erwarten.

40 000 New Yorker – an anderer Stelle wird von 100 000 Menschen gesprochen – stehen in strömendem Regen und sehen mit Betroffenheit dem Schiff mit den Geretteten entgegen.

Eine weit kleinere Gruppe von Menschen entfaltet zur selben Zeit eine fieberhafte Aktivität, die von allen Beteiligten mit Unmut beobachtet wird: Reporter, mit und ohne Fotoap-

Edwina Mackenzie (1884–1984), Überlebende des Schiffsunglücks, am Modell der ›Titanic‹

parat, mit Megaphonen bewaffnet und bereit, jeden Gedanken an die Opfer der Katastrophe bedenkenlos zu vermarkten, kämpfen ihren eigenen Kampf um die Chance eines ersten Wortes, eines ersten Bildes oder die erste Beschreibung eines Gefühlsausbruches von einem überlebenden ›Titanic‹-Passagier.

Eine Armada von ungezählten Booten, von der Presse angemietet, stürzt sich mit den erwartungsvollen Reportern dem sich schwerfällig nähernden Cunard-Dampfer entgegen. Als die Boote und das Schiff sich schließlich begegnen, zuckt die ›Carpathia‹ im Feuer der Magnesium-Blitzlichtwolken.

Die Reporter-Armada umschwärmt den Dampfer, jedes Mittel ist recht, um Leute vor die Kamera oder den Notizblock zu zerren. Mit Dollarnoten versucht man, Mannschaften zum Sprung in die kalten Fluten des East River zu verleiten, um ihnen ein noch so spärliches Interview zu entlocken. Die Ankunft der ›Carpathia‹ wird zu einem dunklen Kapitel in der Geschichte des Journalismus.

Als die ›Titanic‹-Reisenden der 1. und 2. Klasse über die Gangway die ›Carpathia‹ verließen (die 3.-Klasse-Reisen-

Rechts: Marshall Borew. Im Jahre 1912 überlebte er als 8jähriger das Unglück.

den, zumeist Auswanderer, mußten sich noch der Einwanderungsprozedur unterziehen), endete für sie die letzte Etappe ihrer Seereise über den Atlantik, die so vielversprechend begonnen hatte. Sicherlich wären sie bei planmäßiger Ankunft im New Yorker Hafen sehr aufwendig empfangen worden, die Jungfernfahrt der ›Titanic‹ wäre aber im Schatten anderer neuer technischer Glanzleistungen bald wieder verblichen. So aber gingen zwei Schiffe, die ›Titanic‹ und durch die Rettungsaktion auch die ›Carpathia‹ in die Seefahrtsgeschichte und die Kulturgeschichte des noch jungen 20. Jahrhunderts ein.

Ausguck

Die ›Titanic‹ besaß zwei Masten. Sie dienten neben der Antennenbespannung auch als Kräne. Am vorderen Mast befand sich in einer Höhe von ca. 15 m der Ausguck, das sogenannte »Krähennest«, in dem jeweils zwei Besatzungsmitglieder (Ausguck) Wache hatten. Im Krähennest befand sich eine Telefonverbindung zur Brücke und eine Glocke. Zum Zeitpunkt des Unglücks war das »Krähennest« mit den Mannschaften Frederic Fleet und Reginald Lee besetzt. Sie hatten die Wache um 22.00 Uhr angetreten.

14. April 1912 – 23.39 Uhr: Mit bloßem Auge – Ferngläser hielt man nicht für erforderlich – bemerkt Frederic Fleet einen »schwachen, dunklen Schatten, eine kleine schwarze Masse«, die direkt auf dem Kurs der ›Titanic‹ lag. (66)

Mit einem dreifachen Glockenschlag wurde die Gefahr voraus signalisiert und per Telefon die Brücke benachrichtigt. Kurz darauf hatte die ›Titanic‹ → Eisberührung.

23.40 Uhr: Alarm – Eisberg voraus – wird weitergeleitet. Den Anruf hatte der 6. Offizier Moody entgegengenommen.

Fleet sagte später vor dem Untersuchungsausschuß in Washington aus: »Ich habe nur gedacht: Da sind wir noch mal knapp davongekommen.« (22)

Die Sichtbedingungen in den letzten Minuten vor der Kollision mit dem Eisberg waren ein wichtiger Gegenstand der → Untersuchungen in den USA und später in Großbritannien. »Wir sprachen über das Wetter, über die ruhige See und wann wir in Eisnähe kommen werden ... Kapitän Smith meinte, daß wir die Geschwindigkeit stark drosseln sollten, wenn es auch nur wenig diesig wird ... Wir sprachen auch über die Sichtweite ... die Luft war sehr klar. Wir konnten am Horizont untergehende Sterne erkennen.« So eine Aussage des 2. Offiziers Lightoller während der Anhörungen.

Ausrüstung

Vom Stapellauf bis zur geplanten Jungfernreise waren exakt 305 Tage vorgesehen. Die ›Titanic‹ mußte seetüchtig gemacht werden und ihr endgültiges Antlitz erhalten.

Jetzt dauert es nicht mehr lange bis zum Stapellauf.

Die Maschinenanlage der ›Titanic‹ im Bau. Die zwei äußeren Schrauben werden von Dampfmaschinen (Kolbenexpansionsmaschinen) angetrieben, die mittlere Schraube von einer Dampfturbine.

Noch hatte sie keine Masten, Hauptmaschinen, Boote, noch fehlten die vier mächtigen Schornsteine, die das Brückendeck um 21,6 m überragen sollten. Die Maschinenanlagen, gastronomischen Einrichtungen, Mannschaftsunterkünfte, Passagierkabinen, Navigations- und Rettungseinrichtungen waren fertigzustellen. Den Werftleuten gelang es durch bessere Raumausnutzung, vorwiegend in der 1. Klasse, 163 Passagierplätze mehr einzurichten als auf der ›Olympic‹. Ende 1911 hatten die zwei Kolbendampfmaschinen und die

Turbine, die Generatoren zur Elektroerzeugung, zahlreiche Pumpen und die 29 Dampfkessel ihren Platz gefunden. Das Prinzip der Hauptmaschinen und ihrer Wirkung auf die drei Schiffsschrauben war klar überschaubar. Zwei bewährte Dampfmaschinen (Kolbenexpansionsmaschinen) trieben die äußeren Propeller an, die direkt wirkende Parson-Turbine war auf die mittlere Schraube geschaltet. Jeder der sechs Kesselräume hatte seinen separaten Kohlenbunker. Die Bunker konnten im Hafen durch 24 Pforten an der Bordwand aufgefüllt (bebunkert) werden. Damit waren rund 43 % des nutzbaren Schiffsraumes ausgelastet. In dieser Bauphase wurde auch der später umstrittene → Heizertunnel eingebaut, durch den das Maschinenpersonal, die Trimmer, Heizer, Schmierer, ungesehen von den Passagieren in ihre Unterkünfte gelangen konnte. Über den Kessel- und Maschinenräumen befanden sich sieben weitere Decks mit den Kabinen und zahlreichen Gesellschaftsräumen für die Passagiere. Februar 1912. Schornsteine, Masten, Kräne, Antennen und Rettungsboote waren nun zu sehen. Nach einer Gesamtbauzeit von drei Jahren und 31 Tagen wurde am 2. April 1912 das technische Meisterwerk fertiggestellt. Der Präsident der White Star Line, Bruce → Ismay, war zuvor mit der ›Olympic‹ gereist, um eventuelle Fehler zu entdecken, die man auf dem Schwesterschiff vermeiden sollte. Solche Fehler bestanden nach seiner Meinung in der Platzverschwendung und in einer fehlenden Fenstergalerie, die den Passagieren der 1. Klasse rauhe Winde von den Kabinen fernhalten sollte. Diese und viele andere Verbesserungen zielten zunächst darauf ab, die Schiffspassage über den Nordatlantik so angenehm wie möglich zu gestalten und besonders jene Gäste auf der ›Titanic‹ begrüßen zu können, denen es auf eine nur um Stunden schnellere Passage nicht ankam. Es war jene Zeit, als Seereisen ein Ferienspaß für zahlungskräftige Passagiere wurden.

Ätherkrieg

Der Konkurrenzkampf zwischen den industriellen Unternehmungen, die sich mit der drahtlosen → Telegrafie beschäftig-

ten, war 1912 voll entbrannt. Die technischen Besonderheiten einzelner Systeme ließen sich in der Praxis kaum noch unterscheiden, es ging hauptsächlich um die Gewinnung von Marktanteilen. Siemens & Halske hatten Patente von Braun erworben und gründeten als Reaktion auf die Expansionsbestrebungen Marconis die Gesellschaft für drahtlose Telegraphie m.b.H., die den Systemnamen »Telefunken« annahm.

→ Marconi hatte neben der Herstellung und der Installation von Sendeanlagen zugleich auch die gewerbliche Nachrichtenübermittlung durch eigene Stationen gesichert. Ab Ende 1900, kurz nachdem die ersten drahtlosen Übermittlungen über den Kanal geglückt waren, wurden Schnelldampfer gegen eine Jahresmiete mit Marconi-Stationen ausgerüstet, die ausschließlich von Angestellten der Marconi-Gesellschaft bedient werden durften. Telefunken wollte diesem Beispiel folgen.

Die marktbeherrschende Marconi-Gesellschaft setzte nun darauf, daß alle ihre Angestellten den Funkverkehr mit deutschen Schiffen ablehnten, die mit Telefunken-Systemen ausgerüstet waren. Davon ausgenommen sollten die Notruf-Signale sein. Ähnliche Schwierigkeiten bereitete die Marconi-Gesellschaft auch den US-Amerikanern, die mit ihrem de-Forest-System in eine ähnliche Lage gerieten. Um die Monopolstellung von Marconi zu unterlaufen, gründeten AEG und Siemens & Halske am 9. 2. 1911 eine neue Gesellschaft, die DEBEG (Deutsche Betriebsgesellschaft für drahtlose Telegraphie). Sie hatte das Nutzungsrecht für alle deutschen und englischen Patente erworben, so konnten patentierte technische Lösungen auch anderer Systeme verwendet werden.

Im Jahre 1910 existierten rund 1300 drahtlose Stationen auf der Welt. Davon gehörten etwa 88% der Marconi-Gesellschaft. Das Verhältnis änderte sich später durch eine Reihe von technischen Neuerungen zugunsten der Telefunken bzw. der DEBEG – ohne daß die Schwierigkeiten beim Funkbetrieb auf See grundsätzlich behoben waren.

Trotz des »Internationalen Telegrafenvertrages« aus dem Jahre 1906, gab es 1912 noch kein einheitliches systemübergreifendes Notrufsignal.

In der Notsituation der ›Titanic‹ lag es im Ermessen des

Funkers Phillips, ob er das Marconi-Signal C-Q-D (come quick danger) oder das neuere S-O-S senden sollte. Daneben wurde auch noch das Rufzeichen N-C von de Forest verwendet. S-O-S ist heute das internationale Seenotsignal. (→ SOS; → Funker; → Funkstille; → Reichweiten)

Ausstellungen

Unmittelbar nach der Entdeckung des ›Titanic‹-Wracks durch den Amerikaner Robert D. Ballard am 1. September 1985 und der zweiten Expedition im Juli 1986 erlebt das Interesse an der Geschichte der ›Titanic‹ einen ersten Höhepunkt. Das Thema wird in zahlreichen kleinen und z. T. auch sehr komplexen Ausstellungen aufbereitet. Veranstalter sind Hobbyforscher und ›Titanic‹-Fans, Schiffahrtsmuseen, Fachmuseen und professionelle Ausstellungsveranstalter.

Eine erste Ausstellung von Fundstücken fand 1989 im Marinemuseum in Paris statt.

Die gleiche Ausstellung wurde 1990 in Skandinavien, in Stockholm, Malmö, Göteborg und Oslo gezeigt. Vom 4. Ok-

Hamburg, Speicherstadt. Treffpunkt der ›Titanic‹-Fans anläßlich der ›Titanic‹-Ausstellung 1997/1998

Die Kessel der ›Titanic‹ als werbewirksame Eingangsgestaltung zur ›Titanic‹-Ausstellung

tober 1994 bis 31. Oktober 1995 besuchten rund 750 000 Gäste die ›Titanic‹-Sonderausstellung im britischen Marinemuseum in Greenwich. Zweihundert aus dem Wrack stammende Gegenstände, zahlreiche Dokumente und Modelle wurden den Besuchern präsentiert. (153)

Besonders großes Publikumsinteresse zeichnete die Ausstellung »Expedition Titanic« aus, die von Mai 1997 bis September 1998 in Hamburg, anschließend in Zürich zu sehen war. Sie präsentierte 300 aus dem Wrack geborgene Objekte, Fotos, Nachbauten von Salons und technische Geräte aus der Tiefseeforschung. Geprägt war diese emotional betonte Ausstellung von den → Fundstücken aus dem Wrack. Veranstalter war die »RMS Titanic, Inc.«, eine in den USA unter maßgeblicher Mitwirkung von George Tullock gegründete Gesellschaft, die die alleinigen Bergungsrechte am Wrack der ›Titanic‹ besitzt und mit drei inhaltlich ähnlichen Ausstellungen durch die Welt tourt. Allen ist gemeinsam, daß sie hervorragend restaurierte Originalstücke aus dem Wrack präsentieren. Diese Gesellschaft hat auch den Gedanken an

ein schwimmendes ›Titanic‹-Museum noch nicht aufgegeben.

Eine bemerkenswerte Ausstellung veranstaltete 1994 das Filmmuseum in Potsdam. Die Exposition war im wesentlichen der Filmgeschichte des deutschen ›Titanic‹-Films von 1943 gewidmet. (→ Filme)

Daneben gab und gibt es kleinere, selbst gestaltete Ausstellungen mit eher wissenschaftlichem Charakter, z. B. 1997 im Schiffahrtsmuseum Flensburg und im Wrackmuseum Cuxhaven. 1987 und 1998/1999 machte sich das Schiffahrtsmuseum in Rostock um dieses Thema verdient.

Links: Mit weithin sichtbaren Fahnen werden die Besucher angelockt.

Empfehlenswert ist ein Besuch des Marine-Museums in → Southampton. An historischem Ort gibt eine ständige ›Titanic‹-Ausstellung auf kleinem Raum qualifizierte Auskünfte über die Geschichte des Schiffes und seiner Beziehungen zur Stadt. Bemerkenswert ist die hier angebotene Vielzahl von sachbezogenen Publikationen.

In zahlreichen weiteren Schiffahrtsmuseen wird weltweit, meist in marinehistorischen Abteilungen, an die Schiffstragödie erinnert.

In Potsdam fand eine eindrucksvolle Ausstellung zur Filmgeschichte der ›Titanic‹ großen Anklang.

Ballard, Robert D.

Robert D. Ballard entdeckte gemeinsam mit dem Franzosen Jean-Louis Michel am 1. September 1985 das Wrack der ›Titanic‹.

Prof. Dr. Ballard ist Geologe und Geophysiker. Lange Jahre arbeitete und lehrte er an der »Woods Hole Oceanographic Institution«, einer der bedeutendsten Meeresforschungseinrichtungen der Welt. Außerdem war er lange Zeit Direktor des »Zentrums für Meeresforschung«. Hier bildeten die Erforschung des »Mittelatlantischen Rückens« und der vulkanischen Besonderheiten dieses fast 14 000 km langen Unterwassergebirges den Schwerpunkt seiner Forschungstätigkeit. Die Entdeckung und Beschreibung zahlreicher Phänomene des Tiefseevulkanismus, besonders 1977 die der »schwarzen Schlote«, gehen auf seine Tiefseeexpeditionen zurück. Mit seinen geologischen Erkenntnissen besonders über die Struktur des Meeresbodens und der Dynamik magmatischer Vorgänge hat er unser Wissen über die Erde revolutioniert.

Robert D. Ballard während einer Lesung in der Berliner Urania

In einer späteren Etappe seiner wissenschaftlichen Arbeit beschäftigte er sich mit der Lokalisierung und Identifizierung von Schiffswracks auf dem Meeresboden. Sein zunächst spektakulärster Erfolg dieser neuen Forschungsetappe war die Entdeckung von Teilen des Wracks der ›Titanic‹ von Bord des Forschungsschiffes → ›Knorr‹. Mit dem

Tauchboot → ›Alvin‹ begann Ballard am 13. Juli 1986 die erste bemannte Tauchfahrt zum Wrack. Während der 6. Tauchfahrt legte die Expedition eine Plakette zum Gedenken an die Opfer des Unglücks auf dem Deck der ›Titanic‹ ab. Sie verließen den Fundort – ganz bewußt ohne Fundstücke mitzunehmen.

Die → Wracksuche und der → Fund des Wracks der ›Titanic‹ initiierten weitere wichtige Forschungsarbeiten, die Tiefseearchäologie bekam neue Impulse. Ballard entdeckte u. a. die ›Isis‹, ein altes römisches Handelsschiff aus dem vierten vorchristlichen Jahrhundert. 1993 erkundete er das Wrack des Cunard-Dampfers ›Lusitania‹, der am 7. Mai 1915 von einem deutschen Torpedo südlich von Queenstown mit 1959 Passagieren an Bord versenkt wurde.

Ballards Vorträge, Bücher und neuerdings auch eine ›Titanic‹-CD-ROM mit einem Strategiespiel (3) (102) (211) machen deutlich, daß Ballard nicht nur mit wissenschaftlicher Sorgfalt seine Forschungsergebnisse aufarbeitet, sondern sie auch einem breiten Kreis von Interessenten zugänglich machen möchte.

Bergungsideen

Die ›Titanic‹ zu bergen, wurde nach ihrer Wiederentdeckung zu einer latenten Forderung von begüterten ›Titanic‹-Fans. Es ging dabei auch um Gewinnsucht, denn man wollte wenigstens den Inhalt aus den → Tresoren an Bord der ›Titanic‹ bergen, wenn schon nicht das gesamte Wrack gehoben werden könne. Auch das »Post Office« stand im Mittelpunkt des Interesses, denn man vermutete hier die Schätze der Amsterdamer Juwelenhändler, die ihre Sendungen dem »unsinkbaren« Schiff auf seiner Jungfernfahrt anvertraut hatten. (171)

Der Interessenkonflikt der ›Titanic‹-Sucher lag auf der Hand: Die einen wollten das ganze Schiff bergen, wozu bereits »ausgefeilte« Technologien erörtert wurden; die anderen wollten ihre technischen Anstrengungen nur auf bestimmte Teile der Fracht richten.

Die Vorstellungen von der Hebung des Wracks gingen in

der Regel davon aus, daß der Schiffskörper als Ganzes erhalten war. Mit dem nötigen Auftrieb könne man das Wrack dann bergen.

Eine Bergungsidee bestand darin, den Schiffskörper abzudichten und das in den abgedichteten Hohlräumen vorhandene Wasser durch Elektrolyse zu dissoziieren. Die dabei entstehenden Gase würden die Kammern und Räume ausfüllen und das Schiff sanft an die Oberfläche steigen lassen.

Ein weiterer, von ungarischen Ingenieuren ersonnener Vorschlag sah vor, die Räume des Schiffes mit Polystyrol-Schaum auszuschäumen und auf diese Weise das Schiff an die Oberfläche zu befördern. Nach einer anderen Idee sollten chemische Substanzen eingebracht werden, die in großer Tiefe tennisballgroße Hohlkugeln bilden, die wiederum das Schiff an das Tageslicht heben würden.

Ein interessanter Vorschlag einiger Ingenieure lief darauf hinaus, das Schiff in einen »Eisberg« zu verwandeln. Da die Wassertemperaturen am Meeresgrund ohnehin nur wenige Grad Celsius über Null betrügen, wäre nur ein verhältnismäßig geringer Energiebedarf erforderlich, um das Schiff rundum »einzueisen«. Mühselige Arbeiten zum Abdichten entfielen, und die geringere Dichte des Eises würde bereits bei einer minimalen Stärke der Eisschicht innerhalb des Schiffskörpers zu dessen Auftrieb führen.

Der → Roman »Hebt die Titanic« stachelte das allgemeine Interesse an einer Bergung der ›Titanic‹ weiter an. Die Realität auf dem Meeresgrund machte alle Ideen zu Seifenblasen: Das Schiff war in zwei Teile zerbrochen. Nun können allenfalls einzelne Wrackteile auf ganz traditionelle Weise mit Hubzeugen geborgen werden.

Immerhin wurden viele Ingenieure und Erfinder angeregt, sich mit diesem Problem zu befassen. Daß es einigen Unternehmen und Persönlichkeiten durchaus ernst war mit den Bergungsgedanken, dafür sprechen Namen wie die des amerikanischen Astronauten Frank Borman und der Witwe des ehemaligen US-Präsidenten Lyndon B. Johnson. Sie standen an der Spitze eines Konsortiums zur Bergung der ›Titanic‹ und waren auch an der Finanzierung der ersten offiziellen Suchexpedition von amerikanischer Seite aus beteiligt.

Besatzung → Crew

Besatzungsmitglieder, angebliche → Dittmar-Pittmann

Blauer Diamant

Eine der Geschichten, die das Schicksal der ›Titanic‹ und ihrer Passagiere begleitet haben, ist die vom »Blauen Diamanten«.

Große Diamanten haben ihre Vergangenheit – und ihre Geschichte! Wegen ihrer Größe und Einmaligkeit hinsichtlich Gestalt und Wert, sind die Fundorte und Besitzer meist bekannt. Um die Jahrhundertwende galten zwölf Diamanten als die berühmtesten Steine, darunter der »Großmogul« mit 270 Karat, der »Regent« mit $136^{3}/_{4}$ Karat, der »Stern des Südens«, der »Koh-i-Noor« und der »Blaue Diamant von Hope«, letzterer mit $44^{1}/_{4}$ Karat.

Der »Blaue Diamant« wurde mit einer Reihe von ungewöhnlichen Schicksalsschlägen in Zusammenhang gebracht, die seine Besitzer trafen. Der letzte Schlag gegen einen seiner Besitzer sollte der Untergang der ›Titanic‹ sein. So jedenfalls hieß es in einer Nachricht schon wenige Stunden nach der Schreckensnacht. Wer sie zuerst verbreitete, bleibt ein Rätsel. Anlaß zu dieser Spekulation dürfte jedoch die Diamantenbörse gewesen sein, die im April 1912 zahlreiche Juwelenhändler aus aller Welt nach New York einlud. Aus dieser Tatsache resultierte das Gerücht, daß sich Diamantenschleifer und Händler aus Amsterdam, einer der Hochburgen des Diamantenhandels und der Diamantenverarbeitung, mit einigen Prachtexemplaren an Bord der ›Titanic‹ befunden haben sollten. »Was war also naheliegender, als einen geheimnisvollen Diamanten mit langer Geschichte, der zudem in Amsterdam beheimatet war, in die Fracht kurzerhand hineinzuschmuggeln?« orakelte die »Vossische Zeitung«. Auf diese Weise wurde dem Schiffsuntergang ein wenig Mystik beigefügt und die Neugier der Leser zusätzlich angeregt.

Schaurige Geschichten sollten den Beweis für die Unglücksmacht des Edelsteins erbringen; sie hatten sich zum Teil schon lange vor dem angeblichen Verlust des »Blauen Diamanten« durch den Schiffsuntergang zugetragen. Sie sollten den Beweis für die Unglücksmacht des Edelsteins beispielsweise auf folgende Weise erbringen, wie die Vossische Zeitung berichtet:

»Man kennt die unheimliche Sage, die sich an den berühmten ›Blauen Diamanten‹ knüpft. Dieser kostbare Stein soll jedem seiner Besitzer verhängnisvoll geworden sein. Sein erster Eigner war ein türkischer Sultan, der entthrohnt wurde, ein späterer Besitzer, der spanische Jude Habib ertrank, dann gelangte der Stein an die Königin Marie Antoinette, die ihr Leben auf dem Blutgerüst endete. Seine – des Steins – Erbin, die Prinzessin Lamballe, wurde vom Pariser Straßenpöbel in Stücke gerissen. Ein Amsterdamer Juwelier beging Selbstmord. Der letzte Käufer, der den unheimlichen Stein erst vor drei Wochen erwarb, war ein Mister McLean aus Washington. Er befand sich unter den Reisenden der ›Titanic‹ und ist mit dem Schiff und dem ›Blauen Diamanten‹ untergegangen.« (171)

Doch so ganz einig waren sich die Chronisten über den Besitzer des Steines nicht, denn an anderer Stelle wurde davon gesprochen, daß der berühmte Diamant von Lady Astor in einem der Geldschränke der ›Titanic‹ aufbewahrt wurde. Besagter Mister McLean ist zudem auf keiner der publizierten Passagierlisten zu finden.

Nur wenige Tage nach dem Unglück konnte man in der »Vossischen Zeitung« dann auch lesen, daß es »in Amsterdam stark bezweifelt werde, daß sich der bekannte Unglücksstein unter den mit der ›Titanic‹ untergegangenen Steinen befinde, da er sich bis vor kurzem unverkauft in London befand.«

Diese Zweifler sollten Recht behalten. Der »Blaue Diamant« – auch Hope-Diamant genannt – befindet sich im Museum der Smithsonian-Institution in Washington. Der umstrittene Edelstein wurde demzufolge auch nicht von seiner angeblichen Besitzerin den Wogen des Ozeans anvertraut, wie es voller Rührseligkeit von James → Cameron in seinem ›Titanic‹-Film den Zuschauern suggeriert wird.

Blaues Band

Die ›United States‹ stellte 1952 als letztes Schiff den Geschwindigkeitsrekord auf der Route Europa-USA auf. Die Konkurrenz des Flugzeugs machte diesen Wettbewerb hinfällig.

Wenn ein Schiff jemals zu Unrecht mit dem »Blauen Band«, das den Geschwindigkeitsrekord bei der Atlantiküberquerung anzeigte, in Verbindung gebracht wurde, dann war es die ›Titanic‹. Doch ausgerechnet die ›Titanic‹ ist es gewesen, die das »Blue Ribbon of the Atlantic« – auf dem Umweg über Romane und Filme – zu einem in breiter Öffentlichkeit geläufigen Begriff gemacht hat. Kaum jemand machte sich zunächst Gedanken darüber, warum erst in den 20er Jahren die Geschichte von der angeblichen Rekordreise der ›Titanic‹ um das Blaue Band ins Gespräch kam. Keine Zeitung, kein Vernehmungsprotokoll erwähnte in den Jahren 1912/13 das Blaue Band oder die Rekordfahrt im Zusammenhang mit dem Schiffsunglück vom 15. April 1912. Die ›Titanic‹ war für dieses Prädikat der internationalen Passagierschiffahrt weder technisch geeignet noch von der Reederei jemals dafür vorgesehen. Diese Kalkulation setzte schon längst nicht mehr auf höhere Geschwindigkeit, sondern auf Pünktlichkeit und Komfort sowie zahlreiche Passagiere. Das »Blue Ribbon of the Atlantic« ist bis zum Jahr 1935 niemals eine Trophäe, etwa ein Pokal oder eine Symbolfigur gewesen. Allenfalls hat-

ten einige Reedereien, wenn sie den Schnelligkeitsrekord bei der Atlantiküberquerung hielten, einen blauen Wimpel im Top des Vormastes der Schiffe angebracht. Wer diesen so geläufigen Begriff des »Blauen Bandes« erstmals geprägt hat, ist bis heute nicht bekannt geworden. Vermutlich waren es englische Journalisten, die das Synonym für den Rekord bei der Atlantiküberquerung prägten. Der umgangssprachlich auch als »Hosenbandorden« bezeichnete Georgsorden ist die höchste zivile britische Auszeichnung, die u. a. aus einem dunkelblauen Samtband mit goldener Schnalle besteht, das unter dem linken Knie seines Inhabers befestigt wird. Sinngemäß ist also das »Blaue Band des Atlantik« eine moralische Anerkennung, die man dem jeweils schnellsten Schiff zuteil werden ließ. Diese inoffizielle Ehrung hatte allerdings ihre Gründe und ihren Nutzen. Sie wies die Schiffseigner, die Werften, die Reedereien als fähige Schiffbauer aus, die über das Know-how moderner Antriebs- und Ausrüstungstechnologien verfügten. (→ Harland & Wolff; → Rekorde)

Bordkapelle

Die Bordkapelle der ›Titanic‹ bestand aus acht Musikern. Kapellmeister war Wallace Henry Hartley. Geige spielten Georg Krins und John Law Hume. Bassist war J. F. Clarke, Roger Bricoux und Wesley Woodward waren die Cellisten. Das Klavier als Soloinstrument oder in der Band spielten Theodore Brailey und P. C. Taylor. Sie alle waren von einer Agentur auf die ›Titanic‹ verpflichtet worden. Die acht Musiker musizierten zumeist in zwei separaten Gruppen. Das Quintett unterhielt die Passagiere der 1. Klasse, ein Trio bediente die Bedürfnisse der 2. Klasse-Passagiere. Der Pianist Theodore (Ted) Brailey spielte gelegentlich separat im Rauchsalon oder in einem der anderen Salons.

Für die Passagiere der 3. Klasse gab es keine offizielle musikalische Unterhaltung. Sie musizierten in eigenen kleinen Gruppen zur Unterhaltung. Von ähnlichen Schiffen wird berichtet, daß sich Passagiere abends zu Tanz und Unterhaltung in großen Gruppen zusammenfanden.

In Southampton erinnert ein Gedenkstein an die umgekommenen Musiker der Bordkapelle.

Das Repertoire der Bordkapelle war durch ein »White-Star-Line-Songbook« vorgegeben. Es umfaßte die unterschiedlichsten Genres, u. a. auch Kirchenmusik für die Gottesdienste an Bord der Schiffe und populäre Melodien der gehobenen Unterhaltung.

Noch im Katastrophenlärm der heulenden → Schiffssirene, der zerberstenden Kesselräume und des entweichenden Dampfes aus den Ventilen wollen die Passagiere in den Rettungsbooten die musizierende Bordkapelle gesehen und gehört haben. Doch schon vor dem amerikanischen Untersuchungsausschuß begannnen sich die Zeugen darüber zu streiten, ob nur einfach Ragtime gespielt wurde oder der Konzertwalzer »Autum« – oder aber das Kirchenlied »Näher mein Gott zu Dir«.

Die Kapelle sollte mit der Musik zunächst eine Panik verhindern helfen. Mit einem Ragtime dürften sie es auch bis zu einem gewissen Zeitpunkt geschafft haben. Vielleicht so lange, bis sich das Schiff mit dem Heck aus dem Wasser hob? Dann dürfte es auch nicht mehr möglich gewesen sein, eine Hymne anzustimmen. Der Musiker Wallace Hartley konnte in seinem Heimatort Colne beigesetzt werden. Seinen Leich-

nam hatte man geborgen und identifiziert. In der Londoner Albert Hall fand ein Gedenkkonzert für die Musiker und ihre Hinterbliebenen statt. In Southampton erinnert eine schlichte Gedenktafel an die Bordkapelle der ›Titanic‹, um deren Repertoire sich viele Geschichten und Fragen ranken. Eine sehr authentische Rekonstruktion der gespielten Musik auf der ›Titanic‹ stammt von dem Musikhistoriker Ian Whitecomb. Sie beginnt mit dem »White Star March«, das war die Eröffnungsmelodie mit der alle Musikensembles auf White-Star-Schiffen ihre Konzerte eröffneten. (210) Mittlerweile gibt es mehrere Formationen, die sich mit der Musik auf der ›Titanic‹ beschäftigen, ein willkommenes Thema auch für Radio-Sendungen.

Ob aber der Choral »Näher mein Gott zu Dir« wirklich die Abschiedsweise der ›Titanic‹ gewesen ist, wird eine unbeantwortete Frage bleiben. Zweifellos ist der Choral sehr stimmungsvoll. Das Berliner Publikum erhob sich bei Konzertveranstaltungen im Frühling des Jahres 1912 zum Gedenken an die Opfer des Schiffsunglücks von den Stühlen, und auch die Orchester der Vorstadtkneipen und großer Innenstadtetablissements intonierten »Näher mein Gott zu Dir«. Andachten in kleineren und größeren Orten zwischen der Kanalküste und Mitteldeutschland kamen nicht ohne dieses Lied aus. Im deutschen ›Titanic‹-Film, nach einer Idee von → Pelz von Felinau, wird die Bordkapelle zu einem zackigen Militärorchester, aber am Ende ist es aus mit der Zackigkeit. James Cameron verzichtet ebenfalls am Schluß seines Films nicht auf eine Anleihe bei den frommen Legenden und zollt mit diesem Choral auch einer der rührendsten Geschichten den Tribut. (107) (210) (246) Eric Fosnes-Hansen setzte den Schiffsmusikern in seinem → Roman »Choral am Ende der Reise« ein nachhaltig beeindruckendes literarisches Denkmal.

›Britannic‹

Mit der Baunummer 433 entstand bei Harland & Wolff das dritte Schiff der ›Olympic‹-Klasse. Der Bauauftrag zu diesem Schiff ging zeitgleich mit dem Beginn der Jungfernfahrt der

›Olympic‹ am 14. Juni 1911 bei der Werft ein. Seit Anfang 1911 hatte man sich in den Konstruktionsbüros bereits auf den Auftrag vorbereitet und die ersten Zeichnungen angefertigt. Die Kiellegung erfolgte aber erst am 23. November 1911, da die → Hellingen, die Montageplätze für die Schiffskörper, noch belegt waren. Die ›Titanic‹-Katastrophe führte zunächst zu einem Baustop. Die Zeit wurde für einige konstruktive Änderungen genutzt, die sich besonders auf die wasserdichten Abteilungen bezogen. Statt geplanter 16 Abteilungen, wie in den Vorgängerschiffen, waren nun 17 wasserdichte Abteilungen vorgesehen, und über zwei Drittel der Schiffslänge sollte eine doppelte Bordwand eingebaut werden. Der Bauzustand erlaubte diese konstruktiven Änderungen, durch die die ›Britannic‹ 43,8 cm breiter wurde als ihre Vorgängerschiffe. Bei der ›Olympic‹ wurde diese zweite Bordwand Ende 1912 mit großem Aufwand von innen (!) eingebaut. Außerdem wurden die Stahlschotten auf der ›Britannic‹ hochgezogen: 5 Schotten reichten bis zum B-Deck, alle anderen bis zum E-Deck (siehe Rißzeichnung auf der Innenseite des Schutzumschlages). Kranartige Gitterdavids ermöglichten die Unterbringung von insgesamt 48 Rettungsbooten, zum Teil in dreifacher Reihe übereinander. Sie waren seefest angebracht und im Notfall sicher zu Wasser zu bringen. Die Forderung nach »Bootsraum für alle« wurde so durch den Auftraggeber und die Werft erfüllt. Durch die konstruktiven Änderungen am dritten Schiff seiner Klasse erhoffte man sich eine Erhöhung der Schiffssicherheit. Sie waren auch ein Hinweis auf die damals übliche empirische Lösung von Sicherheitsproblemen im Schiffbau.

Vor allem durch den Beginn des Ersten Weltkrieges kam der Weiterbau der ›Britannic‹ nur schleppend voran. Die Anordnung der britischen Admiralität, die ›Britannic‹ als Lazarettschiff fertigzustellen, führte dann zu einem zügigen Bauablauf. Am 8. Dezember 1915 fand die Probefahrt, bereits am 12. des Monats die Übergabe und Indienststellung als Lazarettschiff statt.

Vom ursprünglich gewählten → Schiffsnamen ›Gigantic‹ für dieses dritte Schiff in der → ›Olympic‹-Klasse hatte man nach dem ›Titanic‹-Unglück abgesehen. Mit dem Namen

›Britannic‹ erweckte man sicher patriotische Gefühle, erinnerte auch an ein älteres Schiff gleichen Namens.

Anstelle der luxuriösen Inneneinrichtung für 2573 Passagiere wurden nun Operationssäle, Lagerstätten und Krankenräume für die mögliche Unterbringung von 3309 Verwundeten hergerichtet. Selbst das überdachte Promenadendeck sollte als provisorische Unterkunft für Hunderte von Verletzten dienen.

»Sie ist das wundervollste Hospitalschiff, das je die Meere bereiste ... wahrscheinlich bietet kein Krankenhaus an Land mehr Vorteile«, soll der Chefarzt J. C. H. Beaumont wenig geistreich und ohne Zynismus verkündet haben. (207) Am 23. Dezember 1915 stach die ›Britannic‹ als Lazarettschiff G 618 in See. Nach einem Stop in Neapel, um Kohle und Proviant zu bunkern, erreichte sie am 3. Januar 1916 den Bestimmungshafen Mudros auf der Insel Lemnos. Dort nahm sie 3300 Verwundete aus der Dardanellenschlacht auf und wurde auf die Heimreise nach Southampton beordert. Unbeschadet erreichte sie am 9. Januar ihren Zielhafen. Die Verwundeten wurden von dort mit Lazarettzügen weitertransportiert. Eine zweite und dritte Reise in den Mittelmeerraum im Januar und Februar 1916 verlief ohne Zwischenfälle. Erst im August 1916 wird die ›Britannic‹ wieder für Kriegszwecke requiriert. Wieder werden Kriegsopfer auf die britischen Inseln transportiert. Im dritten Kriegsjahr läuft die ›Britannic‹ (wieder als Lazarettschiff G 618) am Dienstag, dem 21. November um 8.12 Uhr im Kanal zwischen den griechischen Inseln Kea und Makronisos, nahe Port St. Nicolo, auf eine deutsche Mine auf. In die Steuerbordseite am Bug wurde ein Loch gerissen. In knapp einer Stunde, nach 55 Minuten, war das größte Schiff, das bis dahin in Großbritannien gebaut wurde, versunken. In 110 m Tiefe stieß das Wrack auf Grund. 1116 der sich an Bord befindenden Personen wurden gerettet. 28 Menschen wurden Opfer dieses Minentreffers. Schnelles Ausbooten und schnelle Hilfe durch herbeieilende Schiffe verhinderte eine größere Zahl von Opfern. Auch im Falle der ›Britannic‹ gibt es eine Reihe von offenen Fragen. Vor allem: Warum ist dieses Schiff so schnell gesunken? Ein übereiltes Wendemanöver wird als eine Ursache des schnellen

Wassereinbruchs in das Schiff vermutet. Die offizielle Erklärung geht allerdings davon aus, daß die offenen Bullaugen das schnelle Eindringen großer Wassermassen auf der Steuerbordseite begünstigten, was zum schnellen Krängen führte. (4)

Von 1930 bis 1960 versah ein neu gebautes Schiff unter dem Namen ›Britannic‹ im Nordatlantik seinen Dienst. Es war 213,96 m lang, 42,73 m breit und hatte 26 943 BRT. Die Reisegeschwindigkeit betrug 18 kn, 485 Mann Besatzung und 1542 Passagiere konnten aufgenommen werden. Nach der Fusion von White Star und Cunard-Reederei im Jahre 1934 fuhr dieses Schiff unter zwei → Flaggen der Reedereien und im Anstrich der White Star Line.

Erst 1935 ging mit der ›Queen Mary‹ in Großbritannien ein Schiff auf die Reise, das größer war als die ›Britannic‹.

1976 stattete der Meeresforscher Jacques Cousteau dem Wrack der ›Britannic‹ einen ersten Besuch ab und fotografierte das gesunkene Schiff. Weder Cousteau noch Ballard konnten klären, ob das Schiff durch eine Mine oder ein gezieltes Torpedo versenkt wurde. Ballard vermutete nach einer Inspektion des Wracks schiffbautechnische Mängel, die nach der Minenexplosion den schnellen Untergang noch beschleunigt hätten. (4)

›Californian‹

Negative Schlagzeilen bekam der Dampfer ›Californian‹, weil man davon ausging, daß er sich in der Katastrophennacht in der Nähe der ›Titanic‹ befand, ihr aber nicht zu Hilfe eilte. Allerdings konnte weder vor dem US-amerikanischen Untersuchungsausschuß des Senats noch während der englischen → Seeunfalluntersuchung schlüssig bewiesen werden, daß der Dampfer ›Californian‹ jenes »Geisterschiff« war, das von Mannschaft und Passagieren gesehen wurde, als die ›Titanic‹ in ihre letzte Stunde ging und noch Hunderte von Menschen Hoffnung auf Rettung hegten.

»Mit aller Macht sträubt sich Denken und Fühlen anzunehmen, was mit erschreckender Übereinstimmung von

überlebenden Mannschaften der ›Titanic‹ ausgesagt wird: daß wirklich ein Retter in nächster Nähe war und doch nicht rettete ... Es ist fast nicht mehr möglich, die fromme Fiktion einer optischen Täuschung aufrechtzuerhalten, ja, es ist kaum mehr zu leugnen, daß in der geringen Entfernung von 10 bis 20 sm ein Schiff vorhanden gewesen ist, das vielleicht in einer Stunde, allenfalls in zwei, am Schauplatz der Katastrophe hätte sein können.« (171)

Das Schiff muß derart nahe gewesen sein – so lassen die Aussagen vor dem Senatsausschuß annehmen – daß der Kapitän der ›Titanic‹ die Rettungsboote angewiesen hatte, sich an den Lichtern zu orientieren. (66) In einer nichtöffentlichen Befragung durch einzelne Mitglieder des Senatsausschusses sagten in dieser Angelegenheit Seeleute, Stewards und Heizer übereinstimmend folgendes aus:

»Das Schiff fuhr ganz nahe an uns vorüber und wir dachten, daß es herbeikommen würde. Die Rettungsboote fuhren darauf zu, und das hielt sie auch zusammen. Drei Stunden lang blieb der Dampfer in der Nähe, aber er gab kein einziges Signal.« (66)

Eine eidesstattliche Erklärung des Ingenieur-Assistenten der ›Californian‹ bestätigte die Aussagen von mehreren Besatzungsmitgliedern, daß sie eindeutig Signalraketen gesehen hätten. Auch er hatte um 0.30 Uhr Signalraketen gesehen und mit der Bemerkung: »Das muß ein Schiff in Seenot sein« seine Beobachtung in Worte gefaßt. Diese Erklärung war dem Ingenieur-Assistenten für 500 Dollar vom Bostoner »American« abgekauft und publiziert worden. (66)

Die unter Senator Smith arbeitende Untersuchungsbehörde in den USA ließ sich durch eine Vorladung Ernest Gilis (Kesselwärter) die Erklärung ausdrücklich und öffentlich bestätigen. Am 26. April 1912 hatte Gilis Details geschildert und damit den Kapitän der ›Californian‹ schwer belastet. Kapitän Stanley → Lord wurde einer intensiven Befragung unterzogen, deren Ergebnis bestätigte, daß man sich in Reichweite und Sicht eines großen Schiffes befunden habe, das »plötzlich verschwunden« sei. Eine Warnung der ›Californian‹ an die ›Titanic‹ eine Stunde vor der Kollision mit dem Eisberg, »daß man sich im Packeis befinde und die Maschinen ge-

stoppt habe«, sei von dem Funker der ›Titanic‹ brüsk unterbrochen worden. Danach habe der Funker Cyril Evans den Telegrafen für die Nacht abgeschaltet. (66)

Acht Raketen hatte die Besatzung der ›Californian‹ in jener Nacht gesehen, acht → Notraketen wurden nach Aussagen der ›Titanic‹-Offiziere abgefeuert. Kapitän Stanley Lord behauptete stets, sein Schiff habe wenigstens 19 sm entfernt vom Katastrophenort gelegen. Sein Ingenieur-Assistent sprach dagegen von nur zehn sm. ›Titanic‹-Passagiere und einige der Mannschaften schätzten die Entfernung auf sogar nur fünf bis sechs Seemeilen.

Der Fundort des Wracks der ›Titanic‹ hat wiederum andere Bewertungen der tatsächlichen Nähe der ›Californian‹ zur ›Titanic‹ ermöglicht.

Ein anderes Schiff als die ›Californian‹ kam – nach Ansicht des Untersuchungsausschusses – zum fraglichen Zeitpunkt nicht in Betracht. Mit großer Sorgfalt wurde dieses Problem von amerikanischen und britischen Behörden geprüft. Die zumindest leichtfertige Haltung des Kapitäns der ›Californian‹ wurde übereinstimmend gerügt. Gewissermaßen vor den Augen einer ganzen Schiffsbesatzung wären 1500 Menschen umgekommen, ohne daß man auch nur wenigen von ihnen zu Hilfe kam.

Beweise allerdings – die gibt es bis heute nicht. Über die Beobachtung der Notraketen, die man von Bord der ›Californian‹ gesehen hatte, fand man selbst im Logbuch keine Eintragung. Ist diese Eintragung vorsätzlich unterlassen worden, um sich aus der Verantwortung zu stehlen?

»Es sind schreckliche Unterlassungen, Nachlässigkeiten und Rücksichtslosigkeiten, die bei fortschreitender Untersuchung sich den erschreckten Blicken der Mitwelt offenbaren.« (171)

In vielen Kommentaren wird allerdings übersehen, daß die ›Californian‹ am nächsten Morgen sehr schnell in das Katastrophengebiet eilte und dann neben der ›Carpathia‹ verhielt, nachdem die Besatzung vergeblich nach Überlebenden am Havarieort gesucht hatte. (239)

Schiffe ohne Telegrafenanlagen wurden in den Untersuchungsberichten gar nicht erwähnt. Doch zwei Schiffe haben

möglicherweise ebenfalls den Kurs der sinkenden ›Titanic‹ gekreuzt, ohne Hilfe geleistet zu haben, wahrscheinlich ohne daß sich die Besatzungen der Situation bewußt gewesen sind.

Es handelte sich um die Schiffe → ›Samson‹ und → ›Niagara‹.

Cameron, James

Regisseur des Films ›Titanic‹ (1997)

Der ›Titanic‹-Film unter der Regie von James Cameron wird in der Filmgeschichte einen besonderen Platz wegen seiner vielfachen Rekorde einnehmen. 1998 galt er als der teuerste Film, mit allein 18 Millionen Zuschauern in Deutschland wurde er allerdings auch der erfolgreichste Streifen. Die Einspielsummen belaufen sich weltweit auf mehr als 1,5 Milliarden Dollar. Der Film wurde mit 11 Oscars ausgezeichnet. Dabei spielte das Wrack der ›Titanic‹ eine wichtige Rolle für den Erfolg des Films. Unter Assistenz von 160 Spezialisten des russischen → Forschungsschiffes ›Akademik Keldysch‹ und der ›MIR‹-→Tauchboote entstanden die Unterwasseraufnahmen, die durch Computersimulationen ergänzt wurden. Eine dem Original an Größe und Ausstattung nahekommende Kulisse bildete einen passenden Hintergrund für die melodramatische Handlung, deren Hauptfigur »Rose« der Phantasie der Drehbuchautoren entsprang. Zahlreiche klassische Legenden, wie die vom Blauen Diamanten, dem eingeschlossenen Dieb und der unermüdlich bereits im Wasser stehenden → Bordkapelle, werden im Film zitiert.

Die perfektionistischen Ambitionen des Regisseurs haben dem Film den Erfolg gebracht. Bei einigen Produktionsetappen bediente sich Cameron wichtiger Fachleute, u. a. wurde auch Robert D. → Ballard bei den Spezialaufnahmen um Rat gefragt.

Die Filmstory greift auf viele ähnliche Geschichten und Legenden um die ›Titanic‹ zurück. Gittertüren zwischen den Decks und die menschliche Distanz zwischen den Passagieren der privilegierten Klassen und der 3. Klasse werden demonstrativ ausgespielt. Das Schiff mit seiner Besatzung, sei-

nen Passagieren und seinem technischen Habitus wird zu einer Metapher. Offenbar übt die Erkenntnis, daß mit dem untergegangenen Schiff die Insignien einer gesellschaftlichen Epoche konserviert wurden, eine besondere Faszination aus. Die Rekonstruktion dieser Epoche wird zu einem komplexen, oft erwünschten Blick in die Vergangenheit.

Die Umsetzung hat allerdings bei den ersten englischen Besuchern des Films keine ungeteilte Zustimmung gefunden. Bestimmte Kreise in Großbritannien nahmen an der Darstellung der arroganten, aufdringlichen amerikanischen First-class-Passagiere Anstoß, die das dargestellte britische Personal der ›Titanic‹ in den Hintergrund drängten. Die ›Titanic‹, so hieß es, sei zunächst einmal ein britisches Schiff gewesen. Bei der Massenwirksamkeit des ›Titanic‹-Themas ist politische Korrektheit auch heute immer noch angebracht.

Es ist übrigens belegt, daß die Schauspieler bis zur Erschöpfung in den kalten Wasserfluten agierten. Beim deutschen ›Titanic‹-Film wurden die Wasserszenen wenigstens in einem mit warmem Wasser angefüllten Becken in Berlin-Johannisthal gedreht.

Befragt, warum er den Film gemacht hat, antwortete Cameron: »Es waren wohl mehrere Gründe. Zum einen der Wunsch, eine Liebesgeschichte zu erzählen. Dann meine Begeisterung für Geschichte. Und nicht zuletzt die Vorstellung, Geschichte in einer Art und Weise darzustellen, wie man sie sonst in Filmen nicht sieht.«

›Carpathia‹

Am 15. April um 0.35 Uhr, in den ersten Minuten des 15. April, nimmt die ›Carpathia‹ den unglaublichen Funkspruch der ›Titanic‹ auf: CQD – CQD – MGY – CQD – MGY. Mehrmals wurde der Funkspruch überprüft, selbst noch, als die ›Carpathia‹ bereits auf Gegenkurs gegangen war, um der ›Titanic‹ Hilfe zu bringen. Die Distanz betrug etwa 85 sm. Das Kommando über den Cunard-Dampfer hatte Kapitän Arthur Henry Rostron, der wenig später zu den bekanntesten Männern jener Tage gehören sollte.

Kapitän Rostron erregte durch die Umsicht Aufsehen, mit der er sich seit Eintreffen der Nachricht auf die Bergung der Überlebenden der Katastrophe vorbereitet hatte. Schiff, Mannschaften und die Passagiere der ›Carpathia‹ waren auf alle Eventualitäten in den folgenden Stunden vorbereitet. Zunächst hatte der Kapitän auf dem Schiff sämtliche Heizungen und Warmwasserleitungen abschalten lassen, um jeden nur verfügbaren Dampf den Kolbenmaschinen zuzuleiten.

»Nichts hatte er dem Zufall überlassen. Er hatte bestimmt, wo die Geretteten unterzubringen waren und wer sich um sie zu kümmern hatte. Er hatte die Wachen verstärkt und Rettungsgerät aller Art an Deck bringen lassen, darunter auch Aschesäcke aus Segeltuch, um an der Gangway Kinder heraufziehen zu können. Später verriet er ... in einem Gespräch unter vier Augen, er habe auch schwere Stühle und starke Taue bereitstellen lassen – für diejenigen unter den Geretteten, die durch die Katastrophe wahnsinnig geworden waren.« (44)

Der Chefarzt auf dem Cunard-Dampfer ›Carpathia‹ war der Ungar Dr. Arpad Longyl. In einem privaten Bericht, den seine Tochter 1984 der Öffentlichkeit übergab, schilderte er seine Eindrücke an Bord vom Eintreffen des Funkspruchs bis zur Ankunft im Unglücksgebiet.

»Um meine Nervosität etwas abzubauen, bin ich an Deck gegangen, um ein paar Schritte zu tun. Ich sah, wie man an der Reling begonnen hatte, Reflektoren (Scheinwerfer – d. Verf.) aufzustellen, um das Schiff, die Umgebung des Dampfer (die erwartete ›Titanic‹, denn noch war man nicht vom Untergang des Dampfers überzeugt – d. Verf.) und die Wasserfläche auf sichere Weise zu beleuchten ... Rettungsnetze und Halteseile waren schon in Position gebracht, um jenen eine Hilfe zu geben, die sich möglicherweise schwimmend retten konnten. Die Schiffsärzte hatten ihre Aufgaben sorgfältig untereinander aufgeteilt. Im Speisesaal der 1. Klasse war ein englisch sprechender Arzt stationiert, in der 2. Klasse ein italienischer Arzt. Ich selbst hatte meinen Behandlungsraum im Zwischendeck eingerichtet. Er befand sich unmittelbar an der Bordwand.

Hier im Zwischendeck wollten wir eigentlich die Schiff-

Der Cunard-Dampfer ›Carpathia‹ war das einzige Schiff, das der ›Titanic‹ rechtzeitig zu Hilfe eilte.

brüchigen zunächst übernehmen, aus dem Wasser oder aus den Rettungsbooten heben. Die in den Rettungsbooten aufgenommenen Leute haben zum Teil herzzerbrechend gejammert oder geweint. Hackinson, der 1. Offizier der ›Carpathia‹, hat sie zunächst getröstet und beruhigt. Er hatte ihnen auch gesagt, daß sie einzeln die Rettungsleiter hinaufklettern sollten. Einer von den Matrosen kletterte dann hinunter, um ihnen dabei behilflich zu sein. Die Schiffbrüchigen in den Booten waren aber derart unterkühlt durch die Kälte, aber auch durch die Aufregung, daß sie überlebt hatten, so daß sie unfähig waren, sich mit eigener Kraft an Bord zu begeben. Den an Bord Genommenen mußten wir zunächst die Rettungswesten aufschneiden, und dann haben wir sie den Behandlungsräumen zugeführt. (182)

Keine vier Stunden vom empfangenen Notruf bis zur Begegnung mit den ersten Rettungsbooten der ›Titanic‹ waren vergangen, in denen die Distanz von 58 sm zurückgelegt wurde. Wenn je von einer Rekordfahrt im Zusammenhang mit der ›Titanic‹-Katastrophe die Rede sein sollte – dann an dieser Stelle zu Recht, denn mit 15 kn dürfte das Schiff wirklich an der obersten Grenze seiner technischen Möglichkeiten gefahren sein.

Die Geretteten schilderten die ›Carpathia‹ zwischen treibenden Eisschollen vor dem aufkommenden Morgen. Danach ist seinerzeit ein weit verbreitetes Bild entstanden, das

Das rettende Schiff ›Carpathia‹ im Treibeisfeld am Morgen des 15. April

sich in auffälliger Weise mit den Schilderungen Kapitän Rostrons deckt:

»Auf dem ersten Boot, auf das wir stießen, führte ein Offizier das Kommando ... Er rief mir zu, daß er nur einen Matrosen an Bord habe. Also mußte ich das Schiff so manövrieren, daß wir so nahe wie möglich herankamen. Als wir die Leute aus dem Boot übernommen hatten, brach der Tag an, und nun konnte ich im Umkreis von etwa vier Meilen die übrigen Boote erkennen. Und ringsum ragten Eisberge auf.« (22)

Gegen 8.30 Uhr war das Rettungswerk der ›Carpathia‹ gelungen. Alle Rettungsboote mit ihren Insassen waren gesichert. Von den Geretteten verstarb an Bord der ›Carpathia‹ nur noch ein Passagier an den Folgen der Erschöpfung. Der in den Zeitungen oft zitierte Tod des → Funkers Phillips an Bord des Rettungsschiffes wird so in keiner glaubwürdigen Publikation bestätigt. Der Zweite → Funker, Harold Bride, hatte vor dem Untersuchungsausschuß in Washington ausgesagt, daß er Phillips zuletzt in der Nähe des Kapitäns der ›Titanic‹ sah.

Am Vormittag fand auf der ›Carpathia‹ ein Gottesdienst für die Überlebenden und die Opfer statt. Besatzung und Passa-

giere der ›Carpathia‹ kümmerten sich um die Schiffbrüchigen, während das Schiff die unmittelbare Unglücksstelle verließ und Kurs auf New York nahm.

Cherbourg

Die Schiffe der renommierten Fahrgastreedereien liefen bei ihren Amerikareisen den bedeutenden französischen Hafen Cherbourg auf der Festlandseite des Ärmelkanals an. Die White Star Line bediente diesen Hafen seit 1907. In Cherbourg rechnete man mit Geschäftsreisenden, in zunehmendem Maße mit Touristen und Auswanderern aus Südost- und Osteuropa. Bahnanschlüsse aus Budapest, Mailand, Paris und anderen europäischen Städten führten die Reisenden pünktlich an die Kais.

Die ›Titanic‹ traf nach einer Fahrt von 68 sm am 10. April 1912 um 17.30 Uhr Ortszeit auf der Reede von Cherbourg ein. Um die Abfertigung zu beschleunigen und Kosten zu sparen, waren eigens für die ›Olympic‹-Klasse Zubringerschiffe, die → Tenderschiffe ›Nomadic‹ und ›Traffic‹ gebaut worden. Die ›Nomadic‹ führte der ›Titanic‹ an diesem Tage 172 Passagiere der 1. und 2. Klasse zu. Die ›Traffic‹ brachte 102 Passagiere der 3. Klasse sowie Gepäck und Post. Einige Passagiere der ›Titanic‹ beendeten bereits hier ihre Reise: 15 Passagiere der 1. Klasse und sieben der 2. Klasse stiegen schon in Cherbourg ab.

Um 19.00 Uhr lichtete die ›Titanic‹ ihre Anker und dampfte ihrem letzten geplanten Zwischenstop in → Queenstown (Cork) entgegen.

Commodore → Kapitän der ›Titanic‹; Edward J. → Smith

Crew

Die Crew-List, die Besatzungsliste, wies 892 Mitglieder aus.

Die Übergabefahrt war für die Besatzung – wie üblich bei solchen Anlässen – die erste Gelegenheit, sich mit dem Schiff

vertraut zu machen. Die Anforderungen in diesen 25 Stunden waren hart – in Southampton sollte sich das nicht ändern. Obwohl über 70% der Crew in dieser Stadt beheimatet war, wurde bis zum Auslauftermin am 10. April kein Landgang gewährt. Auch kamen in Southampton noch neue Besatzungsmitglieder an Bord, die sich schnell einarbeiten mußten. 900 Besatzungsmitglieder waren auf der ›Titanic‹ erforderlich, um nach Ansicht der Reederei den gigantischen Betrieb auf See und in den Häfen reibungslos bewerkstelligen zu können. Die Besatzungsmitglieder dieses großen schwimmenden Luxushotels vertraten die verschiedensten Berufe. Unter Leitung eines versierten Wirtschaft-Offiziers arbeiteten mehr als 100 Menschen im Proviant- und Küchenbereich. Berufe wie Oberköche, Bäcker, Kochsmaate, Ritualköche, Fleischer und Zurichter waren vertreten. Dazu kamen die verschiedenen Kellner (Stewards) wie Chef-, Ober-, Messe-, Zwischendecks- und Pantrystewards. Hier waren 350 Kräfte beschäftigt. Außerdem sorgten Kassierer, Wäscher, Kupferputzer, Zahlmeister, Gepäckaufseher, Turnhallenwärter sowie Schwimmmeister, Friseure, Schiffsgärtner, Drucker, Buchhändler, Fahrstuhlführer, Silberputzer, Musikstewards und viele andere rund um die Uhr für das Wohl der Gäste. Außerdem befanden sich Ärzte, Turnlehrer sowie Buch- und Zeitungsdrucker an Bord der ›Titanic‹. Zur Besatzung gehörten nur 23 Frauen. Im technischen Bereich gab es ebenfalls viele spezialisierte Besatzungsmitglieder: Mechaniker, Fahrstuhlwärter, Storekeeper (Lagerhalter), Elektriker und Telefonisten. Der größte Teil dieser Besatzung war im Maschinenbereich tätig, also in den sechs Kesselräumen und Kohlenbunkern und in den drei Maschinenabteilungen. Die schwerste körperliche Arbeit hatten die 180 Kohlenzieher (Trimmer) zu verrichten. Sie sicherten die Fahrt des Schiffes sowie den Betrieb der zahlreichen Hilfsmaschinen (Pumpen, Generatoren, Kühlaggregate) und sorgten für Wärme und elektrische Energie. Die Trimmer mußten auf diesem Schiff für die 29 Kessel mit ihren 87 Kesselöffnungen täglich und unter allen Wetterbedingungen mindestens 650 t Kohle oder vergleichsweise 44 Waggons zu je 15 t Kohle aus den beengten und überhitzten Bunkern herbeischaffen und die Aschemassen außenbords be-

Einige Besatzungsmitglieder der ›Titanic‹ nach ihrer Rettung

fördern. Die Konzeption der White Star Line, höchster Komfort für die Fahrgäste bei geringstem Aufwand für den technischen Betrieb, spiegelte sich im Verhältnis der Besatzungsstärke in den einzelnen Arbeitsbereichen wider. (127) Sie entsprach damit dem üblichen Standard sehr vieler anderer Reedereien.

An Deck waren 66 Personen (= 7,5%) beschäftigt.

Für den technischen Betrieb waren 325 Personen (= 36,1%) erforderlich. Wirtschaft und Gastronomie beanspruchten den größten Teil der Besatzungsmitglieder: 494 Personen (= 56,4%).

Die beiden → Funker waren zwar Besatzungsmitglieder, aber nicht Angestellte der Reederei. Die → Bordkapelle, bestehend aus 8 Musikern, war unter den Passagieren der 2. Klasse geführt. Matrosen, Trimmer und Heizer waren im vordersten Teil der ›Titanic‹ untergebracht; Stewards und Küchenpersonal wohnten mittschiffs in der Nähe ihrer Arbeitsräume. Viele technische Neuerungen an Bord des Schiffes – großzügig angelegte Kühlräume, elektrische Kartoffelschälmaschinen usw. – erleichterten zwar die Arbeit der Besatzung, dienten jedoch vor allem der schnellen und

qualitätsgerechten Bedienung der Passagiere der oberen Klassen. Da man für die Versorgung der verwöhnten Reisenden ausgesuchtes Personal benötigte, insbesondere für Küche und Salons, kamen sie im Gegensatz zum Maschinenpersonal, das hauptsächlich in Plymouth beheimatet war, aus London, Bristol und Glasgow. Nur wenige Ausländer gehörten auf diesem Repräsentationsdampfer des British Empire zur Besatzung – u. a. einige Italiener und wenige Deutsche. Genaue Angaben zur Herkunft der Ausländer waren in den Verlust- und Besatzungslisten nicht gemacht worden. Als es später um die Identifizierung der überlebenden Personen und die Überprüfung der Namenslisten ging, setzten selbst um die Namen heftige Spekulationen ein.

»Nach dem Klang der Namen könnten auch einige Deutsche unter den Besatzungsmitgliedern gewesen sein, die bei der Katastrophe ums Lebens gekommen sind, unter anderem der Heizer Laspe oder Lappe, die Stewards → Theissinger, Pfropper, Heinen, Müller und Tietz«, so orakelte die Berliner Abendpresse am 18. April 1912. Diese Ungenauigkeiten sollten übrigens noch nach Jahren Schwindlern und Hochstaplern eine Chance geben. Sie trugen sich später in die Liste der Überlebenden ein, um am Mitleid zu partizipieren oder ihre Erlebnisse zu verkaufen.

Ein Teil der Besatzung war übrigens erst in letzter Minute an Bord gekommen. Einige wurden zum Beispiel von einem kleineren Schiff der White Star Line, der ›Oceanic‹, übernommen, die die Reise nach New York nicht antrat. Um die ›Titanic‹ besser auszulasten, waren die Passagiere der ›Oceanic‹ auf die ›Titanic‹ umgebucht worden. Die Trimmer des Dampfers ›New York‹ wurden zusammen mit der → Kohle übernommen, um den Auslauftermin der ›Titanic‹ in jedem Falle sicherzustellen. Erst am Morgen der Ausfahrt verfügte die ›Titanic‹ über eine komplette Mannschaft, die sich demzufolge auf dem Schiff zunächst nicht zurechtfinden konnte. Der Zweite Offizier, C. H. Lightoller, mit dem Schiff seit der Werftübernahme vertraut, berichtete, daß er erst nach etwa 14 Tagen die kürzesten Wege zu wichtigen Punkten an Bord des Schiffes kannte. Die nautischen und technischen Offiziere an Bord der ›Titanic‹ waren ausschließlich Briten. Sie wur-

den von anderen Schiffen der White Star Line auf die ›Titanic‹ umgesetzt, zumeist handelte es sich um erfahrenes Personal, das bereits lange Zeit im Dienste von White Star gestanden hatte.

Cunard-Reederei

Gründer der Cunard-Reederei war der aus Kanada stammende Samuel Cunard. Nach einer Ausschreibung der britischen Admiralität für die Postbeförderung nach Übersee erhielt Cunard 1838 den Zuschlag. Das ermöglichte ihm die Anschaffung von vier aus Holz gebauten Schiffen, die von damals modernen schottischen Dampfmaschinen angetrieben wurden. 115 Passagiere und 225 t Fracht konnten die Schiffe befördern. Eine Besonderheit waren lebende Hühner und Kühe an Bord zur Versorgung der Passagiere mit Eiern und Frischmilch. Cunard hatte den Ehrgeiz, die Postlinien schnell und pünktlich zu befahren, zahlreiche Schiffe seiner Reederei beteiligten sich daher an Rekordfahrten zwischen Queenstown und Halifax. Der hohe Energieverbrauch hielt zwar die Gewinne in Grenzen, aber Cunard war dennoch der bedeutendste Reeder im Nordatlantikgeschäft. Mit schwimmenden Hotels im viktorianischen Stil für 1300 Passagiere machte die

Das Cunard-Schiff ›Mauretania‹; 1907 bis 1929 Inhaber des Geschwindigkeitsrekords auf der Nordatlantikroute

Das Cunard-Schiff ›Lusitania‹, Schwesterschiff der ›Mauretania‹

Reederei auf sich aufmerksam. Die Schiffe ›Umbria‹ und ›Etruria‹ galten mit 19 kn 1886 als die schnellsten »Renner«. Gemäß einer Entscheidung der britischen Regierung mußte sich Cunard mit der neugegründeten White Star Line den Postdienst teilen und geriet dadurch in finanzielle Bedrängnis. White Star wurde Cunards bedeutendster Konkurrent. (→ Konkurrenzkampf) Mit ›Majestic‹ und ›Teutonic‹ stellte sich White Star auch dem Geschwindigkeitsanspruch von Cunard. 1907 stellte die Cunard-Reederei die Großschiffe ›Lusitania‹ und ›Mauretania‹ in Dienst. Sie galten als die modernsten und sichersten Schiffe im Nordatlantik. Darauf reagierte White Star mit dem Bau der → ›Olympic‹-Klasse.

Der Cunard-Dampfer ›Carpathia‹ rettete pikanterweise 1912 die überlebenden Passagiere der ›Titanic‹ von der White-Star-Reederei. Die Weltwirtschaftskrise führte schließlich dazu, daß White Star Line und Cunard 1934 fusionierten. Cunard existiert noch heute als Reederei und Betreiber von großen Kreuzfahrtschiffen, wie zum Beispiel der ›Queen Elisabeth II.‹.

R.M.S. "TITANIC"

APRIL 14, 1912.

LUNCHEON.

CONSOMMÉ FERMIER — COCKIE LEEKIE

FILLETS OF BRILL

EGG À L'ARGENTEUIL

CHICKEN À LA MARYLAND

CORNED BEEF, VEGETABLES, DUMPLINGS

FROM THE GRILL.

GRILLED MUTTON CHOPS

MASHED, FRIED & BAKED JACKET POTATOES

CUSTARD PUDDING

APPLE MERINGUE — PASTRY

BUFFET.

SALMON MAYONNAISE — POTTED SHRIMPS

NORWEGIAN ANCHOVIES — SOUSED HERRINGS

PLAIN & SMOKED SARDINES

ROAST BEEF

ROUND OF SPICED BEEF

VEAL & HAM PIE

VIRGINIA & CUMBERLAND HAM

BOLOGNA SAUSAGE — BRAWN

GALANTINE OF CHICKEN

CORNED OX TONGUE

LETTUCE — BEETROOT — TOMATOES

CHEESE.

CHESHIRE, STILTON, GORGONZOLA, EDAM,

ÇAMEMBERT, ROQUEFORT, ST. IVEL.

CHEDDAR

Iced draught Munich Lager Beer 3d. & 6d. a Tankard.

Speisekarte für die Gäste der 1. Klasse

Dinner

Es läßt sich darüber streiten, ob es heutzutage sinnvoll ist, ein »Titanic-Dinner« zu veranstalten. Dennoch ist der Ansturm auf derartige Veranstaltungen beachtlich. Man kleidet sich im Stil der Zeit. Die Tische werden wie früher für die 1. und 2. Klasse geschmückt. Salonorchester intonieren → Musik,

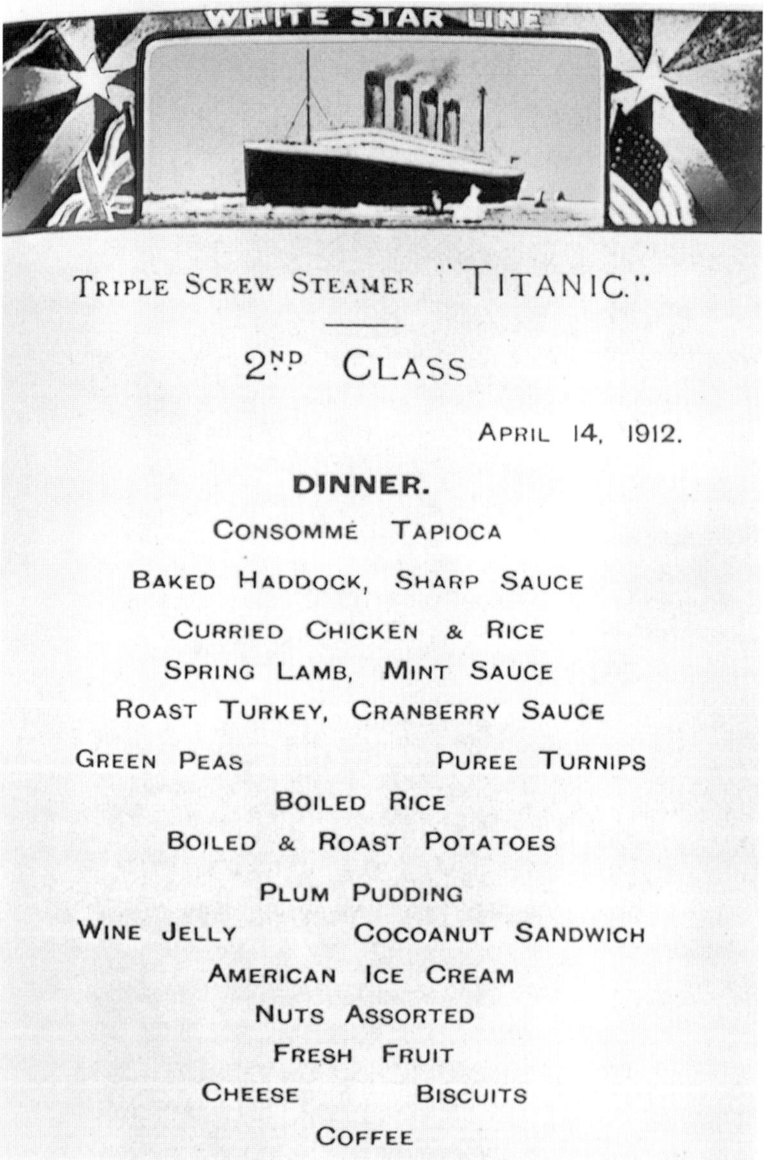

WHITE STAR LINE

TRIPLE SCREW STEAMER "TITANIC."

2ND CLASS

APRIL 14, 1912.

DINNER.

CONSOMMÉ TAPIOCA

BAKED HADDOCK, SHARP SAUCE

CURRIED CHICKEN & RICE

SPRING LAMB, MINT SAUCE

ROAST TURKEY, CRANBERRY SAUCE

GREEN PEAS PUREE TURNIPS

BOILED RICE

BOILED & ROAST POTATOES

PLUM PUDDING

WINE JELLY COCOANUT SANDWICH

AMERICAN ICE CREAM

NUTS ASSORTED

FRESH FRUIT

CHEESE BISCUITS

COFFEE

Speisekarte für die Gäste der 2. Klasse. Letztes Dinner am 14. April 1912

von der man meint, sie wäre auf der ›Titanic‹ erklungen. An Literatur fehlt es nicht, in der Menüempfehlungen gegeben werden. (2) Historiker geben Auskunft über die Korrektheit des Ambiente und der Speisenfolge. Ja, es fehlt nicht einmal

an Anregungen, selbst bei sich zu Hause die Atmosphäre der ›Titanic‹ – und damit des angehenden 20. Jahrhunderts – nachzugestalten. Von keinem Schiff hat man so genaue Beschreibungen und Überlieferungen wie von der ›Titanic‹. Selbst die Speisekarten waren Gegenstand intensiver Beschäftigung von Literaten und Soziologen.

Auf der ›Titanic‹ waren für Menüfolgen und Service das Hotel Ritz Carlton Grill in Paris Vorbild gewesen. Das Personal in den Salons und Restaurants war im Ritz geschult worden. Es war übliche Praxis, daß weltberühmte Gastronomen die Konzession auf repräsentativen Ozeandampfern bekamen. Auf der ›Titanic‹ hatte der Londoner Spitzengastronom Gatti dieses Privileg. Davon profitierten nicht nur die Reisenden der 1. Klasse. Passagiere der 2. Klasse genossen zwar einen weniger aufwendigen Service, aber immer noch eine aufwendigere Küche als daheim.

Die größte Passagiergruppe an Bord, die Reisenden der 3. Klasse – auf anderen Schiffen noch als → Zwischendeck-Passagiere geführt – genossen an Bord eine kulinarische Betreuung, die sie aus ihrer Heimat nicht einmal in den besten Zeiten kannten. (66) Ein Mittagsmenü sei hier als Beispiel zitiert: Gemüsesuppe. Schweinebraten mit Salbei und Perlzwiebeln. Grüne Erbsen. Salzkartoffeln. Plumpudding mit süßer Sauce. Schiffskekse. Orangen. Der Fünf-Uhr-Tee bot: Rindfleischragout mit Kartoffeln und eingelegtem Gemüse. Rosinenbrötchen. Frisches Brot und Butter. Aprikosen. Tee. (2)

In der Millbrook Church in → Southampton befindet sich eine Erinnerungstafel für das Personal aus den Restaurants der ›Titanic‹. (64)

Dittmar-Pittmann, Max

(1865–1939), angeblich deutscher Zweiter nautischer Offizier auf der ›Titanic‹

Ein deutscher Schiffsoffizier auf der ›Titanic‹, dem Prunkstück des British Empire? Das scheint nicht nur aus heutiger Sicht sehr umstritten. Aber als er in Deutschland auftauchte, stellte niemand Fragen.

Der 15. Jahrestag des Schiffsunglücks war Anlaß ausführlicher Aufsätze und angeblicher Tatsachen-Berichte. Das Thema »Titanic« gewann im Deutschland der 20er Jahre mit zunehmend nationalistischer Stimmung wieder an Terrain, auch dadurch begünstigt, daß die britischen Behörden zu diesem Thema nichts mehr beizutragen hatten und ein Quellenstudium in den internen Unterlagen nicht zuließen.

Dieses Zusammentreffen »günstiger Umstände« war die große Stunde der kleinen und großen »Abenteurer«, die sich nun noch nachträglich auf die »Rettungsliste« setzten. Sie hofften auf die Vergeßlichkeit der Öffentlichkeit und machten sich den Umstand zunutze, daß die wenigen Tage an Bord der ›Titanic‹ nicht dazu ausgereicht hatten, daß sich Passagiere und die Mannschaft untereinander kennenlernten. Nach mehr als 15 Jahren taucht ein »Überlebender« auf, der sich Dittmar-Pittmann nennt, und angeblich als nautischer Offizier auf der ›Titanic‹ gewesen sein will.

Max Dittmar aus Erfurt hatte mit seinem Täuschungsversuch vollen Erfolg. Er wurde der Sachverständige in Sachen ›Titanic‹. In den Jahren 1926 bis 1939 trat er mit vielen Vorträgen und Publikationen an die deutsche Öffentlichkeit. Unermüdlich berichtete er von seiner Tätigkeit als Offizier auf dem britischen Luxusliner und schließlich von seiner Rettung. Außerdem war er als »überlebender Fachmann« ein willkommener Lieferant von Informationen für Filmdrehbücher, Artikel und Romane.

Max Dittmar war ein erfahrener Seemann. 1865 in Lengerich (Westfalen) als Sohn eines Regierungsbaurates geboren, lebte er mit seinen Eltern ab 1870 in Erfurt. Nach dem Besuch der Mittelschule begann er eine seemännische Laufbahn. Im Jahre 1879 bezog Dittmar in Hamburg die Seemannsschule und heuerte im Frühjahr 1881 als Leichtmatrose auf einer Bremer Bark an. In den folgenden drei Jahren erlernte er auf einem kleinen Segelschiff den Matrosenberuf. Mit 20 Jahren besuchte er die Navigationsschule im ostfriesischen Tönning und legte dort 1886 sein Examen als Steuermann ab. Unmittelbar danach meldete sich Max Dittmar freiwillig zum Dienst in der kaiserlichen Kriegsflotte. Nachdem der Erfurter 1889 Deutschland verlassen hatte, fuhr er von 1906 bis 1912 als

Nautiker auf britischen Handelsschiffen. In England soll er sich den Zweitnamen Pittmann zugelegt haben. So ausgestattet, kehrte er mit ausreichender See-Erfahrung als Max Dittmar-Pittmann in seine Heimatstadt Erfurt zurück und lebte dort seit 1914 mit seiner Frau. Im Ersten Weltkrieg leistete er zwei Jahre lang Dienst auf einem kaiserlichen Kriegsversorgungsschiff. Im 51. Lebensjahr beschließt er seine seemännische Laufbahn. 1939, mit 74 Jahren, stirbt er in Berlin während eines Vortrages über seine »Erlebnisse« auf der ›Titanic‹ an akutem Herzversagen. In Form von »Tagebuchblättern« erschien 1926 seine Selbstbiographie »Ein Menschenalter auf dem Meere« im Leipziger Verlag von K. F. Koehler. In diesen Lebenserinnerungen nimmt das Unglücksschiff ›Titanic‹ einen besonderen Platz ein. Hier gibt er sich erstmals als Zweiter nautischer Offizier der ›Titanic‹ aus, der die folgenschwere Havarie des Schiffes überlebt habe. In seinem Vorwort zu den »Tagebuchblättern« erklärt er:

»Der Inhalt dieser Blätter (hat) den Vorzug unbedingter Wahrheit. Was ich hier berichte, sind eigene Erlebnisse, deren tatsachengetreue Wiedergabe sich jeder schmückenden Zutat enthält. Den nachstehenden Berichten liegen meine Tagebuchaufzeichnungen zugrunde, und der Leser darf sich der Gewißheit hingeben, daß auch die ungewöhnlichsten der erzählten Abenteuer sich tatsächlich und in der geschilderten Weise ereignet haben.« (17)

Max Dittmar-Pittmann, angeblich überlebender der 2. (deutscher!) Offizier der ›Titanic‹

Der Leser erfuhr folgende Details über die ›Titanic‹:

»Der Ozeanriese war über 45 000 Register-

tonnen groß, seine Länge betrug 280 Meter, die Breite 30 Meter und der Tiefgang 15,5 Meter. Maschinen von über 50 000 Pferdekräften verliehen dem Dampfer eine Geschwindigkeit von 25,5 Knoten. 126 Feuerungen heizten die 18 mächtigen Kessel. Das Schiff hatte 20 (!) wasserdichte Abteilungen ..., im vollbesetzten und bemannten Schiff konnten sich über 4000 Personen befinden.«

Diese wenigen, zudem noch falschen Angaben sollten stutzig machen. Den Tag bzw. die Nacht des Zusammenstoßes mit dem Eisberg verlegte er kühn auf Sonnabend, den 13. April 1912. Und im Widerspruch zu den bereits 1912 festgestellten Sachverhalten schreibt er weiter:

»In der Tat befand sich der Direktor Mr. Bruce Ismay von der White Star Line an Bord, um die erste Reise des Riesendampfers mitzumachen und zugegen zu sein, wenn das neue Schiff womöglich durch Aufstellen eines neuen Schnelligkeitsrekordes das Blaue Band des Ozeans erwarb.«

Und vom Kapitän Smith persönlich habe er vernommen, daß der White-Star-Reederei-Direktor den Rekord der schnellsten Atlantiküberquerung erwarte und darum die Geschwindigkeit des Schiffes nicht reduziert werden dürfe. Schließlich behauptete er, daß er um 20.00 Uhr des besagten Abends von der Brückenwache abgelöst worden sei und sich in seine Kammer begeben habe:

»Eine innere Unruhe trieb mich dazu, denn es schien mir gewiß, daß wir Eisberge passieren mußten. Um einhalb Elf Uhr spürte ich, wie das Schiff einen leichten Stoß erhielt und konnte hierauf ein Schrammen vernehmen, als ob das Schiff an einer Kaimauer entlangführe. Da stoppten auch schon die großen Schiffsmaschinen ... ich blickte über die Reling hinaus angestrengt in die Nacht. An der Steuerbordseite, weit hinten gewahrte ich undeutlich eine weiße Masse. Das mußte der Eisberg sein, mit dem wir in Kollision gekommen waren.«

Über die Fahrt, die das Schiff im Moment des Zusammenstoßes machte, erklärte er:

»Bei der großen Geschwindigkeit, mit der die Titanic fuhr (26,8 Seemeilen zu je 1852,56 Meter), waren wir schon zu weit entfernt ... Ich hatte inzwischen schon längst erkannt, was geschehen war. Die Titanic war in Eisfelder hineingejagt,

die den Dampfer der Länge nach an der Steuerbordseite bis hinter die Kommandobrücke aufgeschnitten hatten. Das Schiff war verloren! ... Ich begab mich in den Maschinenraum hinab ... Da kam ein Schmierer von unten herauf und meldete dem Wachhabenden, daß das Schiff leck sei. Nun kam auch das Kommando »Schotten dicht« und die großen Schiffspumpen setzten ein. Ich ging nach dem Vorderteil des Schiffes, wo ein besserer Überblick möglich war, doch war noch nichts besonderes zu bemerken.«

Und nun endlich begibt sich der angebliche Zweite nautische Offizier auf die Kommandobrücke ... »wo sich jetzt der Kapitän Smith befand, um zu hören, ob er Befehle für mich habe«. Es heißt in seinen »Tagebuchblättern«:

»Meine schwere Aufgabe war es nun, die Einschiffung in die Rettungsboote zu leiten. Es waren noch sechs große Boote an Steuerbordseite. Die ersten vier Boote, die zu Wasser gingen, sanken sofort.«

Die dreisten Geschichten des angeblichen Offiziers der ›Titanic‹ wurden immer weiter verbreitet. Weder Journalisten, noch Schriftsteller oder Filmautoren wurden hellhörig. Keiner fragte nach seinen Aussagen vor den Untersuchungsgremien in Amerika und Großbritannien. Niemand suchte seinen Namen auf der amtlichen Liste der Geretteten. Kein Mensch fragte auch danach, warum das britische Weltreich mit der größten Handelsflotte der Welt, ausgerechnet für das Prestige-Unternehmen ›Titanic‹ einen deutschen Schiffsoffizier als Navigator an Bord nahm.

Dittmar-Pittmann paßte in die »öffentliche Meinung«, er konnte mit seinen Berichten zunächst einmal nicht schaden, allenfalls sogar nützlich sein. Diese Umstände machten es für ihn auch leicht, sich zum ›Titanic‹-Sachverständigen zu küren.

Als Handelsschiffskapitän und angeblich Überlebender der Katastrophe lieferte er 1934 dem Schriftsteller Joseph → Pelz von Felinau Material für die wohl wichtigsten Aussagen des späteren Romans »Titanic – Tragödie eines Ozeanriesen«. Der »Zeitzeuge« Dittmar-Pittmann schloß darüber einen Vertrag mit Pelz von Felinau und kassierte eine angemessene Abfindung. Nach seinem Tode kam es zwischen Pelz von Felin-

au und dem Sohn Dittmar-Pittmann's zu einer Auseinandersetzung über eine finanzielle Abfindung. Der Prozeß nahm ein unerwartetes Ende.

»Nach Überprüfen des Seemanns-Passes und anschließender Anfrage in London stellte sich heraus ... die Eintragungen im deutschen Pittmann-Paß waren eindeutig gefälscht. Es war überhaupt kein deutscher Offizier bei White Star Line angestellt.« (192) Das Board of Trade konnte ermitteln, daß besagter Max Dittmar-Pittmann auf einem britischen Frachter Dienst tat. Zum Zeitpunkt des ›Titanic‹-Unglücks am 14./15. April befand sich Dittmar-Pittmann infolge einer Erkrankung in einem Seemannshospital auf der Pazifik-Insel Samoa.

Bis heute erlebte der ›Titanic‹-Roman Pelz von Felinau's vielfache Auflagen. Mit den Fälschungen über die tragische Geschichte der ›Titanic‹ betrog Dittmar-Pittmann nicht nur den Autor des Romans, sondern darüber hinaus Millionen Leser. Frau von Felinau berichtete zu dieser Sache: »Daraufhin recherchierte mein Mann selber, fand Differenzen in Daten und Zahlen und – um allem Ärger auszuweichen – benannte er Pittmann um und machte einen Dänen aus ihm, denn das Buch ist ja ein Roman.« (192)

Tatsächlich gab es auf der ›Titanic‹ einen Dritten nautischen Offizier mit dem Namen Herbert J. Pitman. Er wurde bei den Anhörungen vor dem amerikanischen Untersuchungsausschuß zu seiner Person, seiner Herkunft und zur Funktion an Bord der ›Titanic‹ vernommen. Er ist ein echter »englischer« Pitman. An keiner Stelle der amtlichen Unterlagen ist etwas von einem angeblichen deutschen ›Titanic‹-Offizier zu finden. Der Dritte nautische Offizier der ›Titanic‹ war englischer Nationalität und besaß die britische Staatsbürgerschaft.

Eisberge

In der maritimen Literatur zu Ende des vergangenen Jahrhunderts, also lange vor der ›Titanic‹-Katastrophe, haben sich Meteorologen und Seefahrtsexperten ausführlich mit dem Naturphänomen Eisberg auseinandergesetzt. Die Beobachtungen bezogen sich sowohl auf die rechtzeitige Warnung vor

Charakteristischer antarktischer Eisberg

Eisbergen, also auf die – um ein modernes Wort zu benutzen – Vorwarnzeit, als auch auf ihre Gestalt und Dynamik.

Durch die große Masse der Eisberge ist deren Trägheit außerordentlich. Seeleute beobachteten immer wieder, daß selbst bei hoher See die Eisberge nicht den Bewegungen der Wellen folgten, und daß selbst »die mächtigsten Sturmwellen nicht imstande sind, diese Kolosse in Bewegung zu versetzen. Der Eisberg liegt wie eine weiße Marmorinsel in dem tobenden Element und trotzt mit seinen blauweiß schimmernden Steilwänden dem Anprall der Wogen, die brüllend an ihm emporschlagen, sich in Brandungsschaum auflösen und ihn zeitweise völlig in Gischt einhüllen.« (81)

Durch warme Luft, direkte Sonneneinstrahlung und besonders durch Regen und Brandung vollzieht sich eine langsame, aber unablässige Zerstörung des Eiskolosses, die naturgemäß auch zu einer ständigen Veränderung seines Gleichgewichts führt. Nach neueren internationalen Forschungen nimmt das Volumen am schnellsten an dem Teil des Gletschereises ab, das unter dem Wasserspiegel liegt. Der Vorgang wird durch

Gestrandeter arktischer Eisberg

das Meerwasser hervorgerufen, das bei einer Temperatur von nur 2,2 Grad Celsius bewirkt, daß Eisberge von 15 m Höhe über dem Wasserspiegel innerhalb von einer Woche abgeschmolzen sind. Bereits eine Erwärmung des Meerwassers auf 4 bis 5 Grad Celsius – so Wissenschaftler der International Ice Patrol (IIP) – verkürzen die Abschmelzzeiten auf die Hälfte. Schließlich beschleunigt starker Seegang und die damit verbundene stärkere Benetzung des Eises durch das Meerwasser diesen Vorgang. (100)

Diese Eigenarten des Eises bergen zwei Gefahren in sich: Einerseits ist es das Beharrungsvermögen, das im Falle einer frontalen Kollision dem festen Gesteins entspricht, andererseits ist es die Labilität, die ein Eisberg besonders in weiter südlicheren Breiten erhält. Viele Möglichkeiten wurden erwogen, um die Eishavarien zu vermindern. Zunächst entschloß man sich zur frühzeitigen Warnung von Schiff zu Schiff. Im Falle der Eisgefahr und verbunden mit Nebelfeldern verlangsamten die Kapitäne die Fahrt; in den Nachtstunden wurde das Schiff sogar gestoppt. (s. a. ›Californian‹) Das Auftauchen von Eisbergen unter normalen Sichtbedingungen hat jedoch zu keiner Zeit die Kapitäne veranlaßt, die Geschwindigkeit zu reduzieren, auch nicht den Kapitän der ›Titanic‹. (144)

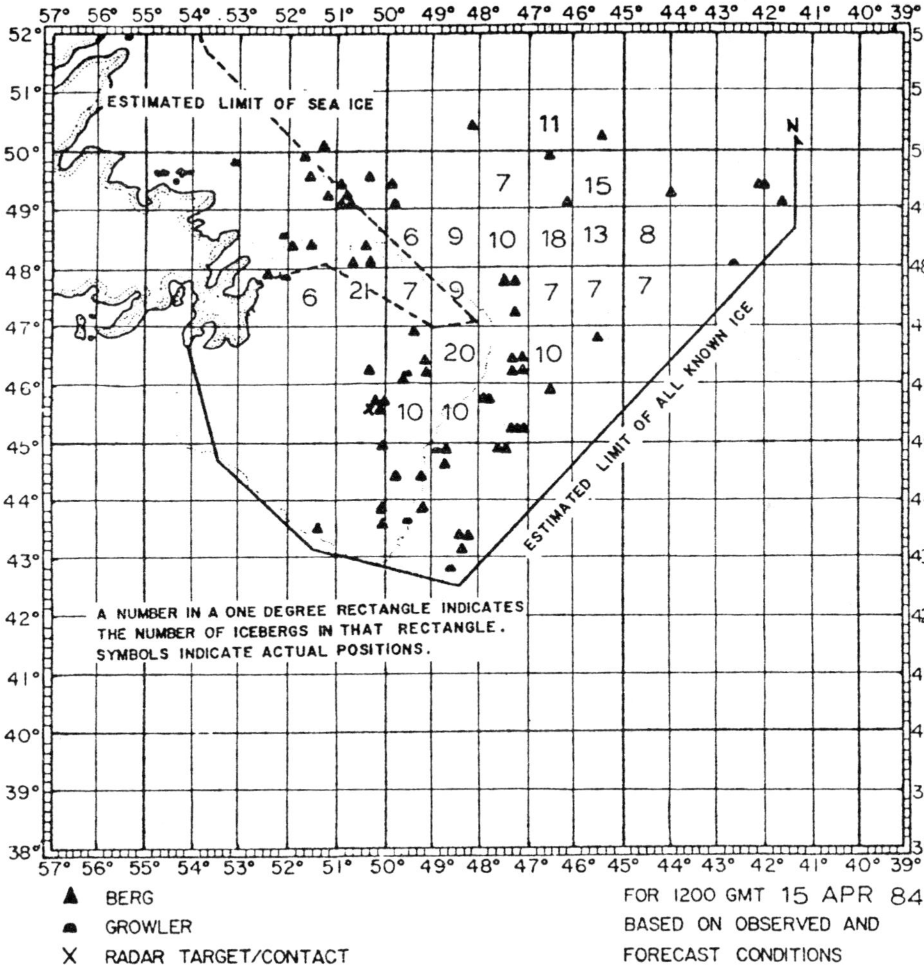

Aktuelle Verbreitung von Eisbergen im Nordatlantik. Ermittelt per Satellitenerkundungssystem

Eisberge, Verbreitungsgrenzen

Die berüchtigten Eisberge im Nordatlantik sind kein unerwartetes Naturereignis. Sie sind schon immer eine bekannte, ja in gewisser Weise sogar eine berechenbare Größe gewesen. Berechenbar insofern, als schon bald nach der Entdeckung und Besiedlung Amerikas durch die Europäer die südlichste Verbreitungsgrenze der treibenden Eismassen bekannt wurde, ebenfalls ihre Abhängigkeit von den Jahreszei-

ten. Sie waren gefürchtet, von den arktischen Fischern aber auch als willkommene Süßwasserspender geschätzt ... Im Jahre 1899 beschaffte sich die Besatzung des Schoners ›Mervyn‹ von St. Johns zu diesem Zweck Eis von einem neben dem Boot treibenden Eisberg. Dabei kam es zu einem Unfall durch herabstürzende Eismassen, die eine hohe Welle erzeugten und einen Mann der Besatzung über Bord spülten. Kapitän William Baffin (1584–1622) beschäftigte sich während der Erkundung der nach ihm benannten Bucht mit den schwimmenden Inseln aus Eis, mit deren Größe und Tauchtiefen. (81)

Die Abweichung von mittleren Treibeisgrenzen kann allerdings in Abhängigkeit von der Wetterentwicklung erheblich sein. So wurden Eisberge gelegentlich 300 sm westlich der Azoren und 275 sm westlich des Golfes von Biskaya gesichtet. (100)

Trotz der bekannten Ausbreitungsgrenzen blieben Eisberge stets eine ernstzunehmende Gefahr für die Schiffahrt, und sie können auch heute nicht ignoriert werden. Das Risiko, auf den Nordatlantikrouten in Eisfelder zu geraten, wird auch gegenwärtig im Interesse des schnellen und ökonomischen Transports in Kauf genommen.

Das Zusammentreffen des Labradorstromes mit dem Golfstrom im Raum der Neufundlandbänke ist dafür verantwortlich, daß auf dieser Schiffahrtsroute die schon berüchtigten Neufundlandnebel auftreten. Heute verfügt jedoch die Schiffahrt mit Radar sowie see- und luftgestützten Eiswarndiensten über eine ganze Reihe von modernen Hilfsmitteln. (→ Grönlandeis)

Eisbergkollisionen

und ihre Folgen; eine Auswahl bis zum April 1912

Die ›Titanic‹ war nicht das erste Schiff, das mit einem Eisberg zusammenstieß. In der folgenden Tabelle sind Daten von Schiffen zusammengestellt, die mit einem Eisberg zusammengestoßen sind. Etliche sind mit einem Schaden davongekommen, viele sind gesunken. Dabei handelt es sich nur um eine Auswahl von Unglücken. Viele Schiffe, vor allem kleine-

Jahr	Schiffsname	Land	Folgen
1802	Naronic		Untergang
1803	Lady Gebart		Untergang
1826	Natalie	Frankreich	Untergang
1841	President		Kollision,Verletzte
1854	City of Glasgow	Großbritannien	Kollision
1856	Pacific	USA	Kollision
1860	City of Washington	USA	Kollision mit kippendem Eisberg, Untergang
1870	City of Boston	USA	Untergang
1871	Tigress		Kollision
1879	Arizona	USA	Frontalkollision mit Eisberg. Zerstörung des Bugs, setzte Reise fort
1883	Diana		Kollision
1884	Portia		Kollision
1884	Buzzard, Kanonenboot	USA	Kollision
1890	4 Schiffe, nicht benannt		Kollisionen, Untergang
1896	State of Georgia	USA	Kollision
1897	Windsor Lake	USA	Kollision
1898	Concordia		Kollision
1899	Alleghany	USA	Kollision
1899	City of Rome	USA	Kollision
1899	10 weitere Schiffe, nicht benannt		Kollision
1900	Iceland		Kollision
1902	Huronian	Kanada	Kollision
1903	20 Schiffe, nicht benannt		davon 8 beschädigt, 12 Untergänge
1907	Kronprinz Wilhelm	Deutschland	eingedrückter Bug nach Kollision
1908	Mongolian		Eiseinschluß, stark beschädigt
1909	Lake Champlain	Kanada	Kollision, stark beschädigt
1909	Regulus		eingedrückter Bug nach Kollision
1909	Montrosa		Kollision, Bug beschädigt, 4 Tage im Treibeis
1912	Niagara	USA	Kollision
1912	Carmania		Kollision
1912	Kura	Rußland	Kollision
1912	Lord Cromer	Großbritannien	Kollision
1912	Armenian		Kollision
1912	Titanic	Großbritannien	seitliche Kollision mit Eisberg. Untergang

Der Dampfer ›Arizona‹ im Hafen von Halifax – nach frontaler Kollision mit einem Eisberg

re Fischereifahrzeuge, wurden außerdem vermißt. Es ist anzunehmen, daß ein großer Teil davon ebenfalls durch kippende oder berstende Eisberge zerstört wurde, ohne daß die Ursache oder der Tag der Havarie jemals bekannt wurde. Deutlich wird allerdings in der Tabelle, daß es in bestimmten Jahren zu einer Häufung von gemeldeten Eisbergkollisionen gekommen ist (1890, 1899, 1909 und 1912). Ob das mit einer Häufung von Eisbergen im Nordatlantik korrespondiert oder aber mit der wachsenden Verkehrsdichte zusammenhängt, konnte hier nicht untersucht werden.

Eisberührung

Am 14. April um 23.39 Uhr Bordzeit signalisiert Frederic Fleet mit einem dreifachen Glockenschlag eine dunkle schwarze Masse. Wenige Augenblicke später (die genaue Zeit zwischen dem Glockensignal und der Berührung liegen in der Größenordnung von etwa 1–3 Minuten) hat die ›Titanic‹ Eisberührung.

Kurz vor Mitternacht beginnt jener Zeitabschnitt, über den in Büchern und Aufsätzen so viele Berichte, Aussagen und Beschuldigungen verbreitet wurden, daß es später kaum mehr möglich war, die Wahrheit aus dem Dschungel des Geschriebenen herauszufiltern. Eine objektivere Sicht erhielt man dann schon eher, wenn man sich auf die offiziellen Untersuchungsberichte des US-amerikanischen Sonderausschusses und auf die Entscheidung der Seeunfalluntersuchung in Großbritannien bezog.

Über die Witterungs- und Eislage sowie den Grad der Gefährdung durch das Eis schien unter der Besatzung Klarheit zu herrschen.

Vor dem US-amerikanischen Untersuchungsausschuß wurden die entsprechenden Gespräche zwischen dem Kapitän und seinen Offizieren rekonstruiert. In den letzten Minuten vor der Kollision ergab sich folgendes Bild:

»Wir sprachen über das Wetter, über die ruhige See und wann wir in Eisnähe kommen werden ... Kapitän Smith meinte, daß wir die Geschwindigkeit stark drosseln sollten, wenn es auch nur wenig diesig wird.«

So der Zweite Offizier Lightoller während der Anhörung. Gegen 22.00 Uhr Bordzeit, als er die Wache an Murdoch abgibt, war die Wetterlage unverändert.

23.39 Uhr: Alarm aus dem Ausguck: »Eisberg voraus« wird weitergeleitet. Der Erste Offizier erteilt über den Maschinentelegrafen das Kommando »Äußerste Kraft zurück!« Befehl an den Rudergänger »Ruder hart Steuerbord!« Die Befehle werden befolgt.

Die vor dem amerikanischen Untersuchungsausschuß gemachten Angaben über die Ruderkommandos gaben später immer wieder Anlaß zu Diskussionen über die unmittelbar vor der Kollision ausgeführten Manöver, um dem Eisberg doch noch auszuweichen. Das zunächst ausgesprochene Kommando »Ruder hart Steuerbord« bedeutete, daß sich das Heck nach Steuerbord, also in Fahrtrichtung nach rechts bewegte und der Bug nach Backbord, also in Fahrtrichtung des Schiffes nach links. Dadurch, so auch die Aussagen vor dem Untersuchungsausschuß, wollte der Offizier Murdoch erreichen, daß das Schiff dem Eisberg auswich. Der kurze Zeit da-

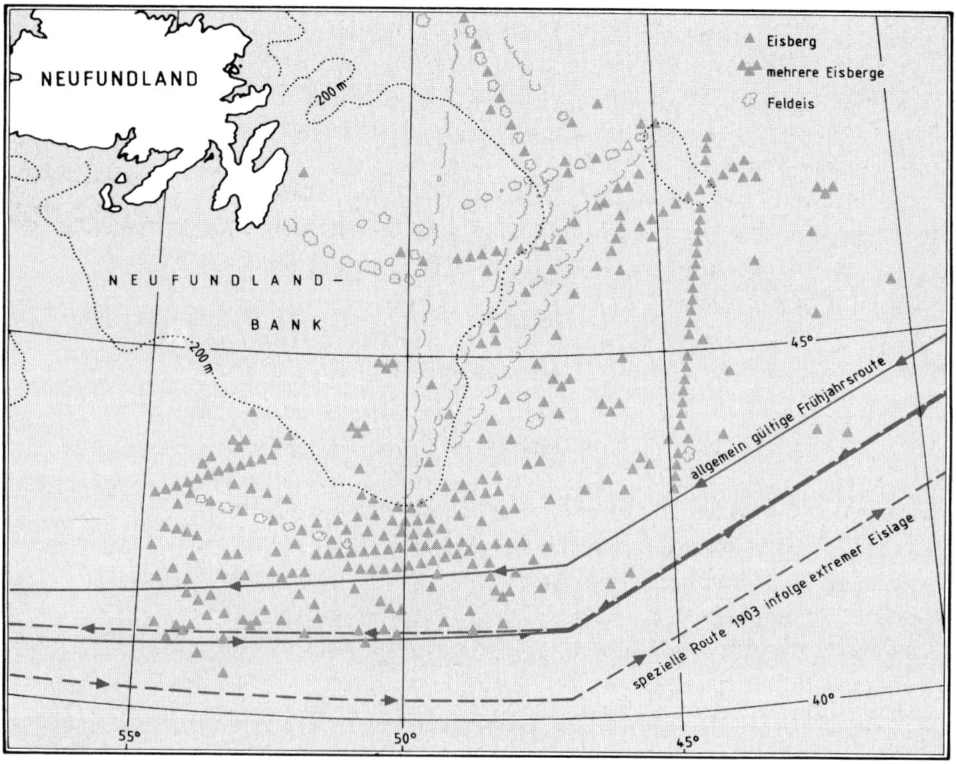

Ausbreitung der Eisberge im Jahre 1912. Infolge extremer Drift der Eisberge nach Süden wurde die empfohlene Route 1903 um 100 sm nach Süden verlegt.

nach gegebene Befehl, der auch vom Rudergänger bestätigt wurde, lautete dann »Ruder hart Backbord«, damit sollte dann das Heck eine Eisberührung vermeiden. Später wurden Ruderkommandos übrigens international einheitlich festgelegt. Um die gleichen Wirkungen auf die Fahrtrichtung des Schiffes zu erreichen, würden die Kommandos heute in der Reihenfolge »Ruder hart Backbord« und dann »Ruder hart Steuerbord« lauten.

Ob Kommandos nach dem damaligen Erfahrungsstand in Bezug auf Zielsetzung und Wirkung richtig waren, bleibt in diesem Zusammenhang dahingestellt. (→ Schuldfrage)

»Im Krähennest stand Frederic Fleet wie angewurzelt. Immer noch hielt er den Telefonhörer in der Hand und starrte fasziniert auf die immer größer werdende Silhouette. Die ›Titanic‹ behielt den Kurs schnurgerade bei. Nach einer Zeit, die ihm wie eine Ewigkeit vorkam, drehte sich der Bug südlich

um 22 Grad nach Backbord und passierte haarscharf den Eisberg.

In diesem Augenblick ging Vollmatrose George Thomas Rowe Wache auf der Achterbrücke. Auch für ihn war es eine ereignislose Nacht gewesen ... Dann spürte er plötzlich, wie eine merkwürdige Bewegung den gleichmäßigen Rhythmus der Maschinen störte. Es war fast so, als stieße das Schiff etwas unsanft gegen die Pier. Er rieb sich die Augen – starrte wieder nach vorn. Ein Windjammer unter vollen Segeln schien an Steuerbord vorüberzugleiten. Dann wurde ihm klar, daß es ein Eisberg war, der da wie ein Turm, vielleicht dreißig Meter hoch, aus dem Wasser ragte. Im nächsten Augenblick war er irgendwo, achteraus, in der Dunkelheit verschwunden. (22) Quartermeister Alfred Olliver beobachtete, »wie eine 20 Meter hohe, dunkelblaue Eisspitze längsseits vorbeiglitt. Sie glitzerte naß und glitschig und lief oben nadelscharf zu.« Fleet sah, »wie der Eisberg an der Steuerbordseite entlangschleifte und dann achtern verschwand. In zehn Sekunden war alles vorbei.« (66)

»Das knarrende Holz, der ferne Rhythmus der Maschine, das stetige, leise Rattern der Glaskuppeln über dem Foyer des A-Decks – all diese vertrauten Schiffsgeräusche verstummten, als die ›Titanic‹ Fahrt verlor und stoppte. Weit mehr als jeder Stoß berührte diese Stille die Passagiere.« (66)

Matrosen auf dem C-Deck hatten die Glockenschläge gehört und im nächsten Augenblick »ein leichtes Kratzen« empfunden, eine »starke Erschütterung« gespürt und auf dem vorderen Deck Eisstücke gefunden, die beim seitlichen Anprall an den Eisberg auf das vordere Schiff gestürzt waren. Der Eisberg muß demnach direkt die Bordwand gestreift haben. Der Zusammenstoß kann nur Sekunden betragen haben.

Eisflagge

Unter den → Flaggen der Internationalen Seeschiffahrt soll es angeblich 1912 noch eine sogenannte »Eisflagge« zur Signalisierung von Eisbergen bzw. Treibeis gegeben haben. Auf Vorschlag deutscher Marineoffiziere sollte sie ab 1881 die

gängigen Flaggensignale ablösen, mit denen sich begegnende Dampfer über die Eisberge und die Treibeislage befragt haben. Dieser Vorschlag hat offenbar international keine Anerkennung gefunden. (171)

Eisprognose

Genaue Beobachtung der Natur durch die Seeleute erbrachte eine Reihe von Anhaltspunkten für nahes oder nahendes Treibeis – weniger für einzelne Eisberge.

Weithin sichtbar, so ein Hinweis des amerikanischen Hydrographical Office in Washington, ist der »Eisblink«, der sich als fahle Himmelsfarbe über treibenden Eisfeldern bei Sonnenlicht bemerkbar macht. Hervorgerufen wird er durch Reflexionen der Sonne über dem Eis und die Aufhellung niedriger Wolken durch den Lichtreflex. Auch in hellen Nächten soll der weiße Schimmer weithin sichtbar sein. Die Geräusche von berstendem Eis, von knallendem Aufreißen der Eisspalten, das Knirschen und Pfeifen von sich reibenden Eisschollen sollten akustische Warnungen sein, die »kundigen Ohren nur schwerlich entgehen können«. Große Robbenherden und Vogelschwärme in weiter Entfernung vom Festland galten als sichere Anzeichen für nahe Eisfelder. Ebenso wird ein plötzliches Abnehmen der Dünung als ein Warnzeichen angesehen, da schwimmende Eisdecken die Bewegung der Meeresoberfläche stark dämpfen. Fallende Lufttemperaturen gelten als ein Anhaltspunkt für nahendes Eis, doch wird von Nautikern immer wieder darauf verwiesen, daß man diese Veränderungen, beispielsweise das plötzliche Absinken der Lufttemperatur, nur in unmittelbarer Eisnähe beobachten kann und nur dann, wenn die Windrichtung auf das Schiff gerichtet ist.

Schließlich hat man erwogen, die elektrische Leitfähigkeit des Wassers und deren Änderungen in Abhängigkeit vom Salzgehalt zu messen, um daraus Schlüsse für nahes Eis abzuleiten. Eine auf der Kommandobrücke »angeordnete geeignete Versuchseinrichtung, die sich ständig ablesen läßt«, schwebte den Meteorologen vor. (171) Dabei wurde unter-

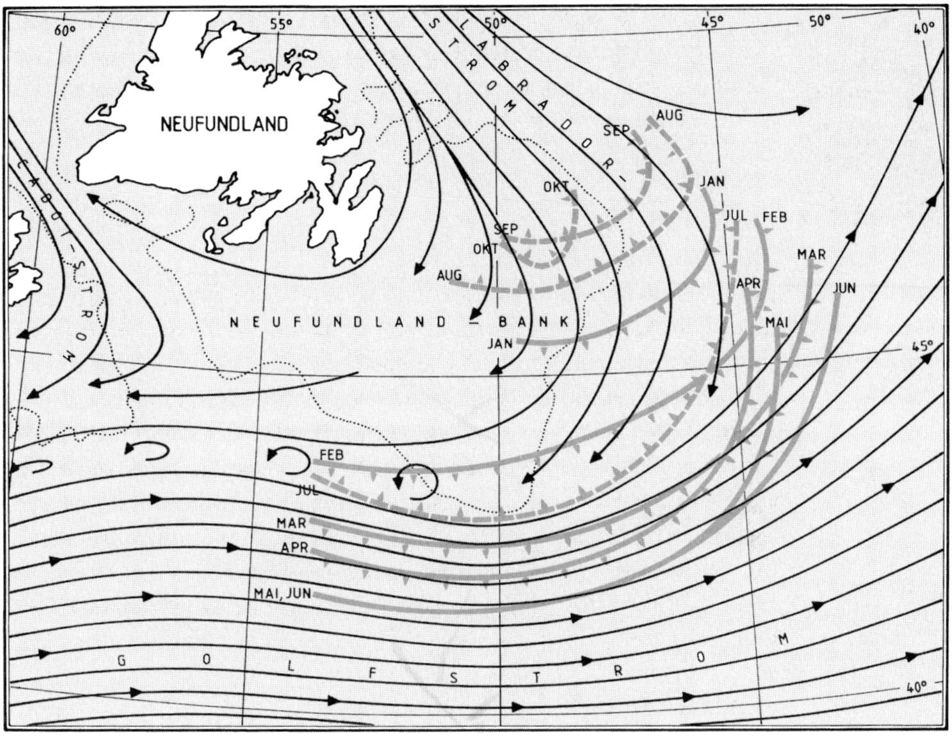

Herkunft und Bewegung der Eisströme im Nordatlantik in den einzelnen Monaten (langjähriger Durchschnitt)

stellt, daß sich die Leitfähigkeit durch den Zustrom von Tauwasser um etwa 12% gegenüber reinem Seewasser verringert.

Eiswarndienst

Zum Zeitpunkt der ›Titanic‹-Havarie gab es einen der technischen Entwicklung entsprechenden Eiswarndienst, der der Warnung vor driftenden Eisbergen diente. Eine internationale Übereinkunft machte es jedem Schiff zur Pflicht, die Positionen gesichteter Eisberge den nächsten Hafenbehörden zu melden. Zuständig für die Erfassung und Weitergabe dieser Nachrichten war in Hamburg die »Deutsche Seewarte« und in New York das »Hydrographic Office«. Hier wurden Eiskarten und Eisprognosen entworfen und den auslaufenden Schiffen ausgehändigt.

Die Unsicherheiten dieses Verfahren ergaben sich aus den Zeitdifferenzen zwischen Entdeckung und Meldung der Nachricht, ihrer Verarbeitung in den entsprechenden Karten und der Weitergabe an andere Schiffe. Die taufrische Eisprognose, die ein auslaufendes Schiff erhielt, war daher im allgemeinen bereits vier bis fünf Tage alt. Das Verfahren wurde dann durch die Nutzung der immer weiter verbreiteten drahtlosen Telegrafie beschleunigt.

In einem Zeitungsbericht hieß es: »Neuerdings dient den Meldungen der Eisberge in immer wachsendem Umfange die drahtlose → Telegrafie. Besonders die sich begegnenden Schiffe signalisieren sich auf diese Weise die Eisverhältnisse, die sie bei der Neufundlandbank antrafen. Gegenwärtig teilen sie ihre Wahrnehmungen darüber schon auf beträchtliche Entfernungen mit.« (171) Noch war das Verfahren keine allgemeine Praxis, zumal das Konkurrenzgebaren der Telegrafenkonzerne einen allgemeinen Austausch von Signalen untereinander zum Teil heftig behinderte. (→ Ätherkrieg)

Energiebedarf

Streiks der Kohlekumpel trafen Reedereien mit schnellen Schiffen besonders schwer, da diese Schiffe einen großen Kohlebedarf hatten. Daher galt im Frühjahr 1912 bei einigen Reedereien ein Tempolimit, um den Energiebedarf zu drosseln.

Bis zu Beginn des 20. Jahrhunderts galt die fortgesetzte Steigerung der Fahrgeschwindigkeit als Maß für Qualität und Fortschritt in der Ozean-Passagierschiffahrt. Oft waren es nur Stunden oder gar Minuten, mit denen man die Konkurrenz auszustechen versuchte. Nur das schnellste Schiff hatte in dieser Beziehung einen Marktvorteil. Um 1907 wurde dann der Trend zu gigantischen Schiffen mit Komfort und Luxus für die Fahrgäste der 1. und 2. Klasse immer deutlicher. Die Schiffsgröße schien keiner Begrenzung mehr zu unterliegen, und die größeren Dimensionen der Passagierschiffe ermöglichten neue technische Lösungen und Ausstattungsvarianten.

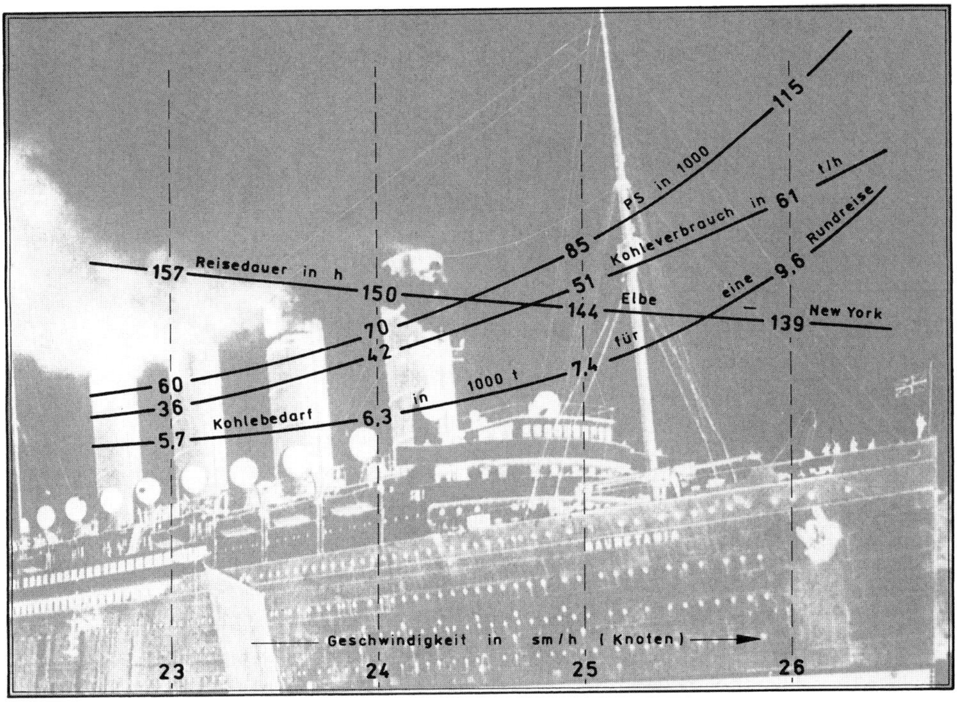

Verhältnis von Kohleverbrauch und Reisegeschwindigkeit

Maßgebend für die neue Orientierung auf Größe und Komfort waren zum einen die Veränderungen innerhalb des Reisepublikums, zum anderen die bereits erreichten hohen Geschwindigkeiten und vor allem auch die ständig wachsenden Kosten, mit denen die schnellen Reisezeiten erkauft wurden. Eine geringfügig höhere Geschwindigkeit verlangte erhebliche Maschinenvergrößerungen. Ein Vergleich der technischer Daten mehrerer ausgewählter Luxus-Schiffe im Nordatlantik-Verkehr zu Beginn des 20. Jahrhunderts verdeutlicht das erreichte hohe technische Niveau, macht aber auch die Grenzen der Entwicklung sichtbar. Ein Passagierschiff mit 20 000 BRT und auf 12 kn ausgelegter Fahrt auf die doppelte Geschwindigkeit von 24 kn zu bringen, bedeutet einen Kraftaufwand, der etwa das 8,5fache der Leistung notwendig macht; statt 4500 PS sind etwa 38 600 PS erforderlich. Der Kraftaufwand steigt nicht linear, sondern in einer exponentiellen Kurve: Um zum Beispiel von 12 auf 16 kn Geschwindigkeit zu kommen, ist zunächst eine 1,5fache Leistungserhöhung

notwendig, um aber von 20 auf 24 kn zu kommen, ist bereits eine Vervierfachung erforderlich. Dadurch werden aber die Stau- und Beladungsverhältnisse komplizierter. Die Brennstoffkosten (Steinkohle) für eine transatlantische Überfahrt von 3200 sm vervierfachen sich dabei von 69 Pfennige pro Tonne Wasserverdrängung bei 12 kn Fahrt auf 297 Pfennige pro Tonne, wenn ein gleich großes Schiff seine Reisegeschwindigkeit verdoppelt. Maschine und Bunkerkohle beanspruchen allein zusätzlich etwa 10 000 t Kapazität. Größere Schiffe sind nur dann wirtschaftlicher, wenn man die Geschwindigkeit nicht erhöht. So mußte eine Reederei für die transatlantische Passage mit einem 20 000-Tonner bei 16 kn Dienstgeschwindigkeit etwa 25 200 Mark für Kohle zahlen. Für das doppelt so große Schiff waren unter gleichen Bedingungen etwa 40 000 Mark Brennstoffkosten aufzuwenden. Das größere Schiff bot außerdem eine relative Verminderung der Maschinenmasse, was schließlich der Nutzlast zugute kommen konnte. Diese Tatsachen waren die eigentlichen Ursachen für die beschleunigte Entwicklung immer größerer Seeschiffe.

Im Passagier-Liniendienst blieb jedoch die Steigerung der Reisegeschwindigkeit vorerst ein wichtiges Werbemittel. Die zunehmende Schiffsgröße ermöglichte auch höheren Reisekomfort bei höherer Geschwindigkeit. Um 1907 waren Suiten, verschiedene Promenaden-Decks, Empfangshallen, Sport- und Trainingsräume sowie Schwimmbäder für die Reisenden der 1. und 2. Klasse bereits Standard.

Enzensberger, Hans Magnus

Autor

Der 1929 geborene Hans Magnus Enzensberger benutzte das Unglück und dessen Resonanz in der Gesellschaft als Hintergrund für eine Sammlung von 33 Gesängen in Anlehnung an eine klassische Komödie. In Metaphern werden Ängste, Hochmut, Überschwang, der Glaube allein an den technischen Fortschritt, gesellschaftliche Ungerechtigkeit poetisch verarbeitet. Vermischt mit vielen eigenen Erlebnissen in der

Entstehungszeit zwischen 1969 und 1977, schildert der Autor die Katastrophe als ein Sinnbild der vom Menschen geschaffenen Technik – aber auch als eine latente Gefahr, der sich die Menschen aussetzen, wenn sie nicht mit der nötigen Verantwortung ihre Technik verwalten. »Als Geisterschiff ist die ›Titanic‹ immer noch unterwegs« heißt es in einem Vorwort zum »Untergang der ›Titanic‹« von Enzensberger. »Das Gedicht hat nicht zuletzt mit dieser imaginären ›Titanic‹ zu tun, mit dem Untergang im Kopf.«

Hier schließt sich ein Bogen von → Hauptmanns Roman »Atlantis« zum »Untergang der ›Titanic‹« von Enzensberger. Beide Werke spiegeln die geistige Haltung ihrer Zeit und Gesellschaft zur Technik, zum Vertrauen oder Mißtrauen zu den Menschen und den von ihnen bestimmten Sachwaltern.

Hans Magnus Enzensberger faßt in seiner Komödie »Der Untergang der ›Titanic‹«, sechzehnter Gesang, seine literarische und publizistische Erfahrung von 75 Jahren zusammen:

»Der Untergang der ›Titanic‹ ist aktenkundig.
Er ist etwas für Dichter ...« (21)

Essen → Dinner

Falschmeldungen

Die erste Nachricht über die ›Titanic‹-Katastrophe, die Europa erreichte, war eine Falschmeldung. Sie war auch nicht mit unausgereifter Nachrichtenübermittlung zu erklären.

»London, 15. April. (Eigener Drahtbericht)

Die ersten Schreckensnachrichten scheinen glücklicherweise zu schwarz gefärbt zu haben. Es ergibt sich aus den neuen Drahtungen, daß sämtliche Passagiere der unglücklichen ›Titanic‹ gerettet und in Sicherheit gebracht worden sind. Ob der Dampfer den nächsten Hafen Halifax wird erreichen können, steht allerdings noch dahin ... In Montreal lief ein ungezeichneter Funkspruch ein, nach dem die ›Titanic‹ um 8 Uhr 30 Minuten heute früh sich noch über Wasser hielt und mit vollgelaufenen Vorderräumen den Kurs auf Halifax in Nova Scotia nimmt. Man hoffe den Hafen bei langsa-

BASEBALL FINAL EDITION

The Evening Sun.

BASEBALL FINAL EDITION

VOL. XXVI. NO. 28. NEW YORK, MONDAY, APRIL 15, 1912. PRICE ONE CENT.

ALL SAVED FROM TITANIC AFTER COLLISION

RESCUE BY CARPATHIA AND PARISIAN; LINER IS BEING TOWED TO HALIFAX AFTER SMASHING INTO AN ICEBERG

Baltic, Virginian, Olympic and Other Ships Summoned by Urgent Wireless Calls.

BIGGEST OF LINERS IN CRASH

She Carried Over 1,400 Passengers, Many of Prominence—Message from Olympic Telling of Rescue.

GIANTS DROP GAME AT HUB

Boston Braves Win From McGrawites.

MATTY MAKES HIS DEBUT

Snodgrass Plays First in Place of Merkle.

Titelseite der Zeitung »The Evening Sun«: »Alle von der ›Titanic‹ nach der Kollision gerettet«

mer Fahrt zu erreichen ... Ein hiesiger Vertreter der White Star Line erklärte aufs Bestimmteste, die ›Titanic‹ sei überhaupt unsinkbar.« (171)

Deutsche und amerikanische Zeitungen empörten sich dann über die falschen Nachrichten, die vom rettenden Schiff ›Carpathia‹ gesendet wurden.

»In der Tat«, so heißt es in einer erklärenden Zeitungsmeldung vom 17. April 1912, »ist das Publikum einen ganzen Tag lang durch völlig unberechtigte optimistische Meldungen über den Umfang der Katastrophe schwer getäuscht worden. So hieß es ... in einem Telegramm, daß die Passagiere zunächst wohlbehalten auf die ›Parisian‹ gebracht worden seien. Diese Falschmeldung, die überall die gesunkene Hoffnung wiederaufleben ließ, wurde volle zwölf Stunden nach dem Unfall als eine angebliche Depesche der ›Carpathia‹ verbreitet – zu einer Zeit also, als sich die einzigen Überlebenden der ›Titanic‹ bereits viele Stunden auf der ›Carpathia‹ befanden.« (171)

Die Entrüstung über die falsche Darstellung richtete sich unter anderem auch gegen die New Yorker Repräsentanten der White Star Line, die den vollen Text der Botschaft über die Katastrophe verheimlicht hatten.

Es war nicht zu erklären, warum die ›Carpathia‹ anfänglich so in Verruf kam. Obwohl sich das Schiff bereits im Einzugsbereich der Funkstationen von Sable Island befand, wurden keinerlei ausführliche Nachrichten über das Geschehen an Bord übermittelt. Ein Telegramm des US-Präsidenten Taft blieb unbeantwortet. (169) Ein Telegramm des White-Star-Line-Präsidenten Bruce Ismay über den tatsächlichen Hergang und den Umfang der Katastrophe war um Tage zurückgehalten worden. Wie sich später herausstellen sollte, gab es eine nie bis in die Einzelheiten aufgeklärte Konspiration zwischen der Marconi-Gesellschaft und den Funkern, dem Marconisten der ›Carpathia‹ und dem Zweiten Funker der ›Titanic‹. Sie hatten entgegen den Weisungen des ›Carpathia‹-Kapitäns Rostron in gewisser Weise eine Nachrichtenzensur auf der ›Carpathia‹ ausgeübt. (66)

Als nach dem Untergang der ›Titanic‹ der Dampfer ›Carpathia‹ in Funkreichweite des Festlandes war, gelang es der US-Navy zunehmend besser, den Funkverkehr zwischen dem Festland und den Schiffen zu verfolgen. Was die Funker der US-Navy dabei zu hören bekamen, sollte jedoch viele Fragen aufwerfen.

Vor dem Untersuchungsausschuß des amerikanischen Senats wurden diese Zusammenhänge bald offenbart, und die Verdächtigungen gegenüber dem Kapitän und der Schiffsführung waren schnell ausgeräumt. (→ Marconi; → Telegrafie, drahtlose)

Ferngläser, fehlende

Das Fehlen der Ferngläser im → Ausguck wurde seinerzeit außerordentlich hochgespielt und wird auch heute immer noch als wesentlicher Makel angesehen. Ferngläser unter den in der Unglücksnacht vom 14. auf den 15. April herrschenden Sichtbedingungen zu benutzen, schien nicht erforderlich, da sie ohnehin den natürlichen Blickwinkel erheblich einschränken. Die Benutzung der Ferngläser hätte eine frühere Erkennung des Eisberges kaum gewährleistet.

Vor den Untersuchungsausschüssen konnte nicht geklärt

werden, warum auf dem Ausguck keine Ferngläser vorhanden waren. Es hieß: »Im Durcheinander einer Jungfernfahrt wird vieles vergessen. Ganz alltägliche Dinge werden übersehen, gerade weil sie so alltäglich sind.« (82)

Im Internationalen Schiffssicherheitsvertrag, Titel VIII-Allgemeine Bestimmungen, Artikel 74, wurde formuliert:

»Die Konferenz spricht folgende Wünsche aus :

... 7. Ferngläser sollen den Ausguckleuten nicht übergeben werden.

8. Für Offiziere und Ausguckleute sollten die üblichen Prüfungen auf Sehschärfe und Farbenblindheit allgemein eingeführt werden ...«

Rechts: Filmprogramm für den 1929 gedrehten Film ›Atlantic‹, der in englisch-deutscher Koproduktion entstand

Damit wurden diejenigen unterstützt, die davon ausgingen, daß der Blickwinkel durch optische Hilfen zunächst eingeschränkt und ein Hindernis so nicht schnell genug erkannt wird. In deutschen Medizinerkreisen wurde auch die Möglichkeit erörtert, daß im Frühjahr ein deutlicher Mangel an Vitamin A die Sehfähigkeit erheblich einschränkt, möglicherweise auch eine zeitweilige Nachtblindheit begünstigt. Das ist ein weiterer Erklärungsversuch, warum der Eisberg erst in so geringer Entfernung vom dem Schiff ausgemacht worden ist.

Filme

›Titanic‹-Filme sind offenbar früher entstanden, als bisher angenommen. Zunächst war es dokumentarisches Material, das das Schiff u. a. bei den Ablegemanövern in Southampton zeigt. Kurz zuvor sind auch Filmbilder auf den Decks der ›Titanic‹ gedreht worden. In Zusammenhang mit der Entdeckung des Wracks im Jahre 1985 tauchten in verschiedenen Filmagenturen diese Dokumentarfilmstreifen auf. Sie wurden in Filmdokumentationen aufgenommen, die heute auch in Form von Videos öffentlich zugänglich sind. (207) (208)

Für den Spielfilm ist der ›Titanic‹-Stoff bereits kurz nach der Veröffentlichung von Gerhart Hauptmanns → Roman »Atlantis« im Frühjahr 1912 entdeckt worden, die Filmidee

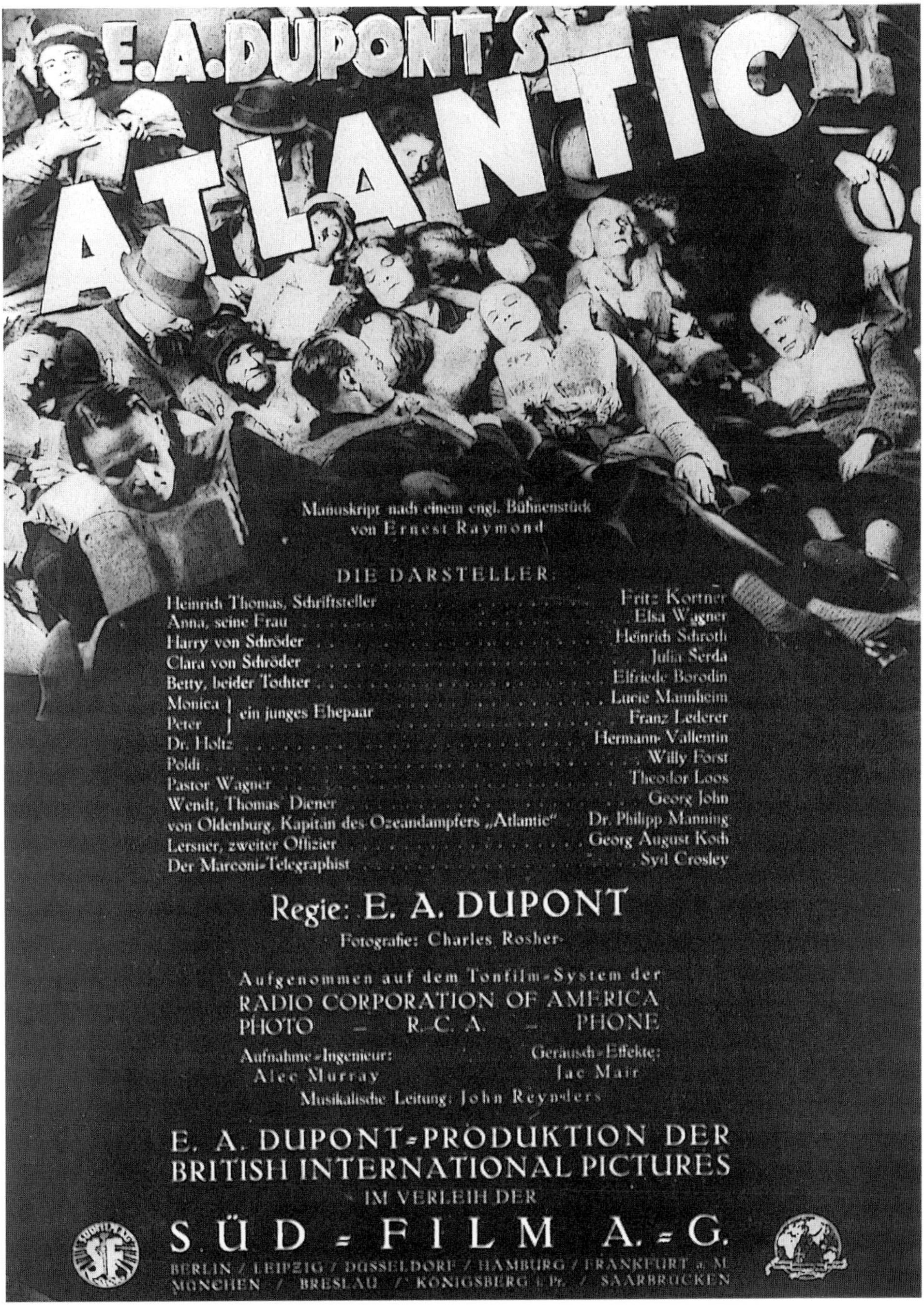
E. A. DUPONT'S
ATLANTIC
Manuskript nach einem engl. Bühnenstück
von Ernest Raymond
DIE DARSTELLER:
Heinrich Thomas, Schriftsteller . . . . Fritz Kortner
Anna, seine Frau . . . . Elsa Wagner
Harry von Schröder . . . . Heinrich Schroth
Clara von Schröder . . . . Julia Serda
Betty, beider Tochter . . . . Elfriede Borodin
Monica } ein junges Ehepaar . . . . Lucie Mannheim
Peter . . . . Franz Lederer
Dr. Holtz . . . . Hermann Vallentin
Poldi . . . . Willy Forst
Pastor Wagner . . . . Theodor Loos
Wendt, Thomas' Diener . . . . Georg John
von Oldenburg, Kapitän des Ozeandampfers „Atlantic" . . Dr. Philipp Manning
Lersner, zweiter Offizier . . . . Georg August Koch
Der Marconi-Telegraphist . . . . Syd Crosley
Regie: E. A. DUPONT
Fotografie: Charles Rosher
Aufgenommen auf dem Tonfilm-System der
RADIO CORPORATION OF AMERICA
PHOTO – R. C. A. – PHONE
Aufnahme-Ingenieur: Alec Murray
Geräusch-Effekte: Jac Mair
Musikalische Leitung: John Reynders
E. A. DUPONT-PRODUKTION DER
BRITISH INTERNATIONAL PICTURES
IM VERLEIH DER
SÜD-FILM A.-G.
BERLIN / LEIPZIG / DÜSSELDORF / HAMBURG / FRANKFURT a. M.
MÜNCHEN / BRESLAU / KÖNIGSBERG i. Pr. / SAARBRÜCKEN

wurde in der Fachliteratur auch Gerhart → Hauptmann zugeschrieben. Ursprünglich als Romanverfilmung vorgesehen, wurde das Filmdrehbuch »Atlantis« unter dem Eindruck der ›Titanic‹-Katastrophe geändert. Gerhart Hauptmann wurde aufgefordert, entsprechende Änderungen vorzunehmen und den Gegebenheiten des Schiffsunterganges anzupassen. Der Einfluß Hauptmanns auf das Drehbuch war aber letztendlich eher unbedeutend. Die Erstaufführung des Films »Atlantis« fand dann am 27. und 28. November 1912 in Düsseldorf und Frankfurt am Main statt. Die Berliner konnten den Film erstmals am 18. Dezember in ihren Kinos erleben, aber erst im Jahre 1913 fand er dann weite Verbreitung.

Rechts: »Die letzte Nacht der ›Titanic‹«, gedreht nach dem Roman von Walter Lord

Andere Filmautoren waren offenbar schneller. Bereits einige Wochen nach dem Schiffsuntergang entstand ein Film unter der Regie und Mitwirkung von Dorothy Gibson, einer Schauspielerin aus New York, die sich unter den Überlebenden der Katastrophe befand. Ihr Film »Saved From The Titanic« wurde schon einen guten Monat nach dem Unglück in New York uraufgeführt.

Im Februar 1998, im Zusammenhang mit der Aufführung des → Cameron-Films tauchte unerwartet in Berlin die Filmkopie des wohl zweiten ›Titanic‹-Films auf, der im Juni 1912 in Berlin gedreht worden ist. Ein rumänischer Filmpionier, der unter dem Namen Mime Misu in der Berliner Chausseestrasse experimentierte, gilt als Autor und Produzent. Der Film war bis dahin nur aus zeitgenössischen Presseberichten bekannt. Am 23. Februar 1998 wurde dieser Film nun in einer »Weltpremiere« im Sender Freies Berlin (SFB) aufgeführt. Von hier aus erreichte er ein unerwartetes Comeback über viele Fernsehstationen des In- und Auslandes.

Eine weitere Verfilmung des dramatischen Geschehens im Nordatlantik entstand in einer englisch-deutschen Koproduktion 1929, der Film »Atlantic«. Unter der Regie von E. A. Dupont entstand der Film nach einem Bühnenstück von Ernest Reymond. Die Hauptrolle in diesem Film, der zu den ersten Tonfilmen gehörte, spielte Fritz Kortner. Die Vertonung hatte die »Radio Corporation of Amerika« realisiert.

1943 entstand der deutsche TOBIS- Film »Titanic – Tragö-

Illustrierte
Film-Bühne
VEREINIGT MIT Illustr. Film-Kurier
Nr. 4745
KENNETH MORE
IN
DIE LETZTE NACHT DER
TITANIC
(A NIGHT TO REMEMBER)

die eines Ozeanriesen« nach einer Idee von → Pelz von Felinau, dessen Roman seinerzeit großes Aufsehen erregte. Der Streifen selbst hatte durch die besonderen Umstände seiner Produktion im Jahre 1943 ein ganz eigenes → Filmschicksal.

Ein weiterer Film mit dem Titel »Der Untergang der Titanic« entstand 1953 in den USA. In Großbritannien wurde 1958 nach dem Buch und dem Bühnenstück von Walter Lord der Film »A Night to Remember« produziert. Die genauen Recherchen Walter Lords und sein Kontakt mit vielen Überlebenden der Katastrophe führten zu einem besonders geglückten Drehbuch. Der Regisseur Roy Baker benutzte für diesen Film die bei Bad Saarow in Brandenburg gedrehten Trickaufnahmen aus dem deutschen ›Titanic‹-Film von 1943. Die vom Babelsberger Trickfilmexperten Ernst Kunstmann geschaffenen Untergangsszenen hatten wegen ihrer großen Realitätsnähe internationale Anerkennung gefunden. Allerdings führte die Verwendung von Szenen aus dem deutschen im englischen Film häufig zu Verwechslungen in der Presseberichterstattung.

1979 entstand der Film »SOS-Titanic« in den USA, gefolgt von einem Film »Raise the Titanic« (Hebt die Titanic) – nach dem gleichnamigen Politkrimi von Clive Cussler. Ein Filmereignis von besonders hohem technischen Rang war der von IMAX 1991 zur Aufführung gebrachte Großformat-Film »Titanica«. Die eindrucksvollen Filmaufnahmen wurden von Bord zweier russischer Tauchboote ›MIR 1‹ und ›MIR 2‹ gedreht. (→ Forschungsschiff). Mit besonderen Weitwinkelobjektiven und speziell konstruierten Beleuchtungseinrichtungen gelangen die unübertroffenen Filmaufnahmen. Der Film wurde 1991 in Hull (Quebec) im Canadian Museum of Civilisation Quebec uraufgeführt. In Deutschland fand die Erstaufführung im IMAX-Kino im Deutschen Museum München statt. Eva Hart, Richterin aus Essex, Großbritannien, hatte als 7jähriges Kind die Katastrophe überlebt. Sie widmete dem IMAX-Film ein Vorwort.

Parallel zu dem IMAX-Film entstanden während der Tauchgänge weitere Dokumentarfilme, u. a. für die National Geographic Society und CBS-Television. Vorläufiger Höhepunkt in der ›Titanic‹-Filmgeschichte ist der Film von James → Ca-

meron geworden. Vor dem Hintergrund der Entdeckung des ›Titanic‹-Wracks entstand der Film mit dem Titel ›Titanic‹ (ohne erklärende Zusätze). Er erreichte ein Publikum in der ganzen Welt, das sowohl auf die technische Seite des Unglücks als auch auf die Mythen und → Legenden seit Jahren gut vorbereitet war. Das Wrack und die aufwendigen Rekonstruktionen der ›Titanic‹ bildeten die teure Szenerie für eine rührselige Liebesgeschichte.

Filmschicksal

Deutscher ›Titanic‹-Film 1943

1943 wurde unter den Bedingungen des »totalen Krieges« in Deutschland der Film »Titanic – Tragödie eines Ozeanriesen« fertiggestellt. Schauspieler von Rang fanden sich auf der Besetzungsliste, u. a. Sybille Schmitz, Kirsten Heiberg und Hans Nielsen. Zunächst war Hans Albers, dessen Vorliebe für abenteuerliche Stoffe sprichwörtlich war, für die Rolle des Offiziers Petersen vorgesehen. (186) Daß er nicht auf der Besetzungsliste stand, ist ein Kapitel der Eigengeschichte dieses Films. (186) Differenzen mit dem ersten Regisseur Herbert Selpin über die Qualität des endgültigen Drehbuchs führten dazu, daß Hans Albers von dem Angebot Abstand nahm. In Filmprogrammen und durch filmhistorische Untersuchungen bestätigt, wird Walter Zerlett-Olfenius als Drehbuchautor genannt. Er hat den Film nach einem Entwurf von Harald Bratt produziert.

Unstimmigkeiten im Vorfeld der Filmproduktion begannen offenbar schon früher. Ein in der Bibliothek der Hochschule für Film und Fernsehen in Babelsberg existierendes Rohdrehbuch zum Film »Titanic«, das die TOBIS-Film, der spätere Filmproduzent, in Auftrag gegeben hatte, ist von Joseph → Pelz von Felinau und Werner Bergold geschrieben worden. Sie haben diese Fassung nach dem gleichnamigen Roman Pelz von Felinaus erarbeitet. Pelz von Felinau stand bei der TOBIS-Film unter Vertrag, aber, so die Witwe Pelz von Felinaus: »Es gab immer mehr Ärgernisse, Änderungen wurden verlangt, die unmöglich waren ... die Verschiebung von ›gut

gleich deutsch‹ und ›schlecht gleich englisch‹ nahm immer mehr Raum in den Drehbuchwünschen ein. Da hat mein Mann sich zurückgezogen. Ihm wurde die ›Idee‹ ausbezahlt ...« (192)

Der 30. Jahrestag des Schiffsunterganges der ›Titanic‹ im Jahre 1942 war ein geeigneter Anlaß, das Thema aufzugreifen. Die NS-Propaganda konnte bei dieser Gelegenheit ihre antibritischen Parolen in einen anscheinend objektiven Film einbringen.

Rechts: Liste der Schauspieler. Die Filmlänge von 2330 m ist um 137 m kürzer als in der ursprünglichen Zulassungskarte ausgewiesen.

Am 30. April 1943 wurde der Film mit dem Vermerk »Künstlerisch wertvoll« versehen und von der sogenannten Film-Prüfstelle als »Staatspolitisch wertvoll« zur Aufführung im Deutschen Reich freigegeben. (201) Am 5. Dezember 1944 verbot jedoch die »Reichsfilmintendanz« auf Veranlassung des Propagandaministers Goebbels den Film. Was war geschehen?

Die Dreharbeiten fanden zum Teil in den Ateliers in Berlin-Johannisthal, am Scharmützelsee bei Bad Saarow, im Hafen von Gdingen (Gdynia) und an Bord des Schiffes ›Cap Arcona‹ statt. Hier kam es bereits zu Auseinandersetzungen mit Offizieren der deutschen Kriegsmarine. Die Besatzung stellte einen Teil der Statisten. Der Regisseur Herbert Selpin hatte sich dabei abfällig über das Ritterkreuz und damit im Zusammenhang auch über die Arbeit des Drehbuchautors Zerlett-Olfenius geäußert. Die Folge war ein dauerhaftes Zerwürfnis der ehemals befreundeten Partner. Zerlett-Olfenius denunzierte Herbert Selpin bei der SS. Nach einer letzten Vernehmung durch Goebbels wurde Selpin am 30. Juli 1942 unmittelbar der Gestapo überstellt. Am 1. August 1942 wurde Herbert Selpin in einer Gefängniszelle des Polizeipräsidiums in Berlin tot aufgefunden. Die amtliche Verlautbarung der Reichsfilmintendanz sprach von Selbstmord durch Erhängen. Freunde Herbert Selpins äußerten die Überzeugung, daß er von einem Gestapo-Kommando erwürgt worden sei.

So erhält die Geschichte des deutschen ›Titanic‹-Films eine besonders dramatische Wendung.

Der Tod Herbert Selpins war allerdings nicht die eigentliche Ursache für das Filmverbot. Die Arbeiten wurden nach den Vorstellungen der Reichsfilmintendanz fortgesetzt, der

TITANIC

Drehbuch: Walter Zerlett-Olfenius, nach einem Entwurf von Harald Bratt · Musik: Hubert Pataky · Kamera: Friedel Behn-Grund · Bauten: Fritz Maurischat, R. A. Dietrich, Fritz Lück · Aufnahmeleitung: Fritz Schwarz · Ton: Adolf Jansen · Schnitt: Friedel Buckow

PRODUKTIONSLEITUNG: WILLY REIBER

Darsteller

Sigrid Oole	Sybille Schmitz	Mendoz	Werner Scha
Frau Astor	Charlotte Thiele	Obersteward	Karl Fochler
Gloria	Kirsten Heiberg	Bobby, Landarbeiter	Peter Elsholtz
Hedi, Maniküre	Monika Burg	Levantiner	Aruth Wartan
Anne	Liselott Klingler	Athletischer Kerl	Hans Schwarz jr.
Petersen, 1. Offizier	Hans Nielsen	Herzogin	Toni v. Bukovics
Lord Astor	Karl Schönböck	Lightholder, 2. Offizier	Heinz Welzel
Sir Bruce Ismay	Ernst F. Fürbringer	Schiffsdetektiv	Herbert Gernot
Kapitän Smith	Otto Wernicke	Philipps, 1. Funker	Karl Dannemann
Hunderson	Franz Schafheitlin	Bride, 2. Funker	Erich Stelmecke
Jan	Sepp Rist	Frau mit Kind	Charlotte Tiedemann
Mudock, 1. Offizier	Theo Schall	Marcia	Jolly Bohnert
Hopkins, 1. Sekretär von Astor	Karl Meixner	Henry, Landarbeiter	Fritz Genschow
Geheimrat Bergmann	Theodor Loos	Deckoffizier	Walter Steinweg
Gruber, Kapellmeister	Hermann Brix	Sekretär von Bergmann	Just Scheu
Lord Douglas	Fritz Böttger	Schiffsarzt	Hans Leibelt
Franklin	Walter Steinbeck	Kapitän Frachter	W. P. Krüger
Morrison	G. H. Schnell		

Filmprogramm mit den Stars des deutschen ›Titanic‹-Films »Titanic – Tragödie eines Ozeanriesen«

Film zugelassen. Die Uraufführung fand allerdings ausschließlich im besetzten Paris statt. (209) Wichtiger Hintergrund für diese Verfahrensweise und für das endgültige Filmverbot war die Stimmung im Deutschen Reich. Die Lage an der Front zum Jahresende 1943, die zunehmende Bombardierung deutscher Städte durch Bomberverbände der Alliierten im Verlauf des Jahres 1944, führten zu einer Stimmungslage in der Bevölkerung, die man nicht noch durch einen Katastrophenfilm fördern wollte. Die Propagandaeinrichtungen fürchteten die panikmachende Wirkung des Films.

Filmprogramm mit Szenenfotos aus dem deutschen ›Titanic‹-Film mit den üblichen Legenden

Erst am 8. April 1950, also 7 Jahre nach seiner Uraufführung in Paris, wurde der vollständige Film im Berliner Filmtheater Babylon erstmalig dem deutschen Publikum vorgeführt. In der britischen Besatzungszone gab es anfangs noch erhebliche Einwände gegen die Aufführung des Films, besonders wegen der deutlich antibritischen Tendenzen. In Hamburg kam es zu einer zensierten und gekürzten Aufführung des Streifens. Daß der Film ausgerechnet in der damaligen DDR in voller Länge aufgeführt wurde, hatte seine Ursache in der Diktion der Dialoge, die an verschiedenen Stellen durchaus mit der durch die Ideologen gepflegten »antikapitalistischen« Propaganda übereinstimmten und in das Umfeld des Kalten Krieges hineinpaßten.

Gerade dieser Film hat wegen seiner technischen Perfektion und raffinierten Demagogie viele der Legenden und Erfindungen um und über die ›Titanic‹ in die Welt getragen. Sie sollen hier nur stichwortartig genannt werden: der vermeintliche Kampf um das → Blaue Band, das Geheimnis des Blau-

en Diamanten, Rekordgeschwindigkeit von 26,5 kn, die Verkleidung Bruce → Ismays, der angeblich als Frau einen Platz im Rettungsboot erhalten wollte. In der britischen Besatzungszone wurde der Film zensiert und ohne die eindeutig antibritischen Dialoge und Szenen aufgeführt. Die 1998 veröffentlichten Videobänder mit dem deutschen ›Titanic‹-Film geben diese eingekürzte Fassung wieder. Als Regisseur ist allerdings Herbert Selpin ausgewiesen. (239)

Flaggen

Die wichtigste Flagge, die ein Schiff setzt, ist die Nationalflagge am Heck. In Großbritannien ist es der Union Jack. Doch Handelsschiffe – die ›Titanic‹ wurde als Handelsschiff geführt – führten besondere »Handelsflaggen«: »Red Ensign« (roter Untergrund) oder »Blue Ensign« (blauer Untergrund). »Blue Ensign« durfte geführt werden, wenn der Kapitän das Patent des Reserveoffiziers der britischen Kriegsmarine (Royal Navy) besaß. Edward J. → Smith war Inhaber auch dieses Patents, daher durfte die ›Titanic‹ diese besondere Flagge als Nationalitätenkennzeichen führen.

Die Flagge der White Star Line, der Reederei der ›Titanic‹; außerdem die amerikanische und die britische Flagge

An der Spitze (im Topp) des hinteren Mastes wehte die Reedereiflagge, ein roter Wimpel mit weißem 5zackigem Stern.

Am Vormast zeigte die ›Titanic‹ wie jedes abreisebereite Schiff den »Blauen Peter« – die internationale Signalflagge »P«. Diese Flagge signalisierte weithin sichtbar, daß das Schiff in den nächsten 24 Stunden den Hafen verläßt. Gleichfalls am Vormast wurde jeweils nach Abreise die Flagge des anzulaufenden Staates gehißt. Zunächst führte die ›Titanic‹ auf dem Weg nach Cherbourg die französische Flagge und ab Queenstown dann die Flagge der USA.

Anläßlich von Feierlichkeiten an Bord oder von Feiertagen im Hafen werden die Schiffe mit den Signalflaggen »über die

Toppen« – über alle Mastspitzen – geflaggt. Anläßlich des Karfreitags vor der Abreise aus Southampton zeigte sich die ›Titanic‹ den Schaulustigen in vollem Flaggenschmuck.

Forschungsschiff ›Akademik Keldysch‹

In der Sowjetunion wurden seinerzeit Forschungsschiffe nach bedeutenden Wissenschaftlern benannt. Akademik Mstislaw Keldysch – übersetzt »Akademiemitglied« Keldysch – war ein bedeutender Mathematiker, aber weniger seine wissenschaftlichen Arbeiten, als seine Funktion als langjähriger Präsident der Akademie der Wissenschaften der UdSSR, dürfte dem Forschungsschiff zu seinem Namen verholfen haben. Da derartig geehrte Schiffe das Glück hatten, mit Forschungsgerät und Geld reichlich ausgestattet zu werden, gilt die ›Akademik Keldysch‹ auch heute noch als eins der modernsten Forschungsschiffe. Es wird den unbedarften Zuschauer von ›Titanic‹-Filmen und Leser der einschlägigen ›Titanic‹-Literatur erstaunen, daß die mit kyrillischen Lettern versehene ›Akademik Keldysch‹ zum ›Titanic‹-Star geworden ist. Die wirtschaftliche Lage in Rußland hat die Forschung auf allen Gebieten an den Rand des Ruins gebracht. Und so war es denn ein warmer Regen für die russischen Meeresforscher, daß sie die Tauchgänge zur ›Titanic‹ für die unterschiedlichsten Auftraggeber erfüllen konnten. Das Forschungsschiff wurde mit den zwei erst 1987 gebauten Tiefseetauchbooten ›MIR 1‹ und ›Mir 2‹ aufgerüstet (Kosten pro Stück 12 Millionen Dollar). Sie boten für die geplanten Expeditionen hervorragende Bedingungen. Raum für die Kameraausrüstungen und eine dreiköpfige Besatzung, mögliche Tauchtiefen bis zu 5000 m und eine gut ausgebildete, wissenschaftlich orientierte Mannschaft von rund 140 Mitarbeitern. Ihre wissenschaftliche und technische Feuertaufe hatten die Forschungstauchboote schon im Gebiet des Mittelatlantischen Rückens erlebt.

Nachdem zunächst IMAX seinen Film »Titanica« während 17 Tauchgängen abgedreht hatte, diente die ›Akademik Keldysch‹ schließlich auch dem Team von James → Cameron für seine Filmproduktion.

Vor der St.-Paul's-Kathedrale in London versammelten sich während der Trauerfeierlichkeiten für die Opfer der ›Titanic‹-Katastrophe Hunderte von Menschen.

Rechts: Gedenkstein in Bulgarien

Friedhöfe

Am 3. Mai 1912 fanden auf drei Friedhöfen in Halifax Beisetzungsfeierlichkeiten für 156 Opfer des ›Titanic‹-Unglücks statt. Auf dem Fairview-Friedhof wurden 121 Tote begraben,

auf dem Baron-de-Hirsch-Friedhof fanden jüdische Passagiere ihre letzte Ruhe, während der Mount-Oliver-Friedhof katholischen Opfern die letzte Ruhestätte bot. In Southampton wurden 62 Tote beigesetzt, in New York 52. Auf Friedhöfen in Liverpool fanden 28 Opfer ihre letzte Ruhe, in London 10. Für viele nicht geborgene oder auf See bestattete Opfer wurden in den Heimatorten

Gedenksteine auf den Friedhöfen oder an den einstigen Wirkungsstätten errichtet. (63) (→ Denkmäler; → Tersiisko)

›Titanic-Friedhof‹ in Halifax

Fund

Wie die ›Titanic‹ gefunden wurde

Die Stimmung an Bord des amerikanischen Forschungsschiffes ›Knorr‹ am frühen Morgen des 1. September 1985, 3 Uhr und 49 Minuten GMT war euphorisch: Beifall brandete auf, nüchterne Männer umarmten sich und tanzten zwischen ihren Arbeitsplätzen umher.

Alles schrie durcheinander: »Wir haben sie, wir haben sie gefunden!«

»Sie« war die ›Titanic‹. Die Experten, die sich da so unbändig freuten, waren Franzosen und Amerikaner, deren systematische Suche nach dem legendären Wrack endlich erfolgreich war. Fünfundzwanzig Besatzungsmitglieder und 23 Meeresforscher orteten mit ausgefeilten technischen Einrichtungen auf den Koordinaten 41 Grad, 42 Minuten, 30 Sekun-

den nördlicher Breite und 50 Grad, 04 Minuten westlicher Länge in einer Meerestiefe von 3740 m das umstrittenste Schiff dieses Jahrhunderts. Sie haben das ›Titanic‹-Wrack nicht nur gefunden, sondern anhand von Fotos auch eindeutig identifizieren können. (75)

Über die Fernsehbildschirme und die Illustrierten hat die ganze Welt das Wrack der ›Titanic‹ zu Gesicht bekommen. Doch ist es auch in diesem Falle wie bei jedem anderen wissenschaftlichen Experiment: Der erfolgreiche Abschluß wirft sofort tausend neue Fragen auf: Wie ist z. B. der Zustand des Wracks? Wird man es heben können und wollen? Haben sich die Zeugenaussagen über den Ablauf der Katastrophe im Jahre 1912 bestätigt – oder war alles ganz anders? Wem gehört das Wrack? Dürfen wir von dem Wrack etwas bergen? Fragen, die sehr schnell akut wurden. Der Leiter des damaligen französisch-amerikanischen Unternehmens, Robert D. Ballard vom Woods Hole Oceanographic Institute of Massachusetts, beurteilte den Wrack-Fund folgendermaßen: Es verhalte sich mit dem Wert der wissenschaftlichen Leistung etwa so, wie mit jenem schon legendären Eisberg, von dem man nur einen Bruchteil zu sehen bekommt. (75)

Hinter der Suchaktion auf dem Meeresgrund stand die Erkenntnis, daß Wissenschaft und Technik längst den Weg zu Mond, Mars und Venus geebnet hatten, jedoch weite Berei-

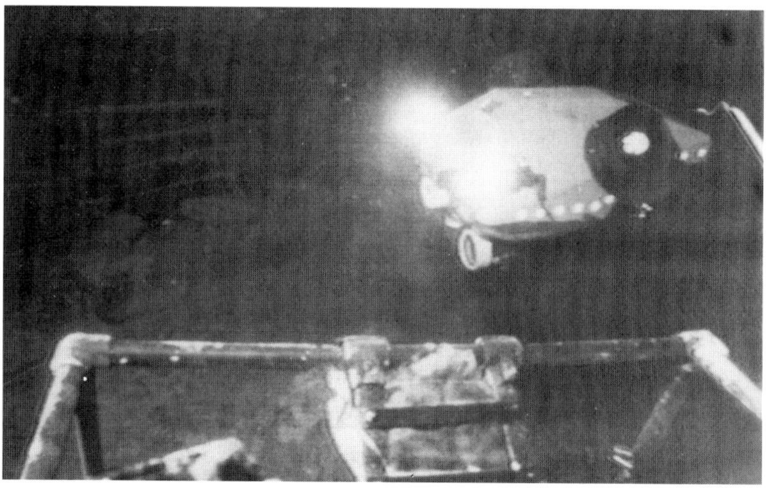

Video-Roboter ›Jason jr.‹ 1986 über dem Wrack der ›Titanic‹, aus dem Tauchboot ›Alvin‹ der US-Navy beobachtet

che der Erde, insbesondere die Böden der Ozeane noch »weiße Flecken« seien, trügerisch verdeckt von der blauen Farbe der Weltmeere. Diese »weißen Flecken« wollte man nun erforschen.

Die Ozeane mit ihrem von der Tiefe abhängigen Druck und den für elektromagnetische Wellen ungünstigen Ausbreitungsbedingungen setzten dem Forscherdrang immer wieder Grenzen, die schließlich dank komplizierter Technik überwunden wurden.

So war die Suche nach der ›Titanic‹ einerseits ein spektakuläres Unternehmen, andererseits aber auch eine neue Etappe im wissenschaftlichen Forschungsalltag der Meeresforscher.

Fundort

Die ›Titanic‹ wurde unter den Koordinaten 49 Grad, 56 Minuten, 49 Sekunden westlicher Länge und 41 Grad, 43 Minuten, 57 Sekunden nördlicher Breite, bezogen auf den Mittelpunkt des Bugteiles, wiedergefunden. (3)

Zunächst existierten sehr ungenaue Vorstellungen über den Meeresboden, auf den das Wrack gesunken war. Man vermutete, daß das Schiff in eine dichte Schlammschicht eingesunken sei, andere glaubten begründen zu können, daß der Schiffsrumpf pfeilähnlich und mit großer Geschwindigkeit dem Meeresboden entgegengesunken sei, um dann aufgerichtet in ihm steckengeblieben zu sein. Weiter wurde vermutet, daß Lavariffe die Bodenstruktur des Ozeanbeckens kennzeichneten und der Schiffskörper dadurch möglicherweise beim Auftreffen zerborsten sei. Je genauer aber in den letzten Jahren die Kenntnis vom Meeresboden und den Gesetzen seiner Entstehung wurde, desto mehr näherten sich die Ansichten über die Beschaffenheit des Wracks den tatsächlichen Gegebenheiten. Forscher unter der Leitung von Robert D. → Ballard besaßen nun auch langjährige Erfahrungen in der Untersuchung der Meeresbodenstruktur.

Am Fuße des Schelfs, des unter Wasser befindlichen Teils des amerikanischen Kontinents, in einer durchschnittlichen

Tiefe von 4000 bis 5000 m, breitet sich eine verhältnismäßig ebene Fläche aus. In größerer Nähe des Kontinentalabfalls hätte man damit rechnen müssen, daß die ›Titanic‹ in einem unübersichtlichen Gebiet von Cañons liegt. Von dem Fundort im Schelf oder in den Cañons hingen die Chancen ab, das Schiff in einem verhältnismäßig guten – oder entsprechend demolierten Zustand zu finden.

Wäre der Schiffskörper in einer Hanglage aufgesetzt, dann hätte man mit einem weiteren Abrutschen rechnen müssen. Vergleichende Untersuchungen an Felsbrocken hatten gezeigt, daß eine relativ geringe Bodenneigung unter den Bedingungen der Tiefsee bereits ausreichen würde, einen Felsbrocken um »über hundert Meilen weit abdriften zu lassen. Die Titanic könnte also weit von dem angenommenen Gebiet weggerutscht sein.« Das jedenfalls war die 1980 geäußerte Meinung des wissenschaftlichen Leiters der FAY-Expedition, William Ryan.

Die nach der Entdeckung 1985 beschriebene Lage, der Zustand und die Position des Wracks erweckten die Aufmerksamkeit der Öffentlichkeit: Das Suchgebiet, die sogenannte »Suchbox«, auf das man sich bei der Suche nach dem Wrack konzentriert hatte, enthielt alle möglichen Positionen des Schiffsunterganges. Sowohl die amtlich bestätigten als auch von Amateurfunkern bekanntgegebenen und später rekonstruierten möglichen Untergangsstellen. (106) Genau in diesem Suchfeld hat man das Wrack entdeckt, obwohl sich noch viele andere mögliche Fundorte angeboten hätten. Ebenso erstaunlich war die bereits 1980 geäußerte Zuversicht, mit der die Expeditionsleitung behauptete, daß man nur drei Tage brauche, um die Box einmal abzusuchen. »Höchstwahrscheinlich haben wir die ›Titanic‹ dann schon«, so der technische Direktor des damaligen ›Titanic‹-Projektes, Michael Rawson.

Die Firma zur Erkundung der ›Titanic‹, Seawise & Titanic Salvage, bezog damals ihre Hoffnungen aus der Mitwirkung des ehemaligen Commanders John Grattan, Tauchexperte der britischen Navy. »Er«, so berichtete die »Stuttgarter Zeitung« 1980, »sei in Geheimdienstdingen kein Unbewanderter«, und so sei zu unterstellen, daß er über Informationen verfü-

ge, daß sich genau an der von ihm angegebenen Untergangsstelle der ›Titanic‹ ein Wrack befinden würde. Grattan hoffte – ja, er durfte sicher gewesen sein – die ›Titanic‹ zu finden. Der kühnste Gedanke jener Tage im Herbst 1980 war, mit dem legendären Tauchboot von Auguste Piccard zum Wrack abzutauchen. Die US-Navy konnte »bedauerlicherweise« nicht auf die ›Trieste‹ verzichten. Nun blieb nicht allein die ›Titanic‹ für die nächste Zeit ein Geheimnis – auch der Fundort geriet ins Gerede.

Hier liegt nun die Annahme durchaus nahe, daß es in militärischen Kreisen längst bekannt war, wo das »geheimnisvolle Wrack« lag. Der Fundort der ›Titanic‹ liegt in einem Gebiet, das die USA als Operationsgebiet der Atom-U-Bootflotte benutzen. Während des Kalten Krieges dürfte dieses Gebiet auch bevorzugtes Ziel sowjetischer U-Boote gewesen sein, daher müßte eigentlich jeder Metallkörper und jedes Wrack bekannt sein. Im Rahmen der U-Boot-Aufklärung dürfte es schon vor 1980 für die US-Navy ein leichtes gewesen sein, eine Metallmasse von 260 m Länge und rund 50 000 t Gewicht zu ermitteln. Dieser Meinung widersprach allerdings Robert D. Ballard bei einem Vortrag in der Berliner Urania im Frühjahr 1998.

Es scheint jedoch kein Zufall zu sein, daß auch die Ausrüstungen der am 1. September 1985 endlich erfolgreichen Forschungsschiffe ›Knorr‹ und ›Suroit‹ militärische Entwicklungen sind.

Am 1. September 1985 orten 25 Besatzungsmitglieder und 23 Meeresforscher von den Forschungsschiffen ›Knorr‹ und ›Suroit‹ mit ausgefeilten und sich ergänzenden technischen Geräten die ›Titanic‹ in einer Meerestiefe von 3740 m.

Fundstücke

Zahlreiche persönliche Gegenstände, Utensilien, Ausrüstungsgegenstände wurden bald nach der Entdeckung des Wracks geborgen.

Entgegen dem von Ballard geäußerten Wunsch entstand schon bald ein reger »Tourismus« in die Tiefe. Zunächst soll-

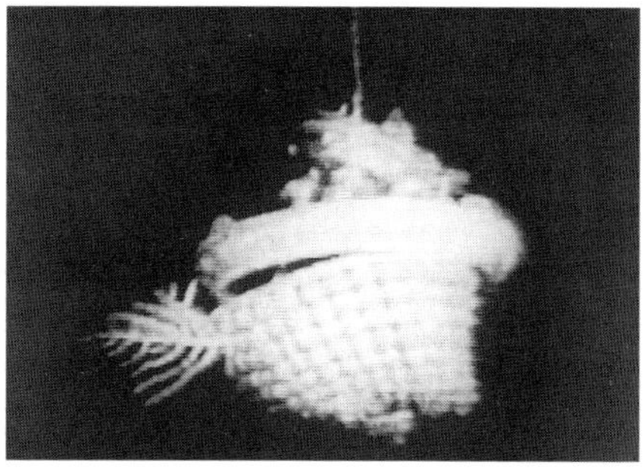

te ein Gesetz in den USA eine gewisse Ordnung in die Forschung und Behandlung des Wracks durch Dritte bringen. Der Gesetzentwurf wurde im September 1985 dem US-Repräsentantenhaus vorgelegt. Es folgte eine Anhörung, an der u. a. Jack Grimm und Robert D. Ballard teilnahmen. Der mehrfach abgewandelte Gesetzentwurf wurde am 21. Oktober 1986 vom US-Präsidenten Ronald Reagan unterzeichnet. Gegenüber den Entwürfen stark abgeschwächt, forderte das Gesetz eine sorgfältige Untersuchung der Situation um das Wrack. Die ursprüngliche Sicherung als »internationales Denkmal« oder gar als ein »Erbe der Weltkultur« kam nicht zustande.

Rechts oben: Kronleuchter, mit Kalkalgen verkrustet. Fotografiert von Video-Roboter ›Jason‹

Damit entfiel auch der Schutz vor anderen Interessenten. Ballard und die von ihm vertretenen Forscher haben sich mehrfach gegen die Bergung von Gegenständen ausgesprochen.

Winde vom Bugteil der ›Titanic‹

Schiffsglocke der ›Titanic‹

Eine speziell gegründete Gesellschaft »Titanic 1987« bereitete mit der französischen IFREMER und dem US-amerikanischen Oceanic Research and Exploration eine Expedition vor. Vom 25. Juli bis 10. September wurden mit dem französischen Tauchboot ›Nautile‹ 32 Tauchgänge unternommen, bei denen 1800 Gegenstände aller Art geborgen wurden. In Paris erfolgte die Restaurierung. Sie sind heute in verschiedenen → Ausstellungen der Öffentlichkeit zugänglich. Damit die »RMS Titanic, Inc.« die ausschließlichen Bergungsrechte erhalten konnte, mußten erste Fundstücke auf US-amerikanischem Boden deponiert werden. Das war erforderlich, um die Rechtsprechung wirksam werden zu lassen. Nachdem die geborgenen Gegenstände eingelagert waren, erhielt die »RMS Titanic, Inc.« die Bergungsrechte. Diese Rechte erlöschen allerdings, wenn die »RMS Titanic, Inc.« nicht jährliche Bergungsfahrten unternimmt. Mit Sorgfalt wacht daher die Firma über die Einhaltung ihrer derzeitigen Rechte. Im Falle des von James → Cameron gedrehten Filmes wurde auf die Bergungs- und Nutzungsrechte verzichtet.

Hatten die Rechte der Passagiere und der Reederei bisher in der öffentlichen Diskussion eine untergeordnete Rolle gespielt, so werden jetzt, angesichts des gewaltigen Interesses

an den Fundstücken und dem geschäftlichen Erfolg der Präsentation immer mehr Rechte Dritter geltend gemacht.

Zu den geborgenen Fundstücken gehören – neben Likörflaschen, Krawattennadeln, Schüsseln und Teilen der Bordwand und Maschine, u. a. auch die → Schiffssirene – auch sehr persönliche Nachlässe. Briefe, Fotos von Angehörigen und persönliche Gegenstände. Wer hat ein Recht darauf?

Das Wrack der ›Titanic‹ und die Reste ihres Glanzes bringen offenbar mehr Geld ein, als das intakte Schiff jemals eingefahren hätte. (20) (89)

Funker

Das Foto von John Phillips, meist mit seinem Rufnamen »Jack« untertitelt, ging unmittelbar nach dem Schiffsunglück durch die Weltpresse. Er, wie sein zweiter Funker, Harold S. Bride, war Angestellter der → Marconi Company Ltd. Sie wurden zwar auf der Besatzungsliste geführt, wurden aber mit der gesamten Funkausrüstung von der betreibenden Gesellschaft auf das Schiff verpflichtet. Die Funker gingen bereits zu der Probefahrt am 1. April an Bord, um die Funkgeräte betriebsbereit zu machen. Erste Funknachrichten wurden an die Reederei-Zentrale über den Verlauf der Probefahrt übermittelt. Bei einigen Versuchen der beiden Funker, andere Schiffe mit entsprechenden Marconi-Anlagen anzusprechen, soll ein Empfang der Signale in einer Entfernung von

Der Erste Funker der ›Titanic‹, »Jack« Phillips

Funkraum auf einem großen Schiff um 1912. Das Bild ermöglicht eine Vorstellung von den Bedingungen auf der ›Titanic‹.

über 1000 km erreicht worden sein. Mit dem Befehl, das Notrufzeichen C-Q-D zu senden, beginnt am 15. April 1912, kurz nach Mitternacht die eigentliche Bewährungsprobe für die beiden Funker Phillips und Bride. Kurz vor dem endgültigen Untergang entband der Kapitän die Funker von ihren Pflichten. Um 2.17 Uhr Bordzeit der ›Titanic‹ empfängt der Dampfer ›Virginian‹ das letzte Notrufsignal, das dann abrupt abbricht. Die Untergangszeit des Schiffes ist mit 2.20 Uhr angegeben. Daraus geht hervor, daß die Funker ihre Position erst in letzter Minute verlassen haben. Phillips ist letztmalig an einem der Hilfsrettungsboote gesehen worden.

Der Funker Harold Bride überlebte die Katastrophe. Er ar-

Harold Bride, Zweiter Funker auf der ›Titanic‹, wird mit erfrorenen Beinen von Bord der ›Carpathia‹ geführt.

beitete noch einige Jahre als Funker auf der ›Medina‹ und auf dem Kriegsschiff ›Mona's Isle‹ → Funksprüche; → Funkstille; → Reichweiten)

Funksprüche

»Zahllos sind die kleinen Morsegeschichten um die schon sagenhaft gewordene ›Titanic‹, zahllos wie die Wogen der See ... Selbst die Grauen zweier Weltkriege waren nicht imstande, den Schleier des Vergessens darüber zu breiten ... Nur das Randgeschehen, die kleinen Tragödien, die sich um die heißersehnten Flüsterzeichen abgespielt haben ... die hat man vergessen oder sie vielmehr gar nicht erfahren, weil sie nie den Weg in die Öffentlichkeit gefunden haben ...« (53) Die Telegrafie war in ihrer Bewährungsprobe durch Nachrichtenmanipulationen ins Gerede gekommen. Viele der Funksprüche sind später zu hohen Preisen ver- und ersteigert worden, da sie auf den Telegrammformularen der Stationen zu wichtigen und raren Sachzeugen des Schiffsunterganges geworden sind. Sowohl in New York als auch in London versteigerte das Auktionshaus Christie's letzte Funksprüche und Nachrichten. So auch über die Wetterbedingungen in der Unglücksstunde am 14. April 1912. Für 33 200 DM wurde die Nachricht »sinken ... wir setzen die Passagiere in kleine Rettungsboote, Wetter klar ...« von einem Londoner Finanzinstitut erworben. Der Dampfer ›Virginian‹ hatte den Funkspruch aufgenommen. (84) In einer Dokumentation sind 44 Funksprüche, die zwischen 22.25 Uhr am 14. April und 0.27 Uhr am 15. April in Sachen ›Titanic‹ gesendet wurden, verzeichnet. (239)

Funkstille

Am Morgen des 18. April 1912, dem Tag, an dem die ›Carpathia‹ mit den geretteten Passagieren und Besatzungsmitgliedern in den Empfangsbereich der amerikanischen Küstenfunkstationen fuhr, verfügte das US-Marine-Department, daß sofort »bis auf weitere Befehle alle drahtlosen Stationen nördlich von Nordfolk-Virginia zu schließen« sind. Diese Maßnahme erfolgte mit Rücksicht auf die herannahende ›Carpathia‹, um die Nachrichtenübermittlung zu erleichtern.

Die Anordnung betraf nur die militärischen Einrichtungen. Die Unmenge von privaten Funkern und Amateuren, die es in den USA gab, waren durch derartige Eingriffe seitens des Staates nicht zu disziplinieren, da es keinerlei Lizenzen für den Funkverkehr gab. (169)

Dieser Befehl sollte jedenfalls Störungen des Funkverkehrs vermeiden, besonders deshalb, weil die technischen Bedingungen eine gute Trennung der Sender noch nicht zuließ.

In der späteren Untersuchung des Unglücks vor dem amerikanischen Senatsausschuß bekräftigten die Funker Bride (›Titanic‹) und Binns (›Carpathia‹), daß sich die Schiffsfunkanlagen gegenseitig gestört und die Funker oft auf sehr derbe Weise ihre Kollegen zur Ordnung gerufen hätten. Doch darf man darüber den Wert dieser neuen Technik, der drahtlosen → Telegrafie, nicht unterschätzen.

Geschwindigkeit

Über die Geschwindigkeit der ›Titanic‹ gibt es sichere Angaben. Amtliche Unterlagen, Aussagen von Fachleuten und die Rekonstruktion des zurückgelegten Weges bestätigen übereinstimmend die Leistungen nach Etmale (das sind die Tagesstrecken über Grund, vom Mittag eines Tages bis zum Mittag des nächsten Tages, also 24 Stunden) in Seemeilen und Knoten. Die ›Titanic‹ legte demnach zwischen zwei Mittagsbestecks (Etmal) folgende Strecken bei entsprechender Geschwindigkeit zurück (202):

1. Etmal (11./12. April) 386 sm
   (In dem Falle nur 22 Fahrtstunden) = 17,5 kn,
2. Etmal (12./13. April) 519 sm = 21,6 kn,
3. Etmal (13./14. April) 546 sm = 22,7 kn.

Die stetig zunehmende Geschwindigkeit beruhte hauptsächlich darauf, daß die Maschinen immer besser eingefahren waren. Beim dritten Etmal hatte die ›Titanic‹ ihre höchste Dauergeschwindigkeit erreicht. Ihr Kurs ab Queenstown-Kap Fastnet (51 Grad 20′ Nord, 9 Grad 36′ West) und die Seeunfallposition von 41 Grad 46′ Nord, 50 Grad 14′ West be-

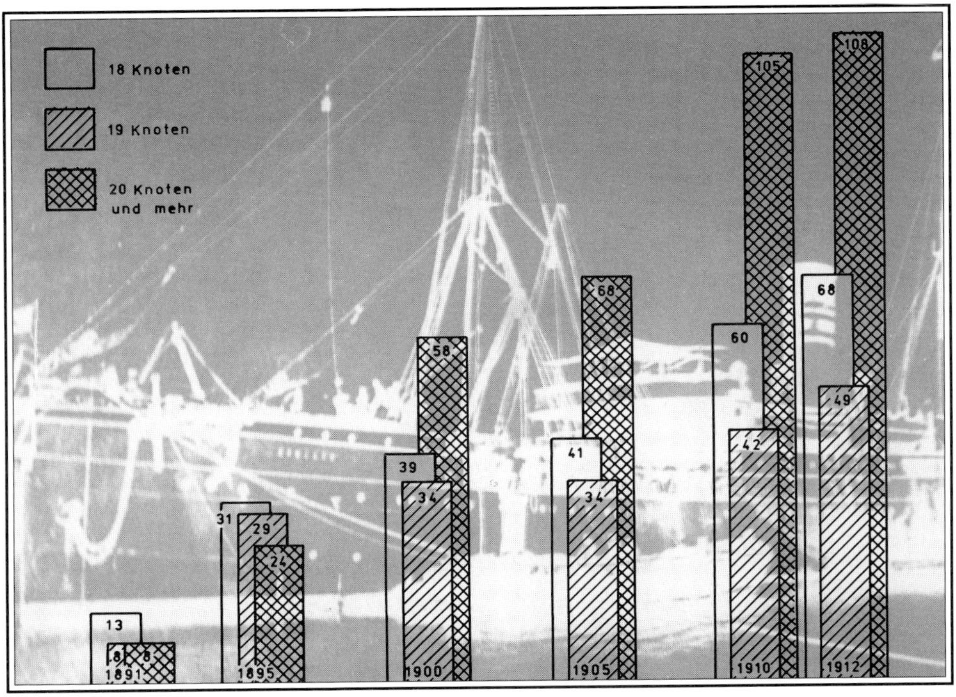

Entwicklung der Geschwindigkeiten im Nordatlantikverkehr

stätigten, daß sich die ›Titanic‹ auf dem für diese Jahreszeit vorgeschriebenen Sommerreiseweg im Nordatlantik befand.

Ohne einen bemerkenswerten Zwischenfall verlief am Donnerstag, Freitag und Sonnabend die Seereise. Es gab keinen Grund, an der Fahrplantreue der ›Titanic‹ zu zweifeln, dennoch gab es Gründe, die erreichte Geschwindigkeit unbedingt weiterhin einzuhalten. Die Schiffsführung mußte z.B. Probleme an der Maschine einkalkulieren, da die Anlagen noch eingefahren wurden, außerdem hätte eine zu frühe oder zu späte Ankunft in New York zu empfindlichen Störungen bei der Abfertigung der ankommenden Reisenden geführt. (→ Energiebedarf)

Grimm, Jack

Der amerikanische Ölmagnat Jack Grimm hatte bereits in zahlreiche spektakuläre Unternehmungen große Summen in-

vestiert. Die herangereifte Erkundungstechnik und Tauchtechnologie ermutigte Grimm, eine erste ›Titanic‹-Expedition am 14. Juli 1980 von Port Everglades zu starten. Ballard beschreibt ihn als eine »merkwürdige Mischung aus eiskaltem Geschäftsmann und naiv-romantischem Schuljungen«, der sich aufführte, »als habe er die ›Titanic‹ schon gefunden«.

Trotz der 1980 geäußerten Vermutung, daß »das Wrack erheblich verrostet sein müsse, in seinem Inneren sich kein Objekt, ob Turbine oder Tresor, mehr an seinem ursprünglichen Platz befinden könne« – Grimm sah allein schon in der Neugier der Medien und der Vergabe der Filmrechte über die geplante Suchexpedition eine sichere Einnahmequelle. (142)

(→ Abenteurer; → Suchexpeditionen)

Grönlandeis

Die ›Titanic‹ war mit einem Eisberg zusammengestoßen, der zu den vielgestaltigen und bizarren arktischen oder »Grönlandeisbergen« gehörte.

Sie sind gigantisch, imposant und besonders gefährlich. Sie lösen sich vom Inlandeis der grönländischen Insel. Der irische Mönch und Seefahrer Brandan (gestorben 755 n. Chr.) nannte sie die »schwimmenden Schlösser«. Durch die ständige Ansammlung von Niederschlägen im Inneren Grönlands hat sich im Laufe der Zeit auf der Insel eine bis zu 3500 m mächtige Eiskappe gebildet. Die sich unter dem Druck umwandelnden Schneekristalle bilden eine plastische Eismasse, die auf feinsten Blattstrukturen in eine fließende Bewegung gerät. Auf einer Breite von vielen Kilometern nähern sich die Gletschermassen mit einer Geschwindigkeit von etwa 30 bis 35 m pro Tag der Küste. Wenn das Gletschereis das offene Wasser erreicht, bricht das Eis ab und schwimmt in unterschiedlich großen Eisbergen auf die offene See.

Neuere Schätzungen besagen, daß auf diese Weise jährlich zwischen 12 000 bis 40 000 Eisberge in den Labradorstrom gelangen und ihre Reise in den Atlantik antreten. (100) Im Logbuch des Dampfers ›Minneola‹ wurde im März 1880 in der Nähe von Cape Race ein Eisberg verzeichnet, der rund

200 m über das Wasser emporragte. Der Dampfer ›Armenian‹ traf im Jahre 1905 etwa an der gleichen Stelle, an der die ›Titanic‹ unterging, auf einen Eisriesen von 200 m Höhe und 500 m Länge. Einige der Eisberge treiben kurz nach ihrer Entstehung an der Westküste Grönlands auf Labrador zu, ein weiterer Teil bleibt auf den nördlichen Neufundlandbänken hängen, da der Tiefgang der Eisberge ein Vielfaches (Verhältnis von sichtbarem und unter der Wasserlinie befindlichem Teil etwa 1:7) ihres sichtbaren Teils ausmacht.

Da die Eisberge in dem Moment, da sie frei schwimmen, dem Abschmelzen durch Luft und Wasser ausgesetzt sind, verändern sie schnell die geometrischen Formen. Unter Wasser zumeist breiter als über Wasser, tauchen sie mit etwa 65% ihrer Gesamthöhe in das Wasser ein. Da das Meerwasser die Eisberge umspült, bilden sich sehr schnell flache Eisschelfe oder Unterwassersporne aus. Das sind die Teile des Eisbergs, die unter Wasser oft schon weit vor dem sichtbaren Eisberg eine Gefährdung der Schiffe darstellen. Die Hauptgefahr für die Schiffe bilden jene Eisberge, die an Neufundland vorbei ihren Weg nach Süden nehmen und in die Schiffahrtswege des Nordatlantiks gelangen. Südlich des 48. Breitengrades Nord werden alle einzelnen Eisberge überwacht (→ Eiswarnungen).

Harland & Wolff

Wer die britische Werft- und Hafenstadt Belfast auf der irischen Insel besucht, der findet auch heute noch viele Zeugen der großen Vergangenheit der Schiffswerft Harland & Wolff, die vor fast 100 Jahren kräftig Profit gemacht hatte. Seit den 70er Jahren des 19. Jahrhunderts entstanden hier Schiffe, von geschickten Konstrukteuren und Arbeitern entworfen und gebaut, die diesseits und jenseits des Ozeans von der technologischen Überlegenheit der Werft kündeten. Schon das Äußere der Schiffe bestach durch neue, vorteilhafte Gestaltung. Vom ersten Direktor der Werft, Sir Edward Harland (verstorben 1895), stammte die Idee des langgestreckten, stromlinienförmigen Schiffskörpers für die schnellen Passagierdamp-

fer. Kaum eine Werft konnte sich so vieler Spitzenerzeugnisse rühmen. Doch das ist Geschichte, der man sich in Belfast mit gewisser Wehmut erinnert. Die Partnerschaft zwischen Harland & Wolff und → White Star reicht bis 1867 zurück. Ende der 90er Jahre des 19. Jahrhunderts setzten Bruce → Ismay (1861–1937) und Lord W. P. Pirrie dieses erfolgreiche Bündnis in der zweiten Generation fort. Die Beziehung zwischen der Werft und der Liverpooler Reederei beruhte auf folgenden Grundsätzen:

– Alle Aufträge für White Star wurden nach einem sogenannten Kosten-und-Gewinn-Prinzip ausgeführt, d. h., auf die tatsächlichen Baukosten wurde ein im voraus festgelegter Prozentsatz als Gewinn aufgeschlagen.

– Die Reederei gab kein Kostenlimit vor. Ebenso überließ sie weitgehend der Werft die Konstruktion und Ausführung der Neubauten, abgesehen von der Innenausstattung.

– Eine Helling der Werft war ständig für einen zu erwartenden Bauauftrag von White Star freizuhalten.

– Konkurrenzunternehmen (wie beispielsweise die staatlich subventionierte Cunard Line) durften durch Harland & Wolff nicht bedient werden.

– White Star war verpflichtet, keine Aufträge an andere Werften zu vergeben. (33)

Lord Pirrie, Präsident von Harland & Wolff

Kein zweiter Schiffbaubetrieb besaß einen so großen Stamm von erfahrenen Arbeitskräften. Da fast alle Ausrüstungsteile in den eigenen Betrieben hergestellt werden konnten, war man von fremden Zulieferern weitgehend unabhängig und konnte selbst den Terminplan bestimmen und absichern. Der Werftdirektor Lord Pirrie befürwortete von der ersten Stunde an das Projekt der ›Olympic‹-Klasse und setz-

Schiffsrumpf der ›Titanic‹ auf der Helling der Werft von Harland & Wolff, kurz vor dem Stapellauf

te sich maßgeblich für die Realisierung dieses ehrgeizigen Schiffbau-Unternehmens ein. Die Werft veranschlagte eine Bausumme – einschließlich der Gewinnrate – von 2,5 Millionen Pfund Sterling (damals etwa 46 Millionen Goldmark!). Das war der teuerste Bauauftrag, der bis dahin für ein Handelsschiff vergeben wurde, die Kosten übertrafen die der damals größten und teuersten Kriegsschiffe. Konnte die ›Titanic‹ bei diesen enormen Baukosten und entsprechendem Unterhaltungsaufwand überhaupt noch einen Gewinn für die Reederei einbringen? Exakte Angaben wurden nicht veröffentlicht, aber die vorsichtig errechnete Bilanz macht sichtbar, daß dieses Schiff nur dann rentabel gewesen wäre, wenn es ganzjährig die nordatlantische Linie bedient hätte und mit einer Mindestauslastung von 55 bis 65% gefahren wäre. Oder die Reederei nahm in Kauf, daß die Gesamtflotte der White Star Line die Verluste der Prestige-Dampfer abfangen würde. Bei der ›Olympic‹ war das der Fall.

Solange die Reederei die Defizite abfangen konnte, war auch kein Anlaß für übertriebene Sparsamkeit gegeben. Mit welcher Sorgfalt die Aufträge im vorgegebenen Zeitrahmen ausgeführt wurden, zeigt z. B. die nahezu zeitgleiche Auslie-

ferung der zwei → Tenderschiffe ›Nomadic‹ und ›Traffic‹, die für die großen Schiffsneubauten der ›Olympic‹-Klasse Zubringerdienste in Cherbourg leisten sollten.

Hauptmann, Gerhart

(1862–1946), Autor

Gerhart Hauptmann war 1894 mit dem deutschen Dampfer ›Elbe‹ über den Atlantik gereist, der im Jahr darauf unterging. 332 Menschen kamen um, 20 überlebten. Dieses Ereignis veranlaßte Hauptmann zu seinem gesellschaftskritischen Roman »Atlantis«.

Der Umstand, daß dieses Werk als Fortsetzungsroman im »Berliner Tageblatt« zwischen Januar 1912 und 24. April 1912 erschien, also genau in jenem Zeitraum, in dem die Nachrichten über den Verlust der ›Titanic‹ in der breiten Öffentlichkeit diskutiert wurden, führte allerdings dazu, daß der Roman »Atlantis« nicht nur eine falsche literaturhistorische Wertung erfuhr, »sondern ... auch für einige Zeit eine gründliche literarische und politische Analyse verhinderte«. (Nachwort der Ausgabe von 1971) (65)

Atlantis.
Roman
von
Gerhart Hauptmann.
[Nachdruck verboten.]

Titelzeile des Fortsetzungsromans »Atlantis« von Gerhart Hauptmann. Berliner Tageblatt, Januar 1912

Für den Leser des »Berliner Tageblattes« muß die detailgetreue Vorwegnahme des oft dargestellten Bildes vom ›Titanic‹-Untergang beeindruckend gewesen sein, so zum Beispiel folgende bildhafte Passage aus Hauptmanns Roman:

»Noch strahlten die Lukenreihen, schräg von vorn nach hinten aufsteigend, im vollen Glanze des elektrischen Lichtes ... Noch hörte man die Weisen der Schiffskapelle zeitweilig todesmutig herabhallen. Diese armen, namenlosen und bescheidenen Musikanten standen ... in heroischer Größe da.« (29)

Die oft vermutete irrationale »Ahnung« Gerhart Hauptmanns rührte aus dieser zufälligen Parallelität von Zeitungsveröffentlichung und Unglück her. Der Roman war eine kriti-

sche Analyse der sozialen und geistigen Umstände, unter denen die Gesellschaft damals litt. Durch die große Realitätsnähe hat der Roman »Atlantis« scheinbar engen Bezug zur tatsächlichen ›Titanic‹-Katastrophe erhalten.

In einer umfangreichen Sammlung von Zeitungsausschnitten hat Gerhart Hauptmann später sein Interesse am Untergang der ›Titanic‹ aufrechterhalten. Sie lagert heute in der Handschriftensammlung der Deutschen Staatsbibliothek in Berlin.

Hauptmann hat später an dem Drehbuch zu dem Film »Atlantis« auf der Grundlage der bekannt gewordenen Umstände Änderungen vornehmen wollen, die aber nicht akzeptiert worden sind. (→ Filme)

Heizertunnel

Die Gäste der 1. und 2. Klasse auf der ›Olympic‹ fühlten sich oft von den mehr als 100 Heizern und Trimmern gestört und belästigt. Alle vier Stunden mußten sie von ihrem Arbeitsplatz an den Kesseln zu ihren Unterkünften im Vorschiff durch die Kabinengänge. Dieser Mangel an Komfort wurde vom Reederei-Chef Bruce → Ismay bei der 1. Reise der → ›Olympic‹ registriert und sollte noch beim Bau der ›Titanic‹ behoben werden.

Das gelang dadurch, daß auf dem Doppelboden zwischen Heizerlogis und dem 6. Kesselraum ein etwa 45 m langer Betriebsgang, der sogenannte »Heizertunnel«, eingebaut wurde, der von den Logis im Vorderteil des Schiffes über zwei Wendeltreppen nach unten zugänglich war. Er war aus Stahl gefertigt, drei Meter hoch und zwei Meter breit. Dadurch konnten die Heizer und Trimmer ohne Kontakt mit den Passagieren ihren Weg von und zur Wache nehmen. Das System der → Schotten wurde allerdings durch diesen Tunnel nahezu im wörtlichen Sinne unterlaufen. Er erwies sich als eine verhängnisvolle Schwachstelle. Der schottenlose Tunnel war vorn vor den zwei Wendeltreppen, die zu den Logis der Heizer und Trimmer führten, nur durch einen von Hand (!) bedienbaren wasserdichten Verschluß zu sichern. Dieser fak-

tisch offene Gang führte durch die wasserdichten Räume 1, 2, 3 und 4 hindurch und hob deren Sicherheitsfunktion weitgehend auf. Erst am hinteren Ende des Tunnels, am Frontschott des Kesselraums 6 war er wieder mit einer wasserdichten Tür versehen. Dadurch war das von der Brücke zentral verschließbare Schottensystem in seiner Wirksamkeit gestört. Im Bericht der Londoner Seeunfalluntersuchung von 1912 sind die wasserdichten Türen in den Hauptschotten aufgelistet. Der nachträgliche Einbau des »Heizertunnels« und die daraus resultierenden Sicherheitsmängel sind darin nicht erwähnt.

Nach der Kollision füllte sich der Betriebsgang mit Wasser, das unter hohem Druck stehend in den 6. Kesselraum gepreßt wurde. Dadurch wurde vermutlich die Schwimmfähigkeit des havarierten Schiffes erheblich verkürzt. Die → Seeunfalluntersuchung in London ging in ihrem Bericht über diese Mängel unerklärlicherweise hinweg.

Helden

Hat es auf der ›Titanic‹ Helden gegeben?

Folgt man der verklärenden ›Titanic‹-Literatur, dann werden etliche Personen in den Heldenstand erhoben. Zu den

Denkmal für die Ingenieure der ›Titanic‹ in Southampton

Helden wird Margret Brown (Molly) gerechnet, die im Rettungsboot Nummer 6 mutig gehandelt hat. Die Bordkapelle wird für ihren unermüdlichen Einsatz in den letzten Stunden der ›Titanic‹ mit dem Begriff »heldenhaft« apostrophiert. Von einzelnen bemerkenswerten Persönlichkeiten wird berichtet, daß sie heldenhaft dem Tod in die Augen sahen. Auch Kapitän → Smith wird gelegentlich als Held gefeiert, da er, wie von einem Kapitän erwartet, mit seinem Schiff versank.

Kaum erwähnt, meist sogar übersehen, wird das vorbildliche Wirken der beiden → Funker Philipps und Bride, deren selbstlosem Einsatz es zu verdanken ist, daß der Dampfer → ›Carpathia‹ unter Führung seines Kapitäns Rostron die Schiffbrüchigen gerettet hat. Daß bis in die letzten Minuten der Katastrophe die Versorgung mit Strom und Dampf aufrechterhalten wurde, ist dem Maschinenpersonal zu verdanken. Von den 325 Mann sind nur 30 gerettet worden. Von den acht technischen Offizieren hat keiner überlebt. Es ist davon aus-

Das Denkmal für die Ingenieure der ›Titanic‹ in Southampton aus der Nähe betrachtet. Die Figuren der Ingenieure lassen sich jetzt gut erkennen.

zugehen, daß sowohl die Maschinisten als auch die technischen Offiziere u. a. damit beschäftigt waren, entstandene Lecks zu sichern. Durch den heldenhaften Einsatz des Personals in der Maschinenanlage ist wahrscheinlich die Schwimmfähigkeit des Schiffes verlängert worden. Diesem Einsatz des technischen Personals ist in → Southampton im East Park ein Denkmal, das »Engineers Memorial« errichtet worden.

Helling

Schon als die Pläne für die künftige ›Olympic‹ 1907/08 in den Büros der Werft erstellt wurden, stand fest, daß die Helling, der eigentliche Bauplatz des Schiffes, und eine Reihe von Werkstätten erweitert oder umgebaut werden mußten. Die vorhandenen Einrichtungen reichten für den Bau der neuen Schiffe nicht aus. Auf einer Hellingfläche, auf der bisher drei Schiffe auf Stapel gelegt werden konnten, sollten die Kolosse der ›Olympic‹-Klasse Platz finden, zusätzlich mußte die Helling um rund 60 m verlängert werden. Auf ihrer Fläche wurde eine Qualitäts-Betonauflage von 1,50 m Dicke ver-

Hier entsteht eine neue Helling für den Bau der ›Titanic‹ und ›Olympic‹; die alte mußte hierfür stark erweitert und umgebaut werden.

Der Doppelboden der im Bau befindlichen ›Titanic‹

gossen. Die mächtige Schiffsmasse mußte von den Fundamenten des Bauplatzes aufgenommen werden. Leistungsfähige Werkstätten erweiterten die Werft, und zum Transport schwerster Bauteile kaufte Harland & Wolff einen 200-Tonnen-Schwimmkran. Bereits seit der Kiellegung der ›Olympic‹ im Frühsommer 1908 bewährten sich die neuen Einrichtungen der Werft.

Nach der feierlichen Kiellegung der ›Titanic‹ am 31. März 1909 entstand mit ihr der zweite Riese auf der benachbarten Helling. Wie schon vielfach praktiziert, begann man, die ›Titanic‹ von der Mitte her aufzubauen. Zunächst entstand der 245 m lange Doppelboden, ein übermannshohes stählernes Zellensystem, vielfach verbunden und in zahlreiche wasserdichte Bereiche unterteilt.

Es war nicht nur das schwimmende Fundament, sondern auch bewährter und vorgeschriebener Schutz vor einem Wassereinbruch bei Grundberührung. Im August 1909 begannen rund 550 Hellingarbeiter mit dem Setzen der Spanten auf beiden Seiten, die vom Schiffsboden bis zum obersten Deck gewissermaßen das »Gerippe« des Schiffskörpers bilden. Auf beiden Längsseiten wurde danach systematisch mit der »Beplattung« begonnen. Die Stahlplatten wurden schindelartig

Heckansicht der ›Titanic‹ in der Werft von Harland & Wolff

übereinander in Dreierreihen vernietet. Nachdem auch der Bug montiert war, erreichte der Rumpf der ›Titanic‹ alsbald die Abmessungen der ›Olympic‹, die unmittelbar neben der ›Titanic‹ gebaut wurde. Sie befand sich allerdings schon in einem weit fortgeschritteneren Bauzustand. Von Kiel bis Backdeck betrug die Höhe mehr als 28 m.

Heuer

Die Heuer ist der monatliche Lohn für die Arbeit an Bord eines Handelsschiffes. Sie beruht auf einem Heuervertrag in der jeweiligen Währung des Landes, in der die Reederei beheimatet ist. Die Dienststellung ist nach der amtlichen Anmusterung (Anstellung) im Seefahrtsbuch eingetragen. Die Heuer wird bei freier Unterkunft und Kost an Bord gezahlt.

Edward J. Smith, der → Kapitän der ›Titanic‹, galt als der bestbezahlteste Fahrensmann. Sein Jahresbezug wurde mit 1250 Pfund Sterling beziffert. Das entsprach 14 375 Reichsmark. Dazu wurde ihm ein jährlicher Zuschlag von 200 Pfund jährlich gewährt, wenn er unfallfrei gefahren war.

Der zweithöchste, leitende Offizier H. Wilde erhielt jährlich 300 Pfund Sterling. Der Erste Funkoffizier Philipps erhielt eine monatliche Heuer von 4,24 Pfund – etwa 48 Reichsmark.

Heizer verdienten 6 Pfund Sterling im Monat, Matrosen, Trimmer und Stewards etwas weniger.

Nach dem 15. April 1912 erhielten die überlebenden Seeleute keine Heuer mehr.

Horn, Dampfpfeife

Unter den geborgenen Wrackteilen der ›Titanic‹ befanden sich auch mehrere Hörner, die zum Abgeben akustischer Signale an mehreren Stellen des großen Schiffes angebracht waren. Das aus Bronze gefertigte Horn besteht aus drei Pfeifen, die mit Dampf betrieben wurden. Das bereits 1993 geborgene Horn ist sorgfältig restauriert worden und an-

läßlich einer ›Titanic‹-Ausstellung in St. Paul im US-Bundesstaat Minnesota vor rund 100 000 Zuhörern am 21. Februar 1999 erstmals wieder erklungen. Seit seinen letzten Signalen am Morgen des 15. April 1912 sind 87 Jahre vergangen.

Um das Horn vor Beschädigungen zu bewahren, wurde es zunächst nicht mit Dampf, sondern mit Druckluft in Betrieb genommen. Zuschauer bzw. Zuhörer äußerten sich enttäuscht über den weichen Ton, der »nicht so laut« wie vermutet gewesen sein soll.

IIP – International Ice Patrol

Spektakuläre Kollisionen hatten dazu geführt, bereits beim Schiffbau auf die Eisberggefahr durch technische Vorkehrungen und entsprechende Sicherheitsbestimmungen zu reagieren. Bei aller Kollegialität und nützlichem Austausch von → Eiswarnungen von Schiff zu Schiff blieben diese Informationen doch zu einem hohen Grad subjektiv und unverbindlich. Auch konnte mit diesen Methoden einer bestimmten Eigenart der Eisberge nicht Rechnung getragen werden: Bei Veränderung ihrer Masse und der Windrichtung oder durch Strömungen an der Meeresoberfläche änderten sie plötzlich ihre Richtung und machten damit alle Prognosen gegenstandslos.

Die ›Titanic‹-Katastrophe verdeutlichte für alle seefahrenden Staaten, daß eine international koordinierte Beobachtung erforderlich war. Eine der Konsequenzen war 1914 die Gründung der International Ice Patrol, an der sich 13 Staaten beteiligten.

Die US-Küstenwacht (Coast Guard) wurde zunächst mit der Durchführung und Organisation des Überwachungsdienstes beauftragt, da in ihrem Küstenbereich bei Neufundland die größte Verbreitung der gefährlichen Eishindernisse zu erwarten war und sie auch die besten technischen Voraussetzungen für die Übernahme dieser Aufgabe besaß. Außerdem hatten die USA den größten Anteil am Verkehrsaufkommen in dieser Region und daher auch ein entsprechend großes Interesse am Zustandekommen der IIP.

Die sofort aufgenommenen Patrouillenfahrten wurden durch den Ersten Weltkrieg in ihrer internationalen Bedeutung beeinträchtigt, aber unmittelbar nach Kriegsende 1918 zeigten sie ihre Wirkung. Einen nochmaligen Rückschlag erlitt die internationale Zusammenarbeit während des Zweiten Weltkriegs.

Alle Eisberge zwischen dem 52. und dem 48. Breitengrad Nord wurden durch die Ice Patrol erfaßt, da in diesem Bereich die Schiffahrt durch das Eis besonders gefährdet ist.

Die Fortschritte in der Kommunikation, die beginnende Luftüberwachung der Seegebiete und die Routine-Reports von Schiffen auf See bildeten schließlich die Grundlage für die Entwicklung des See-Eis-Service (Sea Ice Services), der Mitte der 50er Jahre entstand. Auf der ersten internationalen See-Eis-Konferenz wurde dann auch eine internationale Arbeitsgruppe für See-Eis-Probleme bei der Welt-Meteorologie-Organisation der Vereinten Nationen (WMO) gegründet.

IMM → White Star Line

Imperator

deutsch-nationalistische Töne

Die deutsche Regierung und der Reichstag befaßten sich nach dem Unglück umgehend mit den Ursachen der ›Titanic‹-Katastrophe und den daraus zu ziehenden Schlußfolgerungen. Immerhin hatte die Hapag drei Passagierschiffe vom Typ ›Imperator‹ (52 117 BRT) für den nordatlantischen Fahrgastdienst im Bau, die die Größenordnung der ›Olympic‹-Klasse um 20% übertrafen. Diese neuen Giganten sollten über 3500 Passagieren und 1180 Mann Besatzung Platz bieten. Den neuen deutschen Passagierschiffen und ihrer Sicherheit galt nun vermehrte Aufmerksamkeit, besonders als der ›Imperator‹ am 10. Juni 1913 auf Jungfernreise ging. Zum Thema Schiffssicherheit las man seinerzeit:

»Daß nach dem ›Titanic‹-Untergang auf dem ›Imperator‹ vollendete Sicherheitsmaßnahmen getroffen wurden, ver-

steht sich von selbst. Nicht nur für jede Seele an Bord, mag das Schiff in allen vier Klassen besetzt sein, ist Bootsplatz tatsächlich vorhanden, sondern, was erheblich mehr ins Gewicht fällt, dieser Bootsraum ist zugänglich und von allen Wohnräumen des Schiffes aus einfach und leicht erreichbar.« (115)

Für den Seenotfall waren mehr als 80 Boote auf den Hapag-Dampfern der ›Imperator‹-Klasse vorhanden, Platz für rund 5000 Menschen. Man überbot sich förmlich mit Erklärungen über die Qualität der Neubauten unter deutscher Flagge. Nicht nur zwischen den Zeilen konnten die Leser erfahren, daß der deutsche Schiffbau weit mehr als der britische zu leisten imstande sei. Das gewaltige Schiff, die ›Imperator‹, sei »ein Wunderwerk technischen Könnens und ein großartiger Ausdruck von Intelligenz, Überlegung und Arbeit«, hieß es damals.

Die Zeitschrift »Deutsche Schiffahrt« – Fachorgan der deutschen Werftindustrie – bestimmte kurz nach den Untersuchungen der ›Titanic‹-Katastrophe bereits den Ton, mit dem man sich in »patriotischen Kreisen« des Unglücks und seiner Folgen annehmen würde:

»... Die Beschlüsse (der geplanten Internationalen Schiffssicherheitskonferenz) werden internationale Wirkungskraft erlangen. Sie werden naturgemäß von englischem Geist erfüllt sein, der bis auf diese Zeit in den unzulänglichen Vorschriften des Board of Trade zum Ausdruck kam ... Deutschland wird man hören – und überstimmen. Und der englische und amerikanische Geist der schärfsten Konkurrenz gegen die deutsche Schiffahrt wird auf der Konferenz wahrscheinlich bequem die Erfolge einheimsen, die er im wirtschaftlichen Konkurrenzkampf nicht erzielen konnte ...« (115)

Eben unterstellte man noch den britischen Planern und Erbauern der ›Olympic‹ und ›Titanic‹ nationalistisches Prestigedenken und Konkurrenzkampf bis zum Irrationalen, dem Schiff und Menschen zum Opfer gefallen seien – nun wollte man sich mit neuen, noch größeren Schiffen hervortun. In verschiedenen Zeitungen wurden fast täglich die Einzelheiten des ›Titanic‹-Unglücks kommentiert, oft einseitig und sensationslüstern. Die längst ermittelten Ursachen der ›Tita-

nic‹-Kollision verdrehte oder verschwieg man, ernste Mahnungen aus Fachkreisen fanden in der breiten Öffentlichkeit keinerlei Beachtung. Stattdessen protzte man vaterländisch, als die ›Imperator‹ ihre Reisen antrat.

»Den Bug des Schiffes ziert ein mächtiger, mit der Kaiserkrone geschmückter Adler. Kühn blickt er über die See, ein Symbol des neuen Deutschland. Es wirkt wie eine Fügung, daß die ›Imperator‹ gerade im Jubiläumsjahr unseres Kaisers die Vulkanwerft verlassen hat …« (180)

Noch im selben Jahr ist der besungene Adlerschmuck unbemerkt vom Schiff abgebrochen und ins Meer gefallen – ob man das auch als Fügung sah?

Ismay, Joseph Bruce

(12. 12. 1862 – 17. 10. 1937), Präsident der White Star Line

Ismay war zur Zeit des ›Titanic‹-Unglücks Präsident und Vorstandsvorsitzender der in den USA wirkenden International Mercantile Marine (IMM). Damit war er auch der Präsident der mit IMM fusionierten Reederei → White Star Line.

Bruce Ismay, Präsident der White Star Line

Durch die Fusion beider Gesellschaften wurde White Star Line um die Wende vom 19. zum 20. Jahrhundert ein Spitzenunternehmen im nordatlantischen Fracht- und Passagierverkehr.

Ismay war führend an Konzeption und Bau der großen Schiffe der ›Olympic‹-Klasse beteiligt. Ende 1912 beabsichtigte er, sich aus dem IMM-Konzern zurückzuziehen und sich ausschließlich der Reederei-Leitung zu widmen.

Er begleitete als Repräsentant der Reederei die ›Titanic‹, sein wichtigster Reisegrund in die USA bestand jedoch darin, seinen Rückzug aus der Konzernleitung zu besprechen.

Nach dem Unglück und seiner Ankunft mit der ›Carpathia‹ in New York wurde er von der Presse als ein Hauptverantwortlicher für das Unglück in den Mittelpunkt der Kritik gerückt. Zugleich wurde ihm unterstellt, er habe seine Machtposition ausgenutzt, um sich einen Platz in einem Rettungsboot zu sichern, dann wieder stand er im Verdacht, sich in Frauenkleidern einen Bootsplatz erschlichen zu haben. Daher galt zunächst das Hauptinteresse des Untersuchungsausschusses Bruce Ismay.

Laut amtlichem Protokoll erklärte der White-Star-Manager u. a: »Zunächst einmal möchte ich meinem aufrichtigen Schmerz über diese beklagenswerte Katastrophe Ausdruck verleihen. Wie mir mitgeteilt wurde, sind Sie, meine Herren, in einen Senatsausschuß berufen worden, um die Umstände zu untersuchen. Was uns angeht, so begrüßen wir das. Wir wünschen eine gründliche Untersuchung. Wir haben nichts zu verbergen – nichts zu verstecken. Das Schiff ist in Belfast gebaut worden. Es war das Modernste, was die Kunst des Schiffbaus hervorgebracht hat. Man hat beim Bau an nichts gespart.« (66)

Danach forderte der Vorsitzende Smith den White-Star-Manager auf, zu schildern, was er nach der Kollision getan habe. Ismay: »Ich glaube, daß ich durch den Aufprall wach wurde. Ich blieb noch kurze Zeit liegen; wahrscheinlich war mir gar nicht klar, was geschehen war. Schließlich stand ich auf und ging hinaus auf den Gang ...«

Es handelte sich um den Gang des B-Decks. Ismay begab sich eilig zur Brücke. Dort erfuhr er vom Kapitän: »Wir sind auf Eis gelaufen, und ich glaube, das Schiff ist ernsthaft beschädigt.« Ismay sagte weiter aus: »Ich habe mit besten Kräften mitgeholfen, die Boote klarzumachen und Frauen und Kinder hineinzuverfrachten. Ich bin praktisch auf diesem Deck geblieben, bis ich im Steuerbord-Berthon das Schiff verlassen habe; dieses faltbare Rettungsboot ist meines Wissens als letztes zu Wasser gegangen. Darüber hinaus weiß ich nichts.«

Der Vorsitzende fragte danach, wieviel Insassen sich in dem Rettungsboot befanden, mit dem er das Schiff verlassen habe. Ismay: »Etwa fünfundvierzig, glaube ich.« Smith: »War das Boot damit ausgelastet?« Ismay: »Praktisch ja.«

Später fragte Senator Newlands, Mitglied des Untersuchungsausschusses, ob er, Ismay, die Männer bestimmt habe, die mit ihm im Boot waren. Eine Mrs. Careza hatte das in einer Zeitung behauptet und sich als direkte Zeugin ausgegeben. Ismay: »Nein, Sir!« Smith: »Also, wie war das, als Sie das Schiff verließen?« Ismay: »Nun, da war das Boot. Einige Männer saßen bereits drin, und der Schiffsoffizier rief laut, ob noch weitere Frauen da wären, erhielt aber keine Antwort. Auf dem Deck waren überhaupt keine Passagiere mehr.« Smith: »Keine Passagiere mehr an Deck?« Ismay: »Nein, Sir. Und da man im Begriff war, das Boot abzufieren, bin ich eingestiegen.«

Der Verdacht, Ismay habe als Aufsichtsratsvorsitzender von IMM und Chef der White Star Line an Bord seine Funktion gegenüber dem Kapitän ausgenutzt und in gewisser Weise ein Oberkommando geführt, bestand zunächst weiter. Daher gab es auch zu diesem Sachverhalt zahlreiche Fragen.

Smith fragte: »Mr. Ismay, haben Sie irgendwie versucht, auf den Funkverkehr zwischen der ›Carpathia‹ und anderen Stationen Einfluß zu nehmen oder ihn zu behindern?«

Ismay: »Nein, Sir. Meines Wissens ist der Kapitän der ›Carpathia‹ hier, und er wird Ihnen vermutlich bestätigen, daß ich vom Augenblick, da ich die ›Carpathia‹ betreten habe, bis zum Anlegen des Schiffes gestern abend meine Kabine nicht verlassen habe. Ich habe keinen Fuß aus meiner Kabine gesetzt.«

Als nächster Zeuge wurde Kapitän Rostron vom Cunard-Schiff → ›Carpathia‹ gehört.

»Wer hat bei Ihrer Reederei auf einem Schiff auf See das Sagen?« Rostron: »Der Kapitän.« Smith: »Ohne Einschränkung?«

Rostron: »Ohne Einschränkung sowohl rechtlich als auch in jeder anderen Hinsicht. Natürlich hat der Kapitän rein juristisch auf einem Schiff das uneingeschränkte Sagen. Aber angenommen, die Reeder des Schiffes erteilen uns bestimmte

Anordnungen, und wir führen sie nicht aus – dann müssen wir mit ziemlicher Sicherheit mit der Entlassung rechnen.«

Smith fragte noch präziser: »Ist es üblich, daß ein Kapitän auf seinem Schiff von einem Direktor oder leitenden Angestellten seiner Reederei Befehle entgegennimmt?« Rostron: »Nein, Sir.«

Damit hatte Rostron Bruce Ismay indirekt entlastet.

Die Untersuchungen hatten Ismay entlastet. Dennoch wurden ihm in Filmen und Publikationen aller Art bis in die Gegenwart negative Eigenschaften angedichtet.

Ismay kehrte am 11. Mai 1912 mit der ›Adriatic‹ nach Liverpool zurück. Auch bei der britischen Seeunfalluntersuchung sprach man Ismay von allen Verdächtigungen frei, er wurde jedoch zunehmend von Schuldgefühlen geplagt und litt auch nach seinem Ausscheiden als Vorstandschef von White Star an Depressionen.

1934 gab er die letzten betrieblichen Funktionen auf und starb an einem Schlaganfall. Sein Grab befindet sich auf dem Putney-Vale-Friedhof in der Nähe von London.

Kapitän der ›Titanic‹

Kapitän Edward J. → Smith trug den Ehrentitel Commodore. Dieser Titel wurde in der internationalen Handelsschiffahrt dem erfahrensten Kapitän der jeweiligen Reederei verliehen.

Die Mehrheit sachkundiger und weniger sachkundiger Autoren war sich zunächst darin einig, daß Commodore Smith als Kapitän versagt habe. Die Palette der Anschuldigungen reichte von Unfähigkeit bis zu der Verleumdung, er habe durch Selbstmord der Schande entgehen wollen, daß er öffentlich zur Verantwortung gezogen werden könnte. An anderer Stelle wiederum wurde Smith zum Seehelden stilisiert. Man bescheinigte ihm, daß er, der bewährte Chef-Kapitän, in der Nacht vom 14. zum 15. April lediglich vom Glück verlassen worden sei.

Das Verhalten des Kapitäns wurde aber vor allem durch die Ereignisse bestimmt: Ab 23.40 Uhr Bordzeit des 14. April 1912, als Kapitän Smith die Nachricht von der Kollision mit

dem Eisberg erhielt, standen alle Handlungen unter dem Eindruck der Havarie. Mit zunehmender Gewißheit, der Katastrophe nicht mehr entgehen, sie allenfalls in ihrer Dimension begrenzen zu können, wurden Befehle erteilt.

Zunächst mußte daher geklärt werden, welche schuldhafte Rolle Edward J. Smith vor der Kollision mit dem Eisberg spielte, und wie er sich nach der Havarie verhielt.

Am 2. April lief die ›Titanic‹ erstmals auf See aus und absolvierte eine achtstündige Probefahrt. Die Zeit bis zum geplanten Auslauftermin von Southampton am 10. April mußte daher ausreichen, um die Mannschaft zu vervollständigen und sich mit dem Schiff vertraut zu machen.

In Anbetracht der Größe des Schiffes und der kurzen Zeit konnte die reibungslose Zusammenarbeit der kompletten Besatzung nicht genügend geprobt werden.

Im »Report on the Loss of the ›Titanic‹« heißt es, daß es keine vernünftige Bootsrolle (das ist die Vorschrift, in der Einzelheiten über die Ordnung bei Rettungsfällen aufgeführt sind) gegeben hatte.« (18)

Während der Untersuchung in Großbritannien kam man zu dem Schluß, daß ein Teil der Ausrüstungen für die Boote, wie Masten, Segel, Trinkwasser, Lampen und Kompasse zwar vorhanden waren, aber im Notfall erst in die Rettungsboote geschafft werden mußten. Für den Ausgang des entscheidenden Rettungsmanövers war das jedoch ohne Bedeutung.

Am 14. April gegen 9.00 Uhr empfing die ›Titanic‹ erste funktelegrafische Eiswarnungen. Sie häuften sich bekanntlich nach 13.45 Uhr und wurden vom wachhabenden Offizier dem Kapitän zur Kenntnis gegeben. Die darauf eingeleiteten Maßnahmen, so urteilte später die britische Untersuchungskommission, entsprachen der langjährig geübten Praxis der Linien-Passagierschiffahrt, bei vergleichbaren Sicht- und Wetterbedingungen mit der vollen Geschwindigkeit weiterzufahren.

In der späteren Debatte um die möglichen Versäumnisse des Kapitäns wurde die gesellschaftliche Rolle, die er auf dem Schiff zu erfüllen hatte, oft als eine der Ursachen der Havarie mit dem Eisberg hervorgehoben. So versicherten überlebende Erste-Klasse-Passagiere, E. J. Smith sei am Nachmittag und

Abend des Unglückstages im Salon beim Dinner mit B. → Ismay und anderen Prominenten gesehen worden. Es ist auch mehrfach belegt, daß der Kapitän sowohl Stunden vor als auch unmittelbar zur Zeit der Kollision nicht auf der Brücke war. Damals wie heute gehört es aber zu den Pflichten eines Kapitäns auf einem Luxusliner, Repräsentant der Reederei und des Landes zu sein, unter dessen Flagge das Schiff fährt.

Der Kapitän in seiner Funktion als Schiffsführer war durch eine ausgewählte Gruppe von → Offizieren ersetzbar und wurde durch sie bei Abwesenheit in seiner seemännischen Funktion vollwertig vertreten.

Viele der verbreiteten Klischees stammten ohnehin von unkritischen und fachlich kaum ernst zu nehmenden Kommentatoren der damaligen Zeit.

Trotz – oder gerade wegen – seiner nie bis ins einzelne geklärten Rolle bei der ›Titanic‹-Katastrophe lebt Kapitän → Smith bis heute in vielen Filmen und Büchern in einem zwiespältigen Licht fort.

Bei allen möglichen Fehlleistungen nach dem Zusammenstoß kann Smith für die Ursachen dieses Unglücks nicht allein verantwortlich gemacht werden. (→ Schuldfrage)

Kellermann, Bernhard

(1879–1951), Schriftsteller

Mit seinem technisch-utopischen Roman »Der Tunnel« hatte sich Bernhard Kellermann bereits 1913 ein Publikum geschaffen. Dieser Roman, der eine Untertunnelung des Atlantiks zum Gegenstand hatte, war eine erste literarische Reaktion auf das ›Titanic‹-Desaster. Es war zugleich auch die literarische Vorbereitung des Romans »Das Blaue Band«, der erst 1938 erschien.

Vorangestellt war eine historische Anmerkung, die eine größere Zurückhaltung zur öffentlichen Spekulation erkennen ließ: »... daß der Autor diesen Roman im übrigen in einer anderen Zeit und mit von ihm frei erfundenen Gestalten und Vorgängen spielen läßt, beruht auf der selbstverständlichen Freiheit seiner Phantasie.«

Mit dem Schnelldampfer ›Cosmos‹ wurde die ›Titanic‹ unter einem Pseudonym in die Literatur eingeführt.

»Die Cosmos stand südöstlich von Neufundland. Nordöstlich lag das Feuer von Kap Race auf der Karte eingezeichnet, und in weitem Bogen westlich davon lagen auf der Karte die Feuerschiffe von Nantucket und Ambrose, das Ziel der Cosmos ... Die amerikanische Presse hatte die sensationelle Nachricht verbreitet, daß die Cosmos die Absicht habe, den Schnelligkeitsrekord über den Atlantik an sich zu reißen, den in dieser Zeit die Mauretania innehatte. Die europäische Presse hatte die Nachricht übernommen. Das Blaue Band! ... Vielleicht nach der sechsten Fahrt, vielleicht, aber auch das glaubte er nicht. Die Cosmos war eigentlich nicht als schnelles Schiff gebaut, so war es ...« (34) (35)

Es bleibt die immer wiederkehrende Assoziation von ›Titanic‹ und → Blauem Band.

(→ Legenden; → Romane)

Kohle

7500 t Steinkohle benötigte die ›Titanic‹ für die Rundreise Southampton-New York und zurück – einschließlich der Reservekohle waren 8500 t zu bunkern! Eine Arbeit, die Zeit brauchte, da die Kohlebunker – anders als auf Frachtschiffen – durch mehrere Pforten seitlich beschickt werden mußten. Der Auslauftermin schien ausgerechnet durch die Verzögerung beim Brennstoffnachschub gefährdet. Streiks im Kohlerevier von Südwales ließen den Kohlestrom in die großen Häfen nur noch spärlich rinnen. Die Hafenvorräte waren geschrumpft. Eine verspätete Abreise bei der Jungfernfahrt der ›Titanic‹ wollte man jedoch auf keinen Fall zulassen, denn damit wäre das propagierte Konzept bereits zu Beginn seiner Verwirklichung in Frage gestellt worden. Die Geschäftsleitung von White Star organisierte daraufhin eine teure Aktion: Von zwei Passagierschiffen der eigenen Reederei wurden kurzerhand die Brennstoffe umgebunkert. Nur so konnte der Fahrplan gehalten werden. Daß diese Steinkohle einmal zur bestbezahltesten Kohle werden könnte, hatte damals kei-

ner geahnt: Nach dem Aufprall der ›Titanic‹-Rumpfteile auf dem Meeresboden hat sich ein langes Feld von Kohlestücken zwischen beiden großen Rumpfteilen ausgebildet. Aus diesem Kohlefeld wurden während der Tauchexpeditionen zum Wrack 4 t Kohle geborgen. Die Kohlebrocken wogen zwischen 10 und 20 kg. (41) Anfänglich wurden kleine Kohlebrocken für 25 Dollar das Stück vertrieben. (→ Fundstücke)

Kollisionsschott

Abnahmevorschriften und Klassifikationen im Hinblick auf die Sicherheit von Schiffen waren um die Wende zum 20. Jahrhundert internationale Praxis. Die ständig wachsenden Erfahrungen führten auch zu sicherheitstechnischen Kriterien, die speziell für Schiffe im Nordatlantikverkehr, die damit auch in eisgefährdeten Gegenden fuhren, vorgesehen waren. So entwickelte der Germanische Lloyd spezielle Vorschriften, nach denen Schiffe der Atl-Klasse (Atlantikfahrt) mit hoher Geschwindigkeit bereits im Vorsteven eine größere Spantendichte haben mußten als herkömmliche Schiffe. Das sollte ein besserer Schutz gegen Eispressungen durch Treibeis sein. Außenhautbleche mußten auf einer Länge der größten Schiffsbreite das Eineinhalbfache der für das Mittelschiff errechneten Dicke betragen. Für die mögliche Kollision mit einem Eisberg spielten die Kollisionsschotts eine besondere Rolle. Die Vorschrift ging davon aus, daß das kollidierende Schiff (nicht nur bei einer Eiskollision) an seinem Bug derart stark zerstört wird, daß die Außenhautplatten auf einer bestimmten Strecke zerstört werden und daß das Kollisionsschott hinter dieser errechneten Zone liegen muß. Es handelt sich um eine Art Knautschzone, hinter deren berechnetem Ende ein besonders stabiles Schott angebracht wurde. Das sollte das Eindringen von Wasser in die nicht betroffenen Abteilungen verhindern. Im Falle der ›Titanic‹ waren diese technischen Vorkehrungen ebenfalls getroffen und in der Konstruktion berücksichtigt. Das Schiff war demzufolge – genau wie die ›Olympic‹ – für eine Frontalkollision gewappnet.

Besonders eindrucksvoll hat dieses Kollisionsschott im Jahre 1879 auf dem Dampfer ›Arizona‹ seine Bewährungsprobe bestanden. Dieses 9000-t-Schiff kollidierte über den Neufundlandbänken mit einem im Durchmesser 150 m betragenden und 200 m hohen Eisberg bei 15 kn Fahrt. Das gesamte Vorderteil wurde bis kurz vor besagtem Schott zerstört. Das havarierte Schiff erreichte mit verminderter Fahrt den Hafen von St. Johns auf Neufundland. (18) Alle Passagiere und Besatzungen kamen mit dem Schrecken davon. Das Schiff wurde später nach seiner Überführung in Liverpool repariert. Die überstandene Havarie hatte der Reederei und dem Schiff große Sympathien in der öffentlichen Meinung eingebracht. (→ Eisbergkollisionen)

Konkurrenzkampf

Um die Wende vom 19. zum 20. Jahrhundert konnten die 19 wichtigsten und größten Dampfer zusammengerechnet insgesamt 41 900 Fahrgästen Platz bieten. Überquerte jedes dieser Schiffe im Jahr nur 30 Mal den Atlantik, so stand eine Gesamtkapazität von 1,257 Millionen Plätzen bereit. Und riesige Passagierschnelldampfer für die Nordatlantikreise wurden weiterhin gebaut, zu Beginn des 20. Jahrhunderts wuchs sogar noch die Bautätigkeit von extravaganten Passagier-Linern im Hinblick auf Tempo und Tonnage. Wären alle neuen Projekte verwirklicht worden – und daran gab es seinerzeit keinen Zweifel – dann mußte der ohnehin herrschende Konkurrenzkampf zu einem regelrechten ökonomischen Chaos führen, zumal dieses beschriebene Platz- und Tonnage-Angebot längst nicht die gesamte Konkurrenz darstellte. Auf dieser Route verkehrten außerdem noch etwa 180 mittlere Passagierdampfer in einer Größenordnung von 7000 bis 17 000 BRT. Sie waren mit 14 bis 17 kn zwar langsamer, dafür aber billiger als die Schnelldampfer. Diese mittleren Dampfer verschiedenster Art und Herkunft ließen sich im Vergleich zu den großen Luxuslinern zunächst noch wirtschaftlicher betreiben, denn ihre Bau-, Treibstoff- und Unterhaltungskosten machten damals nur ein Viertel bis ein Drit-

tel pro Bruttoregistertonne im Vergleich zu einem Luxusliner aus. Der Kampf um die Marktanteile wurde zugleich an verschiedenen Fronten geführt. Zunächst bildeten die neuen Schnelldampfer der Cunard Line die größte britische Macht auf dem Atlantischen Ozean. Dampfer wie die ›Titanic‹ von der → White Star Line sollten ihnen Konkurrenz machen. Immer weniger Schiffahrtsunternehmen konnten Anfang des 20. Jahrhunderts – nur auf sich und ihre eigenen Finanzierungsquellen gestützt – an den aufwendigen Bau großer Schnelldampfer denken. Sie benötigten immer häufiger die Finanzmittel starker Banken und Trusts oder aber Regierungsunterstützung, also Subventionen. Die amtlichen Hilfestellungen waren eine bereits seit Jahren in vielen Ländern erprobte Praxis, um ökonomische und handelspolitische Ziele auch mit Hilfe von leistungsfähigen Handelsschiffen durchsetzen zu können. Im Jahre 1903 verhandelten maßgebende Vertreter der britischen Regierung mit dem Direktor der → Cunard-Reederei und boten als Zuschuß den damals beachtlichen Betrag von 2 600 000 Pfund (etwa 48,1 Millionen Mark) an. Cunard nahm das Angebot an und traf folgende Vereinbarungen: Die Laufzeit für diese Subventionen sollte 20 Jahre betragen, als Gegenleistung hatte Cunard zwei Passagierschiffe von mindestens je 24,5 kn Geschwindigkeit in Dienst zu stellen, deren Einsatzgebiet der Post- und Passagierdienst auf dem Nordatlantik war. Eine Fusion von Cunard und der amerikanischen IMM des Morgan-Trusts wurde untersagt. Außerdem sollten die Cunard-Neubauten im Falle einer Not- oder Kriegssituation sofort der britischen Admiralität zur Verfügung gestellt werden. Die Abgeordneten beider Häuser des britischen Parlaments stimmten dem Vertrag zu.

Am 7. Juni 1906 lief das Cunard-Schiff ›Lusitania‹ vom Stapel, zehn Wochen später folgte die ›Mauretania‹.

Die »Daily Mail« schrieb anläßlich des Stapellaufs der ›Lusitania‹ überschwenglich: »Zu keinem Stapellauf eines Handelsschiffes sind jemals so viele Persönlichkeiten aus der Welt zusammengekommen. Sie kamen aus allen Teilen Englands und der Kolonien, aus Deutschland, Frankreich, Japan und Rußland.«

Der Vorstandsvorsitzende der Werft J. Brown & Co., Clydeband in Schottland, sagte auf einem Empfang vor 600 Gästen: »... die ›Lusitania‹ ist mit Abstand das größte Schiff und seine Maschinenanlagen würden es mit einer Geschwindigkeit über den Atlantik jagen, wie sie zuvor nur Torpedoboot-Zerstörer, erreicht hatten ...« Nach 14monatiger Ausrüstungszeit wurden die beiden Riesen im August bzw. November 1907 an die Cunard-Reederei ausgeliefert.

Krähennest → Ausguck

Leck

Am 14. April um 23.40 Uhr ist die ›Titanic‹ seitlich mit einem Eisberg kollidiert. Eine unter der Wasserlinie befindliche Eis-

Ursprüngliche Version des Lecks im Vergleich zu heutigen Erkenntnissen

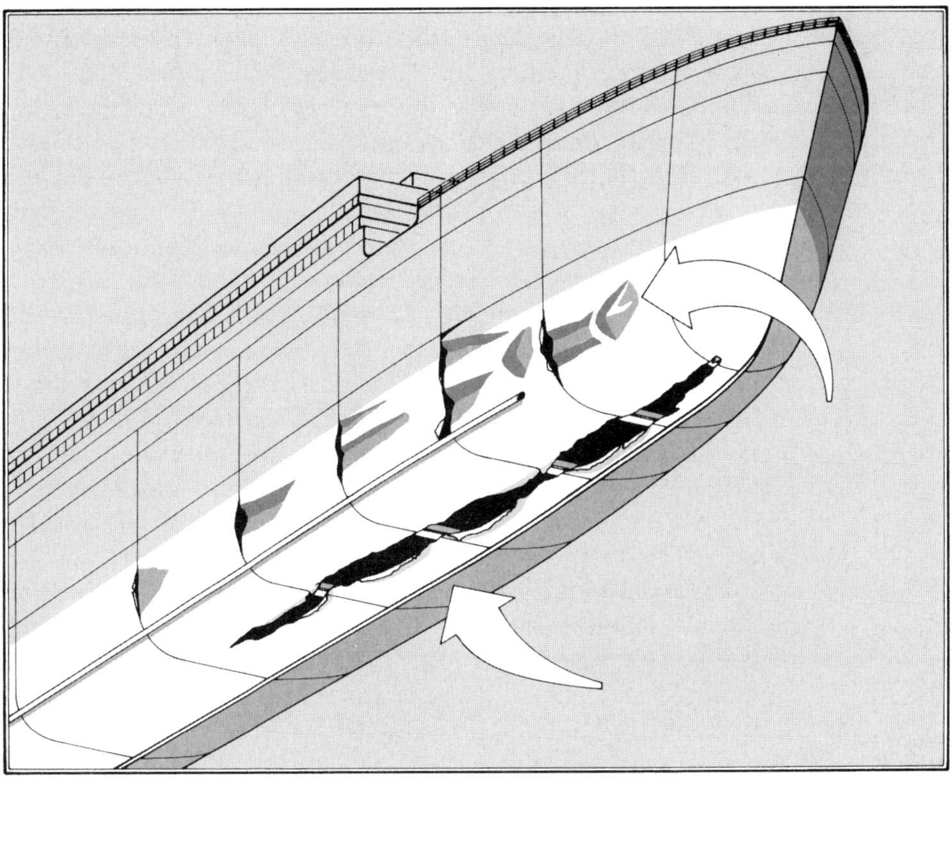

klippe soll den Schiffsrumpf in einer Länge von etwa 100 m aufgeschlitzt haben. Für das Schiff bedeutete dieses Leck das Ende. Dieser »Schlitz, dieser Riß, diese tödliche Wunde« (76) hatte die Gemüter infolge seiner einleuchtenden Darstellung und Wirkung besonders erregt. Er wurde in dieser oft beschriebenen Form allerdings nie bestätigt.

»Der Bericht, den Shellog und der Erste Ingenieur erstatteten, war erschreckend ... das Schiff war von dem Eisberg unter der Wasserlinie fast vierzig Meter lang vom Bug an aufgeschlitzt.«

Die Tatsache, daß die ersten fünf Abteilungen geflutet waren, »ließ auf ein Leck von 90 m schließen«. (44)

23.50 Uhr: Durch eindringendes Wasser entströmt unter lautem Zischen komprimierte Luft dem Kettenkasten. Im Heizertunnel, dem Verbindungsweg zwischen Heizerlogis und dem Kesselraum 6, dringt Seewasser ein. Die Postbeamten in der Postabteilung im F-Deck stehen bereits zehn Minuten nach der Kollision bis zu den Knien im Wasser. Sie befördern die Postsäcke in das darüberliegende G-Deck. Innerhalb von weiteren zehn Minuten sind die ersten fünf wasserdichten Abteilungen bereits 4,20 m über Kiel geflutet!

23.55 Uhr: Die ›Titanic‹ ist in Seenot. Der Zweite Funker Bride will den Marconisten Phillips ablösen. Kapitän Smith informiert den Funker von der Havarie und davon, daß eine Schiffsinspektion die Größe des Schadens ermittelt.

Expeditionen zum Wrack unter Leitung von Robert D. Ballard ergaben folgende Befunde, die in Tagebucheintragungen dokumentiert wurden: »(22.Juli 1986) ... von einem Riß keine Spur, der Rumpf war jedoch an mehreren Stellen eingedrückt, Platten waren geborsten – die Nieten abgesprungen. Schwer zu sagen, ob das auf die Kollision mit dem Eisberg zurückzuführen ist ... (24.November 1986) ... Was den Riß angeht, sieht es meiner Meinung nach so aus, als seien vor allem die Nähte zwischen den verbogenen Platten geborsten, es muß nicht ein Riß im Stahl selbst sein ... (25. November 1986) ... Der Riß soll angeblich so hoch gewesen sein, daß ein Mann aufrecht hindurchgehen konnte! Hätte der Passagierdampfer tatsächlich einen derartigen Schaden erlitten, wären sofort Unmengen von Wasser

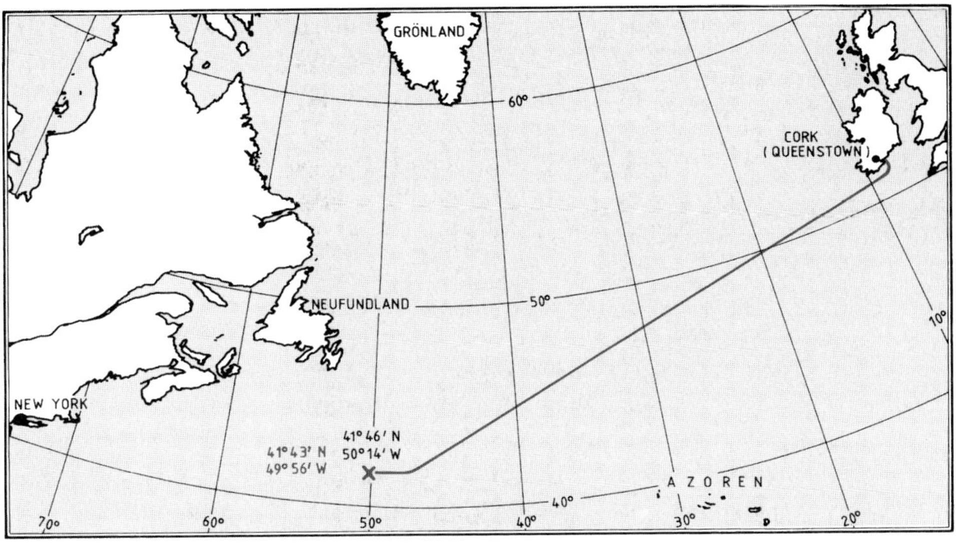

Position der ›Titanic‹ in der Unfallnacht: x = letzte Position vor der Kollision, xx = Position des Wracks auf dem Meeresboden

durch die Kluft geschossen, die kaum mehr Zeit für ein kurzes Gebet gelassen hätten, geschweige denn, Kapitän Smith und Thomas Andrews erlaubt hätten, den Ursachen auf den Grund zu gehen .... Es gab keinen Riß. Lediglich der Rumpf war eingedrückt. Durch insgesamt einen Quadratmeter Fläche drangen innerhalb einer Stunde 700 000 l Wasser ein. (50)

Heute wird davon ausgegangen, daß der Eisberg während der Berührung mit dem Schiff jeweils an den Spanten den Rumpf eingebeult hat und dabei die Beplankung an zahlreichen Stellen gerissen ist – die Nieten, mit denen die Stahlplanken verbunden waren – hatten sich gelöst. Das Wasser ist demzufolge unmittelbar an zahlreichen Punkten gleichzeitig in die einzelnen Abteilungen eingedrungen, später durch die Schräglage auch über vorhandene Öffnungen wie Ankerluken, Ladeluken, Luftschächte, Fenster. Dadurch würde sich einerseits die relativ lange Zeit erklären lassen, in der sich die ›Titanic‹ noch über Wasser hielt, andererseits die später zunehmende Geschwindigkeit, mit der das Schiff sank. Ein Wassereinbruch über einen Schlitz von der angenommenen Dimension hätte das Schiff in kürzester Zeit zum Kentern gebracht, da die eindringenden Wassermassen sofort eine Schlagseite verursacht hätten.

Fachleute der Ingenieurhochschule für Seefahrt Warnemünde-Wustrow hatten in den 80er Jahren auf Bitten der Verfasser den möglichen Wassereinbruch durch einen Schlitz abgeschätzt. Ergebnis: Wäre, wie behauptet, ein Riß bei der Eisberührung entstanden und wäre er nur 2 cm stark und 90 m lang gewesen, wäre die ›Titanic‹ bereits nach 30 bis 40 Minuten gesunken. (31)

Legenden

Die ›Titanic‹ war, zusammen mit allen wesentlichen Sachzeugen, von der Meeresoberfläche verschwunden. Niemand hat zu diesem Zeitpunkt daran glauben können, daß das Wrack jemals wieder in Augenschein genommen werden könnte. Auch das → Logbuch blieb verschwunden.

Dieses Bewußtsein öffnete allen möglichen Spekulationen Tür und Tor. Jeder konnte sich eine neue Theorie über den Hergang des Unglücks ausdenken, Behauptungen über mitgeführte Gegenstände aufstellen, alle möglichen Geschichten erzählen.

Die Ursache für das Scheitern der ›Titanic‹ am Eisberg wurde in mystischen, unerklärbaren oder überdimensionierten Naturereignissen gesehen. Die angebliche Unsinkbarkeit des Schiffes hatte sich als illusionär erwiesen. Die Öffentlichkeit wollte es zunächst nicht wahrhaben, daß der Traum von der Allmacht des Menschen und der Beherrschbarkeit der Natur mit Hilfe der Technik jäh zu Ende gegangen war.

Legenden wucherten üppig: Zunächst war es der »himmelhohe« Eisberg, der sich dem Schiff in den Weg gestellt hatte, dann war es der »Blaue Diamant« dessen jeweiliger Besitzer immer schon ein schreckliches Ende gefunden hatte, dann wiederum war es eine »ägyptische Mumie« (sie sollte angeblich von einem Archäologen in die Staaten gebracht werden), die dem Schiff Unheil gebracht hatte oder die fehlenden »roten« → Notraketen. Zur Legende wurde die → Bordkapelle der ›Titanic‹, die bis zu den Hüften im Wasser stehend (bei + 1 °C Wassertemperatur) musizieren, um eine Panik zu vermeiden und die Reisenden gottgefällig ins Jenseits zu be-

Titelblatt der »Illustrierten Zeitung« vom 28. April 1912. Autor der Grafik ist Fritz Koch-Gotha.

gleiten. Selbst das vermeintlich letzte Lied , der Choral »Näher mein Gott zu Dir« hat den Status eines legendären Liedes erhalten und die Gemüter bis in die letzten Filmmeter alter und neuer Filme erregt. Selbst nachweislich erfundene Geschichten wurden als Wahrheiten kolportiert. Noch Jahre später machten geschickte Lügner wie → Dittmar-Pittmann aus dem Schiffsuntergang ein einträgliches Gewerbe: Wie hätte man angesichts des kurzen Lebens der ›Titanic‹ schon die Trittbrettfahrer entlarven können, die gegen Bares behaupteten, Überlebende des Unglücks zu sein? Selbst sie machten sich zur Legende. Eine andere Legende besagte, daß der Chef der Reederei, → Ismay, in Frauenkleidern in ein Rettungsboot gesprungen sei. Dann war da noch der Tod des Kapitäns: Niemand konnte etwas über die letzten Minuten des Kapitäns Smith aussagen, aber er durfte im nachhinein nicht einfach ertrunken sein. Sein Tod war der Legende nach heroisch: Er soll angesichts der aussichtslosen Lage den Mannschaften zugerufen haben: »Seid Briten!«

Literatur

Die Zahl der Publikationen zum Thema ist schwer zu überblicken. Es dürften Hunderte von Büchern zum Thema erschienen sein, zum größten Teil → Sachbücher, außerdem etwa 100 anspruchsvolle und weniger anspruchsvolle → Romane. Die Zahl wissenschaftlicher Veröffentlichungen geht

»Die Letzte Nacht der ›Titanic‹« – russischsprachige Ausgabe des Romans von Walter Lord

weit über diese Zahlen hinaus, populäre Beiträge und Publikationen von Hobbyforschern lassen sich ebensowenig zahlenmäßig erfassen. Ungezählt auch die Gedichte, die das Unglück in romantisierendem Licht erscheinen lassen, weitgehend unerforscht die ganz lokalen Auswirkungen auf die Folklore in den Dörfern (→ Tersiisko) und Gegenden, aus denen die Auswanderer kamen, die für sich und ihre Angehörigen ein neues, erfolgreicheres Dasein aufbauen wollten, deren Tod nun aber tiefe Risse in der Gemeinschaft der Familien hinterließ. Die Musikliteratur hat ebenfalls Anregungen von dem Unglück aufgenommen, die in ihrer Vielfalt nur zu ahnen sind. Zur ›Titanic‹-inspirierten → Musik gehören Opern, Musicals und Musikstücke für den Hausgebrauch ebenso wie Songs von Rockmusikern und Liedermachern unterschiedlichster Couleur. In der Vielfalt der Äußerungen ist erkennbar, welchen enormen Einfluß das Unglück vom April 1912 auf die Kulturgeschichte gehabt hat. Hier besteht echter Forschungsbedarf, da sich aus der Klärung des Einflußes auf die Kulturgeschichte vielleicht auch das ungebrochene Interesse an der ›Titanic‹ und die Aufmerksamkeit einer extrem breiten Schicht von Rezipienten erklären ließe.

Logbuch

Auf der ›Titanic‹ wurde ein Logbuch, ein Schiffstagebuch geführt. Es gehört zu den wichtigsten Dokumenten eines Schiffes. In seiner Bedeutung rangiert es noch vor der Besatzungsliste und einer Passagierliste oder dem → Master's Report. In

dieses Schiffstagebuch werden unter Verantwortung des Kapitäns z. B. Dinge und Ereignisse, wie die Ladungsübernahme, die gemusterte Besatzung, Bootsmanöver, Auslaufmanöver, Kurs, Geschwindigkeit und eventuelle Unfälle vom Kapitän oder verantwortlichen Offizieren eingetragen. Ein ähnliches Dokument gab es für den technischen Bereich und den Maschinenbetrieb, später kam dann noch das Funktagebuch hinzu.

Im Wissen um die Bedeutung des Logbuches ist es unverständlich, warum es nicht geborgen wurde – bis heute gibt es keinen Hinweis auf den Verbleib des Dokuments. Es hätte wesentlich zur Klärung der Unglücksursache beitragen können, zumindest wären Auskünfte über die Umstände der Fahrt (die Geschwindigkeit, Sicht und Nachrichtenlage) vor der Havarie zu erwarten gewesen. Durch diesen Verlust blieben viele Details ungeklärt und hinterließen einen Freiraum für noch immer anhaltende Spekulationen.

Lord, Stanley

(1877–1962), Kapitän der ›Californian‹

Der Kapitän des britischen Schiffes → ›Californian‹ stand im Kreuzfeuer der öffentlichen Kritik. Ihm wurde unterstellt – nie bewiesen –, daß durch seine Leichtfertigkeit viele Schiffbrüchige der ›Titanic‹ umgekommen seien. Während der Untersuchungen in New York, Washington und London wurde Kapitän Stanley Lord immer wieder intensiv nach seinem Verhalten befragt.

Nach Aussagen vieler Passagiere und Mannschaften hatte Lord veranlaßt, daß die ›Californian‹ im Treibeis die Maschinen stoppte, um den Tag abzuwarten.

»Als ich gegen 22.30 Uhr – so gab Lord zu Protokoll – die Brücke verließ, erwähnte ich gegenüber dem 3. Offizier, daß ich glaubte, ein näherkommendes Licht gesehen zu haben.«

Kapitän Lord wurde zur Last gelegt, daß die Funkstation in der Nacht unbesetzt blieb und er nach Mitternacht zu Bett ging, ohne weiter auf die Hinweise seiner Mannschaft einzu-

gehen. Lord hat stets behauptet, daß die ›Californian‹ von dem gesichteten Schiff wenigstens 19 sm, das sind rd. 35,2 km, entfernt war. Das Verschwinden der Lichter hatte er mit einem möglichen Beidrehen des Schiffes erklärt. Von allen Untersuchungsausschüssen wurde Stanley Lords Verhalten mißbilligt, das Kapitänspatent wurde ihm allerdings nicht entzogen. Die Leyland-Reederei, der das Schiff ›Californian‹ gehörte, beschäftigte Stanley Lord jedoch nicht mehr. Er fand bei anderen Reedereien eine Anstellung und verstarb 1962 im 84. Lebensjahr. (240)

Nachdem das Wrack der ›Titanic‹ und dessen tatsächliche Position gefunden war, bemühten sich u. a. seine Familienangehörigen um eine Rehabilitierung von Stanley Lord. Doch der → Fundort der ›Titanic‹ sprach für eine eher noch größere Nähe der ›Californian‹ in der Unglücksnacht. Kapitän Stanley Lord hat sich später stets beklagt, daß nie eine Anklage gegen ihn erhoben worden sei und er daher auch keine Gelegenheit gehabt habe, sich vor einem ordentlichen Gericht zu rechtfertigen.

1990 fand auf Anregung des damaligen britischen Verkehrsministers Cecil Parkinson eine erneute Untersuchung statt, die klären sollte, warum die ›Californian‹ dem sinkenden Schiff keine Hilfe leistete. Im April 1992 wurde von dieser Untersuchungskommission festgestellt, daß »Kapitän Stanley Lord vom Vorwurf freigesprochen wurde, für den Tod von 1500 Passagieren der ›Titanic‹ im Jahre 1912 mitverantwortlich zu sein«. Das habe sich aus der endgültigen Position des Wracks der ›Titanic‹ ableiten lassen. (239) (240) (6)

Luxusliner

Türkisches Bad, Orangerie und Fitness Room

Der Begriff der Luxusliner ist Ende des 19. Jahrhunderts entstanden, als insbesondere britische Reedereien Schiffe in Dienst stellten, die die Pracht großer Hotels im viktorianischen Stil auch auf einer Seereise nachahmten. Solch ein Luxusliner war auch die ›Titanic‹. Die Passagierkabinen der 1. Klasse für bis zu 735 Personen waren mittschiffs auf fünf

Aufgang zum Promenadendeck

Rauchsalon. Raumteiler und Säulen sind verkleidete Konstruktionselemente.

Eine Kabine der 1. Klasse

Für die Passagiere der 1. Klasse: das Café Parisién

Der Turnsaal der 1. Klasse

Decks untergebracht. Zusätzlich zu den normalen, luxuriös ausgestatteten Erste-Klasse-Kabinen gab es noch zwei Suiten, die besonderen Gästen der Reederei vorbehalten und demzufolge auch ganz besonders ausgestattet waren. Dazu gehörte u. a. ein eigenes Promenadendeck und ein Empfangssalon. Außerdem stand diesen Passagieren neben dem Restaurant noch einer von zwei speziellen Empfangssalons zur Verfügung, in denen private Dinner-Partys gegeben werden konnten. Standardausrüstung für die 1. Klasse waren Cafés und À-la-carte-Restaurants, Rauchsalons, darunter ein mit Glasdach überwölbter Salon auf dem oberen Deck mit freiem Blick zum Himmel. Bibliotheken und Schreibsalons boten Möglichkeiten zu den verschiedensten Veranstaltungen. Ein Theatersaal, Konzertcafés sowie ein Turnsaal – seine Ausstattung mit speziellen Trainingsgeräten (von einer Wiesbadener Firma) würde heute den Begriff Fitness Room zulassen – und ein Schwimmbad nebst einem Türkischen Bad vervollkommneten die Unterhaltungsmöglichkeiten.

In Orangerien und Wintergärten wurde durch künstliche

Beleuchtung mit sonnenähnlichem Spektrum das rauhe Klima des Nordatlantik vergessen lassen. Für Passagiere, die sich ihre Umgebung stilgerecht auszuwählen pflegten, waren Kabinen und Salons im viktorianischen Design oder in Anlehnung an Räume in den Schlössern von Versailles gestaltet. Es verstand sich angesichts dieser Ausstattung fast von selbst, daß in den Zugängen und Passagen Teppiche und Wandbespannungen, schwere Stuckarbeiten und geschnitzte Paneele diese Eindrücke noch verstärkten. Mit wenigen Einschränkungen waren diese Einrichtungen auch den Reisenden der 2. Klasse zugänglich. Mehr noch als in Luxus-Zügen der US-amerikanischen und europäischen Eisenbahnen konnte man an Bord der ›Titanic‹ die Unannehmlichkeiten einer langen Reise verwinden ... Je nach Bedürfnis und Vermögen – immerhin befanden sich unter den Fahrgästen der 1. Klasse auf der Jungfernfahrt elf Multimillionäre – konnten die Fahrgäste zwischen bescheidener Unterkunft und Betreuung bis hin zum ausgefallensten Reisekomfort wählen. Die Kosten für eine Überfahrt betrugen in der 1. Klasse 200 bis 275 Dollar, in der 2. Klasse 35 bis 210 Dollar. In der Hochsaison kostete eine Reise in einer der Luxus-Suiten 4350 Dollar, das waren damals rund 18 000 Goldmark.

Marconi, Guglielmo

(1874–1937), Nobelpreisträger für Physik

In Biographien des bedeutendsten Erfinders der drahtlosen Nachrichtenübertragung wird die ›Titanic‹-Katastrophe immer als ein Schlüsselereignis in der Geschichte seiner Erfindung gewürdigt. Ohne die drahtlose Telegrafie wären alle Passagiere und die gesamte Mannschaft umgekommen. Selbst der Ort der Katastrophe wäre unbekannt geblieben. Die andere Seite der Medaille darf aber nicht übersehen werden, die Person des großen Erfinders geriet dabei in Zusammenhang mit → Falschmeldungen und dem Zurückhalten der Unglücksbotschaft unversehens ins Zwielicht.

Die Funker der ›Carpathia‹ wurden in einem der von der US-Navy aufgefangenen Funksprüche aufgefordert, »die Ge-

schichte (gemeint war die vom Untergang der ›Titanic‹ – d. Verf.) vorerst für sich zu behalten. Sie (die Funker) seien doch durch die Marconi-Gesellschaft sehr gut versorgt.« In einem weiteren Funkspruch wurde davon gesprochen, daß für einen exklusiven Bericht an die »New York Times« eine vierstellige Summe in Aussicht gestellt werde, vorausgesetzt, die Funker würden Stillschweigen bewahren.

Zu diesem Sachverhalt wurde Guglielmo Marconi befragt. Vor dem Untersuchungsausschuß hat er den Funkern öffentlich zugestanden, die in »ihrem Besitz befindlichen Informationen in ein bißchen Geld umzumünzen«. (17) (66) Gleichzeitig stellte Marconi in Abrede, daß die Gesellschaft für das Zurückhalten der Nachricht von der ›Carpathia‹ verantwortlich sei. Die Aufforderung an die ›Marconisten‹ (die bis heute übliche italienische Berufsbezeichnung für ›Funker‹), die Nachrichten über das Unglück nicht zu senden, habe sich ausschließlich auf die Zeit unmittelbar vor dem Eintreffen in New York bezogen. Er, Marconi, habe lediglich gesagt und gebilligt, daß – wenn man für die Geschichte über die Katastrophe dem Funker Geld anbieten würde – er dieses durchaus annehmen dürfe und daß davon die Interessen der Marconi-Gesellschaft nicht berührt würden. »Wäre es nicht weit besser gewesen, die Funker angemessen zu entlohnen, als sie auf diese Weise zum Mißbrauch ihres Amtes zu verleiten?«, soll eine der bissigen Fragen des Vorsitzenden des Senatsausschusses gewesen sein.

Die Beziehungen der Marconi-Gesellschaft zur »New York Times« wurden nie aufgeklärt. Die Marconi-Gesellschaft und die »New York Times« hatten schon seit 1901 einen Vertrag abgeschlossen, der der Zeitung zusicherte, exklusiv über die Ergebnisse und Inhalte des Funkverkehrs zwischen den Kontinenten Europa und Amerika berichten zu dürfen. (66) (105)

Diesen Vertrag nahm der Untersuchungsausschuß zum Anlaß, die Geschäftsbeziehungen zu hinterfragen. Lag hier ein weiterer Schlüssel zu den Ungereimtheiten der Nachrichtenübermittlung zwischen der ›Carpathia‹ und dem Festland und damit für das eigenwillige Verhalten der Funker?

»Ich habe dem Funker gestattet, die Berichte über den Un-

tergang der ›Titanic‹ an Zeitungen zu verkaufen, aber gleichzeitig nicht den Versuch gemacht, allgemeine Nachrichten über das Unglück zu unterbinden«, sagte Marconi aus.

Es blieb der Verdacht bestehen, daß die Nachrichten für die »New York Times« zurückgehalten worden sind. Ein Reporter der »New York Times«, James Speers, durfte beispielsweise allein mit Marconi als erster Journalist die ›Carpathia‹ nach ihrem Anlegen im New Yorker Hafen betreten. Auf diese Weise gelangten die ersten Reportagen und Augenzeugenberichte über die ›Titanic‹-Katastrophe in die »New York Times«. (66) Associated Press (AP), eine Nachrichtenagentur in den USA, fühlte sich dadurch benachteiligt und erinnerte an die Rettung der Passagiere der ›Republic‹ im Jahre 1909 – der Funker der ›Republic‹ hatte bei diesem Unglück ebenfalls ein profitables Geschäft gemacht.

Die »New York Times«, durch diese Angriffe nun ihrerseits in Bedrängnis geraten, begann eine heftige Kampagne gegen den Ausschußvorsitzenden Smith und seine Verdächtigungen. Doch diese Aktion führte zu einem deutlichen Rückgang der Sympathien für die Zeitung und ihren Chef Car van Anda. Aus Angst vor der Konkurenz ließ man bald von den Attacken gegen Senator Smith ab.

Am 15. April um 2.20 Uhr war die ›Titanic‹ gesunken. Die Praxis der Nachrichtenübermittlung und das Geschäft mit der Information hatte seinen Teil dazu beigetragen, diese Tatsache zunächst erst einmal in aller Welt in Frage zu stellen!

Ein Funkamateur, so versuchte man es der Welt später glaubhaft zu machen, habe zwei nicht zusammengehörige Funksprüche aufgegriffen und möglicherweise falsch zusammengefügt: Anfrage eines unbekannten Schiffes: »Ist die ›Titanic‹ in Sicherheit?« Mitteilung der ›Asian‹: »Die Asian, 300 Miles westlich der ›Titanic‹ liegend, schleppt Öltanker nach Halifax.«

Aus diesen beide Fragmenten soll besagter Funkamateur den Funkspruch fabriziert haben: »›Titanic‹ in Sicherheit, wird nach Halifax geschleppt.« Associated Press hat diesen Funkspruch schließlich übernommen und an die Presse weitergeleitet. Die Weltöffentlichkeit hat ihn gewissermaßen als eine Bestätigung aufgenommen, daß die ›Titanic‹ unsinkbar

sei. Doch über 1500 Menschen waren bereits ertrunken, erfroren, erstickt.

»Das Wetter ist ruhig«, so hieß es wörtlich in einem Funkspruch, »und es besteht keine Gefahr für die Passagiere. Auch die 903 Mann starke Besatzung ist außer Gefahr.« (171) Diese Nachricht wurde noch am 15. April abends verbreitet.

»England ist betroffen über die montägliche falsche Nachricht, daß die ›Titanic‹ sich in Sicherheit befinde«, hieß es in der »New York Times« am Donnerstag, dem 18. April, (103) und ein Marconi-Chef, Mr. Isaacs, beeilte sich zu erklären, daß die Marconi-Gesellschaft zutiefst bedauert, daß über den Telegrafen derartig falsche Meldungen verbreitet werden könnten.

»Die Funkamateure sind in einer Position, in der sie in Amerika senden können, was sie wollen ... In Großbritannien kann niemand eine Funktelegraphiestation einrichten ohne Übereinstimmung mit dem Generalpostmeister. Es waren mysteriöse Umstände, unter denen diese Nachricht zustandegekommen ist.« (103)

Marconi hatte alle Hände voll zu tun, um ausgerechnet diese Falschmeldungen von sich zu weisen, zumal noch eine Reihe anderer »mysteriöser« Umstände zu klären waren. Das alles konnte möglicherweise schmerzliche finanzielle Verluste zur Folge haben.

Maschinen

Der Antrieb der ›Titanic‹ – wie der der → ›Olympic‹ – erfolgte über drei Schrauben. Eine davon war in der Mitte vor dem Ruder angeordnet, zwei Schrauben waren seitlich montiert. Während sich die mittlere Schraube ausschließlich in einer Richtung, im Vorwärtsgang drehte, konnte die Drehrichtung bei den beiden äußeren Schrauben gewechselt werden.

Die mittlere Schraube wurde von einer Dampfturbine, die beiden äußeren Schrauben wurden durch traditionelle Kolbendampfmaschinen angetrieben. Durch den möglichen Rückwärtsgang waren die Schiffe in Hafenbecken besonders manövrierfähig. Die Maschinenanlage wurde von 29 großen

Der Antrieb der ›Titanic‹ erfolgte über drei Schrauben. Hier die zwei seitlichen Schrauben

Kesseln, die in sechs wasserdichten Abteilungen installiert waren, mit Dampf versorgt. Die mit 18 m Länge größte Sektion im Schiff war den Kolbendampfmaschinen vorbehalten. Die Dampfturbine war in einer anschließenden separaten Sektion installiert. Die Kombination von Dampfturbinen und herkömmlichen Kolbendampfmaschinen war bewußt als ein Kompromiß zwischen herkömmlicher und neuer Turbinentechnik gewählt. Die Nutzung des Abdampfes in einer Dampfturbine erwies sich als sehr energieökonomisch. Der bereits einmal in den Kolbendampfmaschinen genutzte Dampf strömte in die Dampfturbine und trieb diese ohne zusätzlichen Energieaufwand an. Die Kopplung von Dampfmaschinen und Dampfturbinen verringerte auch die lästigen Vibrationen. Über sehr große Rauchabzugskanäle wurde der Rauch in drei Schornsteine geleitet. Ein vierter Schornstein war ausschließlich aus ästhetischen Gründen auf dem Schiff montiert. Abbildungen, die die ›Titanic‹ mit vier rauchenden

Genau wie ihre Schwesternschiffe wurde die ›Titanic‹ über drei Schrauben angetrieben. Hier die mittlere Schraube der ›Olympic‹

Einige der insgesamt 29 Kessel auf der ›Titanic‹

Schornsteinen zeigen, sind falsch. Aus Unkenntnis wurde in diesen Fällen Rauch aus dem vierten Schornstein ins Bild hinein retuschiert.

Die Asche wurde mit Meerwasser vermengt, über ein Ventil aus dem Schiff geschleudert. Dieses Entsorgungsverfahren wurde nur auf dem Meer angewendet. Auf der ›Olympic‹ wurde das Heizsystem von → Kohle später auf Ölfeuerung umgestellt. (→ Energiebedarf)

Master's Report

Im »Master's Report to Company« bestätigte der jeweilige Schiffsführer, daß sein Schiff, Maschinen und Besatzung auf die Fahrt vorbereitet ist und die Seekarten vollzählig und in gutem Zustand sind. Dieser Report wurde dem Reederei-Vertreter übergeben, bevor das Schiff die Hoheitsgebiete verließ. Das Papier war ein Sicherheitszertifikat, das bei besonderen Vorkommnissen und Seeunfällen im In- und Ausland als Ermittlungshilfe diente.

Diese Erklärung, unterzeichnet mit der Formel »Ihr gehorsamster Diener, Edward J. Smith« war auch die letzte Aufgabe des Kapitäns vor dem Auslaufen in Queenstown. Die Übergabe des Reports, die auch im → Logbuch festgehalten ist, erfolgte an den Repräsentanten von White Star Line.

Materialfehler

Nachdem einzelne Wrackteile der ›Titanic‹ geborgen wurden, haben sich Schiffbauingenieure auch mit dem Material der Stahlplatten und Nieten beschäftigt. In einigen Publikationen wird neuerdings die Katastrophe auf Materialfehler beim verwendeten Stahl für die Beplattung und bei verwendeten Nieten zurückgeführt. So wird eine Versprödung des Stahls bei Temperaturen um den Gefrierpunkt angenommen, die beim seitlichen Aufprall dazu geführt habe, daß die Stahlplatten geborsten seien. An anderer Stelle wurde das Material der verwendeten Nieten für das Bersten der Plattennähte

verantwortlich gemacht. Die Nieten hielten in dreifachen Reihen die verwendeten Stahlplatten zusammen. Angeblich hätten sie dem plötzlichen Druck durch das Eis nicht standgehalten, die Nieten seien gerissen und die Verbindung zwischen den Stahlplatten hätte sich gelöst. Das wiederum hätte zum Einströmen des Wassers an den Plattenfugen geführt.

Es ist davon auszugehen, daß die Werft → Harland & Wolff über außerordentliche Erfahrung beim Schiffbau verfügte. Auch die Zulieferer nutzten erprobte Technologien der Stahlproduktion und der Materialprüfung. Die Behauptung, die Werft habe beim Bau des Schiffes minderwertigen Stahl verwendet, ist nicht zu belegen. Daß der seinerzeit verwendete sogenannte Thomas-Stahl bei niedrigen Temperaturen zur Versprödung neigte, ist heute allgemein bekannt, ebenso seine Eigenschaft, bei spontaner Verformung zu brechen. (198)

Da die Geschwindigkeit des Schiffes beim Bau keine besondere Berücksichtigung zu finden brauchte, hatte man besonders starke, 2,5 cm dicke, für diese Bauart nicht übliche Platten verarbeitet. (48)

Die Diskussion um die angeblichen Materialfehler hat für die Forschung nach den Ursachen des Unfalls kaum Bedeutung – selbst bei Verwendung modernerer Stahlsorten kann davon ausgegangen werden, daß bei einem Aufprall der angenommenen Art ebensolche Schäden entstanden wären und die Elastizität nicht ausgereicht hätte, um den Schiffsrumpf vor einem Bersten zu schützen. Es läßt sich auch nicht klären, inwieweit die Nietenreihen eventuell dazu führten, daß das Schiff an den Spanten aufriß, wie es den Anschein hat. Ein vollgeschweißter Schiffskörper verhält sich auch strömungstechnisch günstiger – es ist möglich, daß die hervorstehenden Nietenreihen zusätzlichen Widerstand beim seitlichen Berühren des Eisberges gebildet haben. Aber auch diese Annahme ist spekulativ.

Die Ursache für das Schiffsunglück war in jedem Falle die Kollision mit dem Eisberg. Die ›Olympic‹ und die ›Titanic‹ wurden zeitgleich mit demselben Material hergestellt. Die Geschichte der → ›Olympic‹ belegt die Qualitätsarbeit der Werft.

Meßstrecke, Europa-Amerika

Der Nordatlantik, seit Jahrhunderten der wichtigste Transportweg zwischen Europa und Amerika, wurde in der Folge der industriellen Revolution und der damit verbundenen Ausweitung des Handels zum Austragungsort eines heftigen Konkurrenzkampfes zwischen den bedeutendsten Schiffahrtsgesellschaften der Welt. Es entbrannte ein regelrechtes Wettrennen über den Atlantischen Ozean um Tage, Stunden und Minuten. Um die Reisezeiten halbwegs exakt vermessen zu können, brauchte man – ebenso inoffiziell wie die Würdigung mit dem Blauen Band – eine Meßstrecke.

Zunächst erfolgte dieses Rennen, an dem nur Schiffe in planmäßigem Liniendienst teilnahmen, auf der sogenannten Irischen Route. Deren Ausgangspunkt war Liverpool oder Queenstown (das heutige Cork) auf der europäischen Seite, der amerikanische Endpunkt das Ambrose-Feuerschiff vor New York. Seit Mitte der 80er Jahre des vorigen Jahrhunderts gewann die Kanalroute an wirtschaftlicher Bedeutung. Von nun an galt als europäischer Meßpunkt der Leuchtturm von Bishops Roc auf der britischen Scilly-Insel am Westausgang des Ärmelkanals. Die jeweilige Brückenwache der Schiffe stoppte die Bordzeit von der Querpeilung zum Leuchtturm von Bishops Roc bis zum Passieren des Nantucket Feuerschiffs in Amerika oder dem Erreichen des Ambrose-Feuerschiffs vor New York. Die Eintragung dieser Zeit im Logbuch galt als Beurkundung für die Reisezeit. Keine Kommission und keine Person kontrollierte die Richtigkeit dieser Eintragung, es war ein Wettbewerb auf Treu und Glauben. Die durchschnittliche Reisegeschwindigkeit zwischen den geographischen Meßpunkten wurde in Knoten berechnet. Die Fahrzeit wurde aber auch in Tagen, Stunden und Minuten ausgedrückt, die das Schiff für die definierte Strecke benötigt hatte. Für die Passagiere verlängerte sich natürlich die Reise zwischen Amerika und Europa noch um jeweils die Strecke zwischen dem Ausgangshafen und der Meßstrecke. Für italienische Schiffe galt übrigens die Meßstrecke von Gibraltar nach New York.

Musik

Das Drama der ›Titanic‹ hat auch in der Musikgeschichte seine Spuren hinterlassen. Zunächst stand natürlich das Repertoire der → Bordkapelle im Vordergrund des Interesses. Darüber hinaus entstanden unmittelbar nach der Katastrophe Musikstücke für den Hausgebrauch, in denen das Drama auf See nachempfunden wurde. Die sogenannte »Salonmusik« erfuhr eine starke Belebung. Musiktitel und Formationen nach dem Vorbild der Bordkapelle entstanden in Deutschland, Frankreich und natürlich auch in Großbritannien. Der Kirchenchoral »Näher mein Gott zu Dir« erlangte weit über die Kirchenkreise hinaus große Popularität. Einschlägige Musikliteratur findet man in den Musikabteilungen großer

The Titanic

The rock opera based on one day story of SS Titanic
(Sung in Czech)

Music by
Bohuslav Ondráček

Lyrics by
Zdeněk Borovec

Script: Juraj Herz

Cast:

Anna an emigrant girl	**Petra Janů**
Jan a non-commissioned officer on the Titanic	**Lešek Semelka**
Isman director of the White Star Line company	**Josef Laufer**
Jennie	**Věra Špinarová**
Fred a newly-wedded couple on their honeymoon	**Jaromír Mayer**
Smith captain of the Titanic	**Karel Hála**
Haskell owner of a factory for the production of tinned cat's food	**Jiři Cerha**
Mrs. Haskell his wife	**Eva Pilarová**
Band leader	**Miloš Kopecký**
Engineer	**Bohuslav Ondráček**
Diamond merchants, Emigrants, Waiters and guests in the first-class restaurant	**C & K Vocal**
First-class passengers, Stokers, Signals from SS Tourraine	**Lubomir Pánek Singers**
Marconi wireless telegraphy system	**Milan Mach and Karel Hodr**
Little girl	**Esther Lauferová**
Steward	**Jiři Brabec**
Narrator	**Karel Zich**

The Josef Vobruba Orchestra

Music directors: **Mojmir Balling and Jan Spálený**
Recording engineer: **František Řebiček**
Assistent engineer: **Milan Svoboda**
Sound effects: **Jan Chalupský**

Libretto © Zdeněk Borovec 1978
English translation © **Joy Turner 1978**
Перевод на русский язык © **Lena Rjurikova 1978**
Deusche Ubersetzung © **Kamil Šlapák 1978**

Design © **Pavel Jasanský 1978**
Photos © **Pavel Jasanský 1978**

Made in Czechoslovakia **Exporter ARTIA Prague**

Plattencover der tschechischen Rockoper von Bohuslav Ondracek

Bibliotheken. Eher außergewöhnlich sind Volkslieder, wie sie beispielsweise im bulgarischen → Tersiisko, im bulgarischen Balkan aufgefunden wurden. Sie entstanden nach dem Schiffsunglück, bei dem eine Gruppe auswanderungswilliger Dorfbewohner den Tod fand.

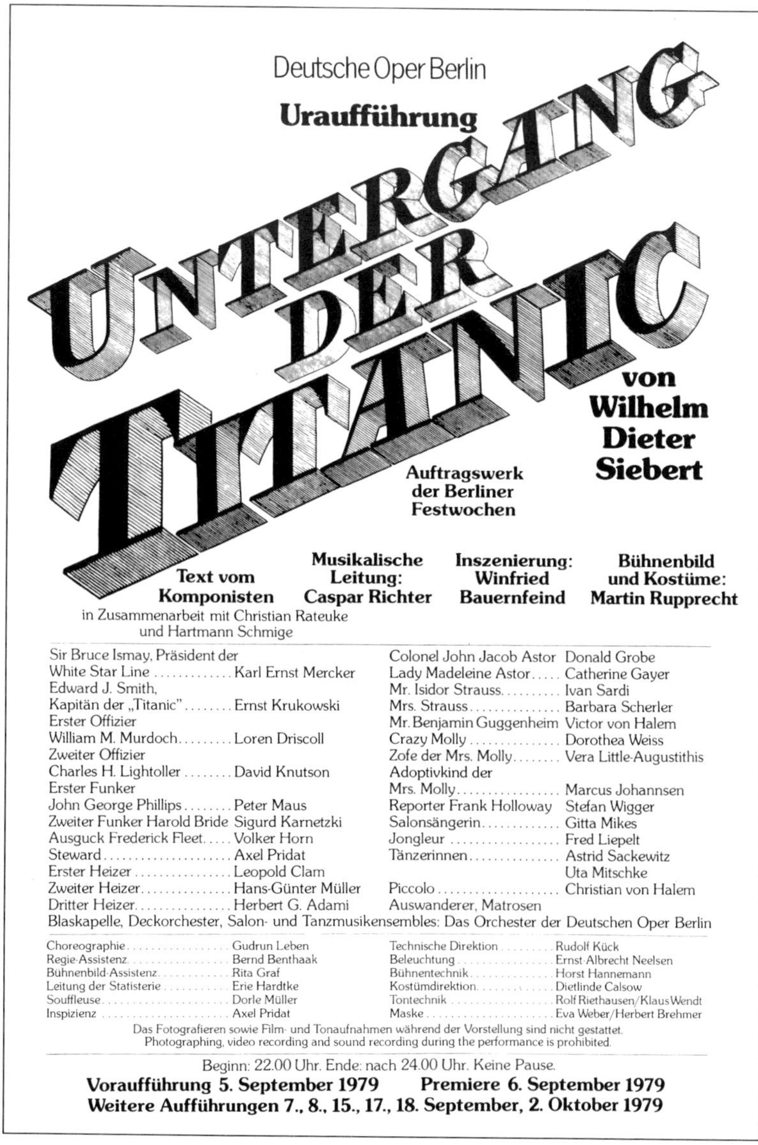

Deutsche Oper Berlin

Uraufführung

UNTERGANG DER TITANIC

von Wilhelm Dieter Siebert

Auftragswerk der Berliner Festwochen

Text vom Komponisten
in Zusammenarbeit mit Christian Rateuke und Hartmann Schmige

Musikalische Leitung: Caspar Richter

Inszenierung: Winfried Bauernfeind

Bühnenbild und Kostüme: Martin Rupprecht

Sir Bruce Ismay, Präsident der White Star Line	Karl Ernst Mercker
Edward J. Smith, Kapitän der „Titanic"	Ernst Krukowski
Erster Offizier William M. Murdoch	Loren Driscoll
Zweiter Offizier Charles H. Lightoller	David Knutson
Erster Funker John George Phillips	Peter Maus
Zweiter Funker Harold Bride	Sigurd Karnetzki
Ausguck Frederick Fleet	Volker Horn
Steward	Axel Pridat
Erster Heizer	Leopold Clam
Zweiter Heizer	Hans-Günter Müller
Dritter Heizer	Herbert G. Adami
Colonel John Jacob Astor	Donald Grobe
Lady Madeleine Astor	Catherine Gayer
Mr. Isidor Strauss	Ivan Sardi
Mrs. Strauss	Barbara Scherler
Mr. Benjamin Guggenheim	Victor von Halem
Crazy Molly	Dorothea Weiss
Zofe der Mrs. Molly	Vera Little-Augustithis
Adoptivkind der Mrs. Molly	Marcus Johannsen
Reporter Frank Holloway	Stefan Wigger
Salonsängerin	Gitta Mikes
Jongleur	Fred Liepelt
Tänzerinnen	Astrid Sackewitz, Uta Mitschke
Piccolo	Christian von Halem
Auswanderer, Matrosen	

Blaskapelle, Deckorchester, Salon- und Tanzmusikensembles: Das Orchester der Deutschen Oper Berlin

Choreographie	Gudrun Leben
Regie-Assistenz	Bernd Benthaak
Bühnenbild-Assistenz	Rita Graf
Leitung der Statisterie	Erie Hardtke
Souffleuse	Dorle Müller
Inspizienz	Axel Pridat
Technische Direktion	Rudolf Kück
Beleuchtung	Ernst-Albrecht Neelsen
Bühnentechnik	Horst Hannemann
Kostümdirektion	Dietlinde Calsow
Tontechnik	Rolf Riethausen/Klaus Wendt
Maske	Eva Weber/Herbert Brehmer

Das Fotografieren sowie Film- und Tonaufnahmen während der Vorstellung sind nicht gestattet.
Photographing, video recording and sound recording during the performance is prohibited.

Beginn: 22.00 Uhr. Ende: nach 24.00 Uhr. Keine Pause.

Voraufführung 5. September 1979 Premiere 6. September 1979
Weitere Aufführungen 7., 8., 15., 17., 18. September, 2. Oktober 1979

Opernprogramm zur Uraufführung der Mitspiel-Oper von Wilhelm Dieter Siebert in der Deutschen Oper Berlin

Szenenfoto der ›Titanic‹-Oper in Cottbus

1978 erschien in Prag eine »Rockoper« von Bohuslav Ondracek, die mit einfühlsamen Songs auch des Schicksals der Auswanderer auf dem Schiff gedachte. Die dazugehörige Langspielplatte war in Osteuropa und in Ostdeutschland weit verbreitet, und Songs aus der Oper gehörten zum Repertoire zahlreicher Rockgruppen. Der Erfolg dieser Songs ist auch den zahlreichen politischen Anspielungen zuzuschreiben, die die ›Titanic‹ als Synonym für den Zustand der Gesellschaft in den 80er Jahren benutzten.

Die »Berliner Festwochen« gaben für 1979 eine »Titanic-Oper« bei Wilhelm Dieter Siebert in Auftrag. Sie wurde mit großem Erfolg am 6. September 1979 an der Deutschen Oper Berlin uraufgeführt. Während das Publikum dabei die Masse der Passagiere stellte, bildeten die Nebenräume des Hauses, Foyer und Restaurants die Kulisse für Szenen in den Salons der 1. Klasse. Der Höhepunkt war – nach der Kollision mit dem Eisberg – die panische Flucht der Operngäste, angetrieben von den Pfiffen der Besatzung, durch die Kellerräume auf den kalten Hof des Opergeländes. Allein der Aufwand für diese Inszenierung begrenzte die Zahl der Aufführungen. Der Oper

vorausgegangen war 1971 eine Fassung als Stück für »Einmann-Orchester«, bestehend aus einer Violine und Schlaginstrumenten. Dieses Stück fand bundesweite Anerkennung und initiierte letztlich die Idee der großen Oper. (194)

Eine bemerkenswerte Aufführung unter der Regie von Winfried Bauernfeind, der auch die Uraufführung in Berlin inszenierte, erlebte das Publikum 1994 im Staatstheater Cottbus. Im sorgfältig restaurierten Ambiente des Jugendstilgebäudes bekam die Aufführung eine große zeitliche Authentizität. Bereits die Anreise des Publikums zum Theater und der Mitwirkenden zur Außenbühne mit Kutschen weckte hohe Erwartungen. Der Rang war zur Brücke und Funkzentrale dekoriert, die eigentliche Handlung ins Parkett verlegt, das Publikum im Zwischendeck auf der Bühne untergebracht. In den Jugendstilräumen fanden die festlichen Bälle der betuchten Passagiere statt. Das Publikum aus dem Jahre 1994 nahm dieses »totale Musiktheater« mit sichtlichem Vergnügen an. Aufführungen in Bremen, Halle a. d. Saale und im voigtländischen Plauen hatten ähnliche Erfolge.

Diese erfolgreiche Oper entstand in Anlehnung an sogenannte »Zeitopern« der 20er Jahre (»Der Lindbergh-Flug«), die ihr Publikum u. a. auch in Los Angeles und Rennes (Frankreich) fanden. Die Nähe des Opernstoffes zur Technikeuphorie der 70er und 80er Jahre in Deutschland führte auch zu politischen Animositäten. Allein die Abbildung eines Kernkraftwerkes auf dem Programmheft provozierte zunächst Auseinandersetzungen mit den Veranstaltern der Berliner Festwochen. Bei einer Aufführung in Freiburg (Breisgau) mischten sich Atomkraftgegner in das mitspielende

Szenenfoto der ›Titanic‹-Oper in Cottbus

Szenenfoto der ›Titanic‹-Oper in Cottbus

Publikum, um ihren Protesten gegen den Bau von Kernkraftwerken Ausdruck zu geben. (194)

Animiert durch den jüngsten ›Titanic‹-Film von James → Cameron entstanden zahlreiche Orchester, die das Repertoire der Bordkapelle sorgfältig einstudieren. Bemerkenswert in dieser Riege ist das »White Star Orchestra«, das sich mit seinen Titeln auf einen Programmzettel der White-Star-Reederei beruft.

L'Salonisti aus der Schweiz bezogen ihre Zusammenstellung aus dem White-Star-Line-Songbook, das 352 Stücke – gewissermaßen als Standardprogramm – für die Kapellen der White-Star-Schiffe enthielt. (212)

Navigation

Für die Passagiere der ›Titanic‹ und wohl auch für viele Besatzungsmitglieder war der Kurs einfach nur die Fahrtrichtung ihres Schiffes. Wer von ihnen wußte wohl, wie schwer es

war, den vorgesehenen Weg unter allen Bedingungen zu halten?

In der Führungszentrale des Ozeanriesen konnte man mehr darüber erfahren. Auf der Brückennock befand man sich 18,5 m über der Wasserlinie. Die Brücke reichte über die gesamte Breite des Schiffes und nahm eine Fläche von 110 qm ein. Zur Brücke gehörten auch der Karten- und der Funkraum. Etliche Geräte gaben Auskunft über Ruderlage, Verschlußzustand der Schottentüren, Umdrehungszahl der Hauptmaschinen und über den gesteuerten Kurs. Seit dem Abgangshafen Queenstown nahm die ›Titanic‹ zunächst den Kurs 250 Grad rechtsweisend (West-Süd-West) nach der Kompaßrose. Ein altbewährter Magnetkompaß befand sich nicht nur auf der Brücke, sondern noch an zwei weiteren Plätzen auf der ›Titanic‹. Bei einem möglichen Ausfall eines Kompasses konnte so das Schiff sicher weitergeführt werden. Die ›Titanic‹ machte wie jedes Schiff Fahrt »durch das Wasser«. Wichtig für den Standort ist aber die »Fahrt über den Grund«. Diese Unterscheidung war und ist für die Fortbewegungsrichtung, Sicherheit und Geschwindigkeit der Schiffe unerläßlich. Die Differenz zwischen beiden Angaben ergibt sich aus der Strömung (Strom). Deren Stärke und Richtung beeinflussen nicht nur die Fahrtrichtung, sondern auch die Geschwindigkeit. Der wachhabende nautische Offizier hat die Aufgabe, Kurs und Geschwindigkeit seines Schiffes entsprechend der Abdrift durch Wind und Strom zu korrigieren. Weder Radar noch Funkpeileinrichtungen standen als Hilfsmittel zur Verfügung. Selbst den Kreiselkompaß kannten die Nautiker noch nicht. Er wurde erst einige Jahre später als zuverlässiges Hilfsmittel zur Kursbestimmung eingeführt.

Auf der ›Titanic‹ waren das Lot, das Log, der Magnetkompaß, der Sextant und die Seekarte das verfügbare Instrumentarium. Bewährte Verfahren der astronomischen und terrestrischen Navigation dienten der Standortbestimmung des damals größten Schiffes der Welt. Für den Fall, daß der Himmel tagelang von Wolken verhangen war, konnte kein neuer Standort exakt bestimmt werden. Die nautischen Offiziere mußten dann auf die Koppelnavigation ausweichen und aus

Kurs und Geschwindigkeit den Standort des Schiffes ermitteln, wobei Abdrift und Strom einige Ungenauigkeiten der Position ergaben. White Star Line hatte eine Neuerung eingeführt: Die Brückenwach-Offiziere lösten sich nach vier Stunden Dienst nicht gleichzeitig, sondern zu unterschiedlichen Zeiten ab. So kam einer der Offiziere beispielsweise um 08.00 Uhr, der andere um 10.00 Uhr zum Dienst. Damit war ständig ein gut informierter und eingearbeiteter Wachhabender auf der Brücke.

Neubaupläne

Nach der ersten Ortung der ›Titanic‹ vor Neufundland entstanden sehr bald Pläne, möglichst das komplette Wrack zu heben und wenigstens als schwimmendes Museum wieder herzurichten. Diese Hoffnungen zerstoben bald angesichts der über 1,5 km weit verstreuten Wrackteile auf dem Meeresboden.

Nun aber entstanden phantasievolle Pläne, das Schiff neu zu bauen. Konkreter wurden die Vorstellungen erst 1997, als eine Hamburger Werbeagentur öffentlich darüber nachdachte, mit einem ›Titanic‹-Nachbau in das Kreuzfahrtgeschäft einzusteigen. Ein amerikanisch-schweizerisches Konsortium hegt ähnliche Pläne. 1998 gesellte sich eine deutsch-österreichische Firmengemeinschaft als »White Star Line« zum Kreis der Nachbau-Aspiranten. Letztere will bereits 2002, also genau 90 Jahre nach der Katastrophe, auf der historischen Nordatlantikroute wieder in See stechen. Alle sogenannten Planer gehen davon aus, daß es ein in Größe, Ausstattung und Geschwindigkeit identisches, seetaugliches Passagierschiff werden soll. Reiseinteressenten sollen ausreichend vorhanden sein.

Ob allerdings ein solcher Nachbau in der heutigen Wettbewerbssituation auf dem Kreuzfahrtmarkt eine reale Chance hat, bleibt dahingestellt. Das Schiff müßte ohnehin in vielen Details an die heutigen Sicherheitsbestimmungen angepaßt werden. Es würde sich dann eher um eine ›Titanic‹-Attrappe handeln, deren Baukosten derzeit mit 250 bis 300 Millionen

Mark beziffert werden. Und die Konkurrenz würde diese Entwicklung nicht tatenlos hinnehmen. Neben der »klassischen« Funkbude für Hobbyfunker müßte das Schiff beispielsweise über eine moderne Funkzentrale und moderne Navigationsanlagen verfügen. Anders als bei kohlebefeuerten Lokomotiven dürfte eine Ölfeuerung oder überhaupt ein Dieselantrieb Voraussetzung für einen rationellen Betrieb sein. Auch ein Schiffsklasseattest (die Bestätigung der technischen Betriebssicherheit) nach dem Internationalen → Schiffssicherheitsvertrag (SOLAS) ist für den Betrieb unerläßlich.

›Niagara‹

Das Schiff ›Niagara‹ war ein deutsches Tankschiff. In einem Augenzeugenbericht der Besatzung der ›Niagara‹, die sich zum Zeitpunkt des Unglücks auf der Reise von New York nach Hamburg befand, heißt es u. a.:

»... so gegen abends 11 Uhr bemerkten wir an einem Sonntag in nordwestlicher Richtung zwei helle Topplaternen, gleich darauf zwei helle Seitenlampen. Aber nur für kurze Zeit, da noch viele andere Lichter zu sehen waren ... Merkwürdig wirkte es ..., daß die vordere Topplaterne immer tiefer in die Kimm sank, während die achterliche höher und höher stieg. Sollte das Schiff vielleicht sinken? – durchzuckte es uns einen Augenblick ... dann verschwand die ganze Beleuchtung plötzlich, und nur noch vereinzelte Raketen sah man aufsteigen. Nach unserer Schätzung mußten wir etwa 15 sm entfernt gewesen sein.«

In ihrem Bericht bekundeten sie freimütig, daß ihnen der Gedanke an einen Schiffsuntergang nicht ernstlich gekommen sei.

»Erst in Hamburg wurde uns der grausige Irrtum klar. Anhand der Karte und der Zeit stellten wir fest, daß es nur die sinkende ›Titanic‹ gewesen sein konnte, deren Feuer und Raketensteigen wir beobachtet hatten ... Hätten wir eine drahtlose Station gehabt, es wäre für uns eine Kleinigkeit gewesen, umzukehren und Hunderte von Menschenleben zu retten.« (83) (→ ›Samson‹)

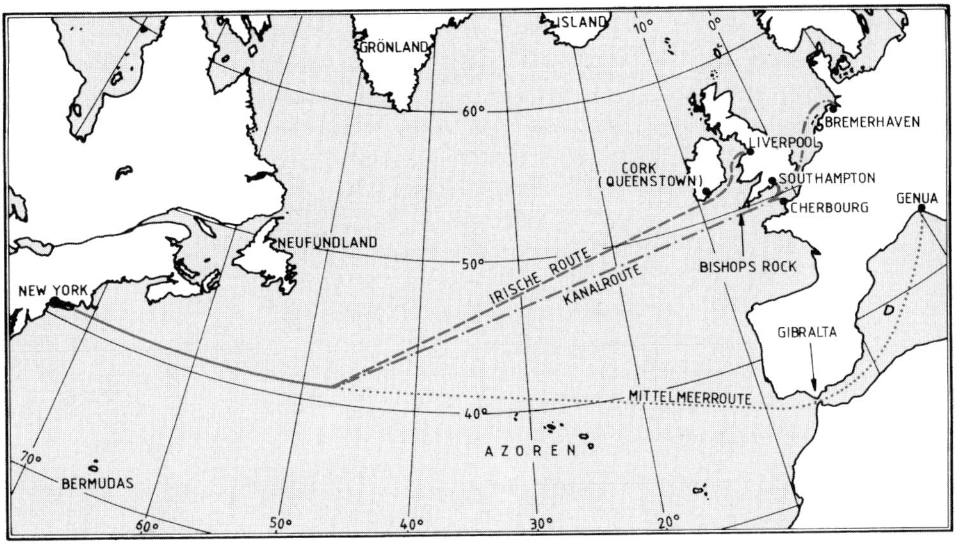

Nordatlantikrouten

Die Meßstrecken für die Rekordermittlungen im Nordatlantik

Um den Gefahren einer Eisbergkollision zu begegnen, wurden mit zunehmendem Verkehr auf den Güter- und Passagierwegen zwischen Europa und Amerika gewisse Regeln über die risikoärmsten Routen – die Eistracks – und die Informationspflicht ausgehandelt. Die Schiffsführer waren seit 1892 angehalten, zwischen den Sommer- und Winterwegen zu unterscheiden. Für die Zeit vom 15. Januar bis zum 14. Juli galt der Sommerweg, vom 15. Juli bis zum 14. Januar der Winterweg. Die Sommerwege – südlicher Track – sind wegen der in Frühjahrsmonaten bei den Neufundlandbänken herrschenden Eis- und Nebelgefahren deutlich südlicher gelegen als die Winterwege. Es gibt heute keinen Zweifel mehr, daß sich die ›Titanic‹ auf dem um etwa 72 bis 87 sm längeren Sommerweg befand. Diese Festlegung einer nördlichen und einer südlichen Route für Schiffe von Europa nach Amerika war allerdings nur eine Übereinkunft privater Reeder und Schiffahrtsgesellschaften, die vorrangig vom Kontinent sowie von Großbritannien nach Nordamerika Dampferlinien betrieben.

Die nördlichen Routen – je nach Fahrtrichtung etwa 40 sm voneinander getrennt – wurden westwärts vom 15. August bis

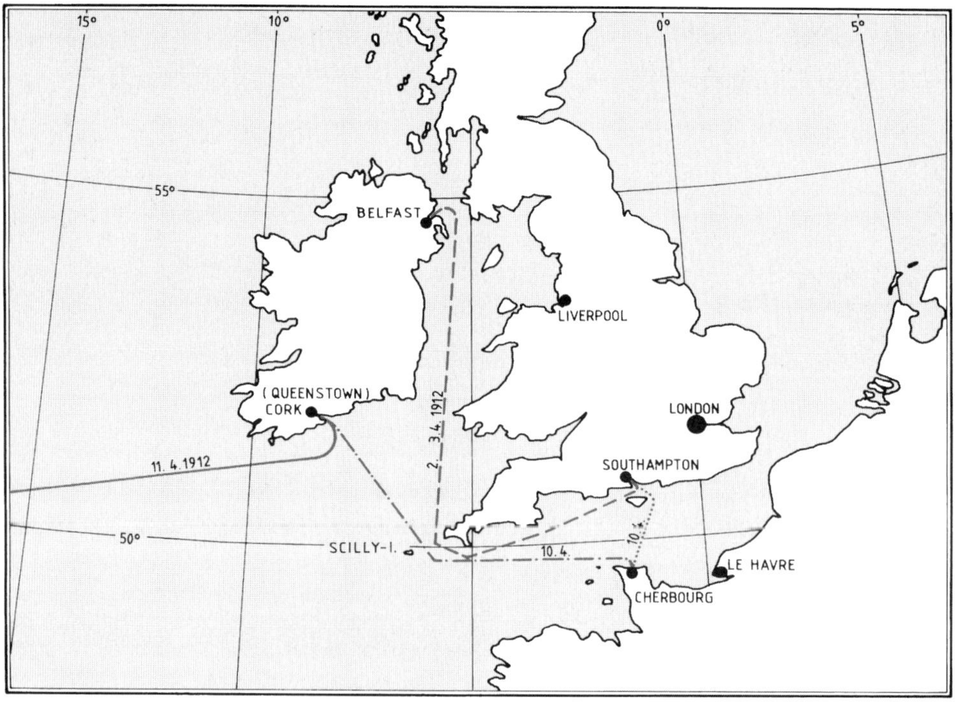

Reiseroute der ›Titanic‹ vom Tag der Übergabe an die Reederei (2. 4. 1912) bis zum Verlassen der europäischen Gewässer

14. Januar und ostwärts vom 24. August bis zum 14. Januar befahren, die südlichen westwärts vom 15. Januar bis 14. August und ostwärts vom 15. Januar bis 23. August. Das brachte für die Schiffe der nördlichen Route eine gewisse Sicherheit, da zu dieser Zeit das Eis bereits abgeschmolzen war. Die Südroute dagegen wich den Eisbergen weitgehend aus, allerdings mit dem Nachteil eines um ca. 80 sm verlängerten Seeweges. Während auf der Höhe der Neufundlandbänke die Nordroute bei 45 Grad nördlicher Breite den 50. westlichen Längengrad kreuzte, verlief die Südroute über den 42. nördlichen Breitengrad, also rund 400 km von der Sommer-Herbst-Route entfernt. (91)

Im Laufe der Zeit ist es allerdings mehrmals geschehen, daß infolge der meteorologischen Bedingungen dem Eis noch weiter nach Süden ausgewichen wurde oder die Eisdrift zu einem früheren Zeitpunkt einsetzte und eine Routenänderung außerhalb der festgelegten Zeiten erzwang. Die internationale Schiffahrt verließ sich bei den Termin- und Rou-

tenfestlegungen auf die »Nachrichten des wohlinformierten amerikanischen Hydrographic Office«.

Notraketen

Es wird häufig behauptet, daß die ›Titanic‹ nicht über die vorgeschriebene Zahl von rot abbrennenden Notraketen verfügte. Dieser angebliche Mangel gehört ebenfalls zu den vielen unwidersprochenen Geschichten um das Schiffsunglück. Tatsache ist aber, daß nach der Havarie von der Besatzung acht Notraketen abgefeuert worden sind. Sowohl bei den Untersuchungen in New York als auch während der Seeunfalluntersuchung in London wurde die Benutzung der Raketen bestätigt. Diese Raketen wurden auch von der Mannschaft des britischen Dampfers → ›Californian‹ beobachtet und nach Aussagen während der Londoner Untersuchung mehrmals Kapitän → Lord gemeldet. (66)

Lord habe diese Meldungen zwar zur Kenntnis genommen, aber nicht im Logbuch vermerkt. Die Diskussion über die Farbe der Raketen ist insofern gegenstandslos, als es in den bis zum ›Titanic‹-Unglück geltenden Sicherheitsbestimmungen keinerlei Anweisungen über eine Farbe von Notraketen gegeben hat. Selbst die Mitführung von derartigen Raketen war nicht zwingend vorgegeben.

Heute sind internationale Seenotsignale verbindlich festgelegt. In Seenot befindliche Schiffe sind angehalten, rote Signalsterne abzufeuern, die auch als sogenannte »Fallschirmsignale« im Einsatz sind.

Notrufe

14. April 1912 – 23.55 Uhr: Die ›Titanic‹ ist in Seenot. Der private Funkverkehr wird unterbrochen.

0.15 Uhr: Der Erste Funker der ›Titanic‹, Phillips, übernimmt die Funkwache und gibt das Notsignal C-Q-D und die Kennung des Schiffes MGY auf. In diesem Augenblick geht die erste Nachricht von der Havarie der ›Titanic‹ in die Welt.

»Um 0.15 Uhr wußte man nicht recht, ob man scherzen oder ernst sein sollte ... Nirgendwo schienen zwei Leute gleicher Meinung zu sein und in gleicher Weise auf die Situation zu reagieren.« (39)

15. April 1912 – 0.35 Uhr: Das Schiff ›Carpathia‹ der Cunard-Linie empfängt die Notsignale der ›Titanic‹ in einer Entfernung von etwa 58 sm vom Havarieort entfernt. Vor dem Untersuchungsausschuß sagt später Kapitän Rostron von der ›Carpathia‹ aus, daß »... man das C-Q-D auf der ›Carpathia‹ überhaupt gehört habe, sei schicksalhaft gewesen, denn der Funker sei eben im Begriff gewesen, das Gerät für die Nacht abzuschalten.« (66)

»Daß viele Schiffe im Empfangsbereich auf gleicher Wellenlänge liegen, weiß Phillips ganz genau. Aber er weiß auch zu gut, daß kaum eines der Schiffe mehr als einen Funker an Bord hat, und daß dieser eine Funker, auch wenn er ganze vier Pfund Sterling im Monat verdient, ab und zu schlafen muß. Meist eine Glückssache, ob man in solchen Nächten gehört wird oder nicht.«

Der Telegraphist von Cape Race hat über die Reihenfolge der drahtlosen Hilferufe der ›Titanic‹, die von insgesamt über 50 Dampfern aufgenommen wurden, folgende Aufzeichnungen gemacht:

»10.25 Uhr (Ortszeit Cape Race – d. Verf.) – Ich höre von der ›Titanic‹ Notsignale, diese sind von einer Anzahl Schiffen beantwortet worden, darunter ›Carpathia‹, ›Baltic‹, ›Caroma‹ und ›Olympic‹. ›Titanic‹ berichtet, der Bug des Schiffes neigt sich bereits. Ich habe die Verbindung mit der ›Virginian‹ hergestellt und ihr gemeldet, daß die ›Titanic‹ dringend Hilfe braucht, indem ich über die Lage des Schiffes und die sonstigen Verhältnisse genaue Angaben gemacht habe. ›Virginian‹ meldet, daß sie sofort nach der Unglücksstelle abdampfen werde.

10.36 Uhr – ›Titanic‹ hat die ›Olympic‹ unterrichtet, daß weibliche Passagiere in Rettungsboote untergebracht werden und hat die ›Olympic‹ ersucht, auch ihre Rettungsboote bereitzuhalten. Der Telegraphist an Bord der ›Titanic‹ zeigt eine außerordentliche Kaltblütigkeit und ist beim Telegraphieren durchaus sicher ...

An Bord der ›Titanic‹: »Der Kapitän kehrte in den Funkraum zurück und fragte, was er sende. C-Q-D, entgegnete Phillips. Plötzlich kam Bride (Zweiter Funkoffizier der ›Titanic‹ – d. Verf.) das Groteske der Lage zum Bewußtsein. ›Funke doch S-O-S‹, sagte er zu Phillips, ›das ist das neue Zeichen, und vielleicht ist es deine letzte Chance, es zu funken.‹ Phillips lachte, und die beiden Funker wechselten noch viele Späße, während Phillips den neuen Notruf funkte: S-O-S.« (66)

Von Harold Bride erfuhr Smith (der Vorsitzende des amerikanischen Untersuchungsausschusses – d. Verf.), daß sich der Liner ›Frankfurt‹ des Norddeutschen Lloyd als erstes Schiff auf die Notrufe der ›Titanic‹ gemeldet hatte. Auf die Frage des Funkers der ›Frankfurt‹: »Was ist los mit Euch?«, hatte Phillips zurückgefunkt: »Du Idiot. Bleib auf Empfang und halt dich raus.«

Ein Verhalten, das in den vielen deutschen Berichten als schäbig und der Situation unangepaßt geschildert wurde. Fachleute sind heute der Meinung, daß Phillips in der Tat keine Zeit für unwichtige Gespräche hatte, er mußte mit potentiellen Helfern in direktem und ungestörtem Kontakt bleiben.

»Denn im Jahre 1912 war die Funkerei noch eine Neuigkeit voller Tücken. Die Reichweite war gering, die Funker hatten mangelhafte Erfahrungen, die Funkzeichen waren nicht leicht aufzufangen und zu erkennen, es gab viel Relaisarbeit, viele Wiederholungen und viel privaten Unfug aus Spaß an dem neuen Spielzeug.«

Offiziere

Chef-Offizier (Chief Officer) H. F. Wilde
Extra Masters Certificate,
1. Offizier W. M. Murdoch,
Ordinary Masters Certificate,
2. Offizier C. H. Lightoller
Extra Masters Certificate,
3. Offizier Herbert J. Pitman,
Ordinary Masters Certificate,

Kapitän Edward J. Smith und seine nautischen Offiziere

4. Offizier J. G. Boxhall,
   Extra Ordinary Masters Certificate,
5. Offizier H. G. Lowe,
   Ordinary Masters Certificate,
6. Offizier J. P. Moody,
   Ordinary Masters Certificate.

Drei der Offiziere hatten das höchste britische Kapitänspatent, alle übrigen verfügten ebenfalls über die Kapitäns-Qualifikation. (66)

Der Maschinenbereich wurde von einem Chef-Ingenieur (Chief Engineer) geleitet, dem 7 Ingenieure und 17 Maschinisten (Assistent Engineers) unterstanden. Eine personelle Ausstattung, die zu keinerlei Besorgnis Anlaß geben konnte.

›Olympic‹

Schicksal des Schwesterschiffes

Im Gegensatz zur Publikationsflut über die ›Titanic‹, die schon nach fünf Seetagen sank, findet man nur wenige Veröffentlichungen über das 1. Schiff dieser Klasse, die auch als »›Olympic‹-Klasse« in die Schiffahrts-Literatur eingegangen ist.

Der Dampfer ›Olympic‹ – Schwesterschiff der ›Titanic‹

Die Verantwortlichen der White-Star-Reederei unter Bruce Ismay wollten mit den drei Passagierschiffen den anderen britischen, französischen und deutschen Schiffahrtsgesellschaften im Passagiergeschäft erfolgreich Konkurrenz bieten. Das Konzept ließ sich in dem Satz »exzellenter Komfort und Größe – vor Schnelligkeit« zusammenfassen.

Für einen erfolgreichen Wettstreit um die Passagiere mußte man wöchentlich mindestens eine Abfahrt in einem europäischen und einem nordamerikanischen Hafen anbieten.

Das erforderte drei Schiffe gleichen Typs. Die britische Cunard Line setzte die ›Mauretania‹, die ›Lusitania‹ und die ›Aquitania‹ ein.

Die Hauswerft der White Star Line von Harland & Wolff in Belfast konstruierte und baute zwischen 1909 und 1915 die drei Schiffe der ›Olympic‹-Klasse.

Im Juli 1908 wurden bereits die Bauaufträge erteilt. Am 16. Dezember 1908 fand auf Helling 2 die feierliche Kiellegung der Werftnummer 400, der späteren ›Olympic‹ statt. Nach rund 15 Monaten war der Schiffsrumpf fertig. Es erfolgte der weitere Innenausbau und am 20. Oktober 1910 glitt der gigantische Rumpf vom Stapel. Vor einer großen Zuschauermenge bugsierten Schlepper den Schiffskörper auf dem Lagan River zum Ausrüstungskai. Hier erhielt das neue

Flaggschiff die Maschinenanlagen, die Inneneinrichtungen, die vier riesigen Schornsteine und den typischen Farbanstrich der Reederei: unter der Wasserlinie rot, darüber bis zur Höhe des C-Decks schwarz. Ein schmales gelbes Band grenzte das Schwarz von den weißen Aufbauten ab. Die Schornsteine zeigten Ockergelb mit schwarzem Topp.

Am 31. Mai 1911 erlebten Tausende auf Queen Island den Stapellauf der ›Titanic‹ – und am selben Tage wurde die ›Olympic‹ feierlich dem Eigner übergeben. Unter Führung von Kapitän E. J. → Smith begab sie sich auf große Fahrt.

Nach einem kurzen Stop im Heimathafen Liverpool fuhr sie weiter nach Southampton. Von hier trat das seinerzeit größte Schiff der Welt am 14. Juni 1911 seine Jungfernreise über den Atlantik an. Nach knapp sieben Seetagen erreichte sie am Morgen des 21. Juni erstmals den Hafen von New York.

Reedereidirektor → Ismay hatte an der ersten Reise teilgenommen und telegrafierte an Lord Pirrie: »Die ›Olympic‹ ist ein Wunder und gibt Grund zur völligen Zufriedenheit.«

Ismay hatte allerdings auch Mängel festgestellt und ließ sofort auf der im Bau befindlichen ›Titanic‹ etliche Details verändern. So ließ er einen separaten Gang, den später oft besprochenen → Heizertunnel für die Trimmer und Heizer anlegen.

Die ›Olympic‹ im Trockendock (1911)

Bald erreichte auch die ›Olympic‹ zwischen Queenstown (Cork) und Ambrose mit 21,8 kn und von Ambrose bis Southampton mit 22,48 kn die geplante Reisegeschwindigkeit.

Am 20. September 1911 wurde das Schiff in eine Kollision verwickelt, als es mit 1313 Passagieren an Bord zur fünften Rundreise den Hafen von Southampton

Der Stapellauf der ›Olympic‹, 20. Oktober 1910

verlassen hatte. Unter Führung von Kapitän Smith und dem Lotsen kam es in dem schwierigen Fahrwasser am Spithead-Kanal zum Zusammenstoß mit dem britischen Kreuzer ›Hawke‹. Die ›Olympic‹ erhielt etwa 20 Meter vor dem Heck zwei Lecks an der Steuerbordseite, der Kreuzer ›Hawke‹ hatte einen demolierten Bug und einen Wassereinbruch im Vorschiff. Ein gewagtes Überholmanöver des Kriegsschiffes und die Unterschätzung der enormen Sogwirkung bei zu großer Annäherung an die ›Olympic‹ waren Ursache dieser Havarie. Beide Schiffe mußten Werften aufsuchen.

Die ›Olympic‹ konnte erst nach acht Wochen, am 20. November 1911 die fünfte Rundreise über den Atlantik antreten.

Ende Februar 1912 übernahm Kapitän Smith die ›Titanic‹. Mit ihm wechselten etliche Mannschaften und Offiziere von der ›Olympic‹ auf die ›Titanic‹. Das Kommando der ›Olympic‹ übernahm Kapitän Herbert J. Haddock.

Am Abend des 14. April 1912 hatte das Schiff New York zur Heimreise verlassen. Während dieser Fahrt empfing der Funkoffizier Ernest J. Moore die Seenotmeldung der sich ca.

500 sm östlich befindlichen ›Titanic‹. Infolge der großen Entfernung konnte keine Hilfe geleistet werden.

Am 21. April kehrte die ›Olympic‹ nach Southampton zurück. Die Reederei ließ rasch 40 Berthon-Klappboote an Bord installieren, damit künftig allem Personal und allen Passagieren ein Platz im Rettungsboot gesichert werden konnte. Unter dem Eindruck der ›Titanic‹-Katastrophe überzeugte diese kosmetische Maßnahme die Besatzung nicht. Vor dem Auslauftermin am 24. April 1912 verließen Heizer und Matrosen das Schiff, die ›Olympic‹ konnte nicht auslaufen.

Am 26. April mußte die White Star Line mitteilen, daß die Fahrt der ›Olympic‹ ausfalle. Eine insgesamt dreiwöchige Zwangspause schadete dem Image der Reederei und des Schiffes.

Nach Sicherheitsinspektionen konnte das Schiff mit vervollständigter Mannschaft am 15. Mai 1912 die 11. Rundreise nach New York antreten. Dort inspizierte der Vorsitzende des US-Senatsausschusses zur Untersuchung der ›Titanic‹-Katastrophe die Rettungs- und Schottenschließanlagen der ›Olympic‹.

Von Oktober 1912 bis März 1913 ging das Schiff für einen umfangreichen Umbau in die Bauwerft nach Belfast. Zunächst wurden technische Konsequenzen aus den beiden Seeunfalluntersuchungen gezogen: Der Generatorraum wurde durch ein weiteres Schott unterteilt, die Stahlquerschotten bis zum Hauptdeck höher gesetzt und die Bordwand beiderseits mit einer zweiten Stahlwand versehen. Statt bisher 16 Rettungsboote wurden nunmehr 32 Boote für insgesamt 3150 Personen auf dem Schiff untergebracht.

Auch im Passagierbereich wurden Neuerungen vorgenommen. Diese erste Generalüberholung veränderte die Vermessung um 1035 BRT auf 46 439 BRT. Bis zur Indienststellung des deutschen Hapag-Liners ›Imperator‹ mit 52 117 BRT war die ›Olympic‹ das größte Schiff der Welt. Ende März 1913 nahm die ›Olympic‹ den Liniendienst über den Atlantik wieder auf.

Mit der Kriegserklärung des deutschen Kaiserreiches am 1. August 1914 an Rußland begann der Erste Weltkrieg. Die ›Olympic‹ erhielt die Nachricht vom Beginn der Feindselig-

keiten per Funk auf ihrer Reise nach New York. Die Schiffsleitung reagierte sofort auf die neue Situation. In New York wurden keine Passagiere an Bord genommen, die Aufbauten wurden zur Tarnung mit grauer Farbe gestrichen. Mit Kurs nördlich um Irland wurde der Heimathafen Liverpool angesteuert.

Bis Oktober 1914 versah die ›Olympic‹ zunächst noch den Passagierdienst auf dem Nordatlantik, gemeinsam mit der ›Adriatic‹ und der ›Baltic‹. Im Spätsommer 1915 wurde auch die ›Olympic‹ von den Militärs beschlagnahmt und zum Truppentransporter umgerüstet. Ab September 1915 brachte sie Tausende von Soldaten zum Mittelmeerhafen Mudros auf der Insel Lemnos – zum Einsatz an der Dardanellenfront.

Obwohl nicht für Kriegsdienste konzipiert, machte das Schiff und seine Besatzung Ende 1915 Schlagzeilen, als es mit 6000 Soldaten an Bord einem U-Boot-Angriff entkam – seine einzige »Waffe« war die hohe Geschwindigkeit von 20 bis 21 kn. Die ›Olympic‹ blieb weiterhin unbeschädigt und transportierte ab Mitte 1916 ca. 110 000 Militärangehörige der Entente-Mächte. Die Bordwände hatten längst einen unsymmetrischen Tarnanstrich in Blau, Grün, Rot und Grau erhalten. Auf der 22. Fahrt aus New York kommend, wurde am Westeingang des Ärmelkanals gegen 4.00 Uhr morgens ein U-Boot vom Ausguck entdeckt. Kapitän Hayes entschied schnell ein Rudermanöver nach Steuerbord, um das feindliche U-Boot zu rammen. Mit dem Steven (→ Glossar) traf die ›Olympic‹ das U-Boot und versenkte es, ein US-Zerstörer konnte 31 Überlebende an Bord nehmen. Dem Kapitän wurde dafür das »Distinguished Service Cross« überreicht, auf dem Schiff eine Ehrentafel angebracht.

Im Weltkrieg – er endete im November 1918 – legte das Schiff 184 000 Seemeilen zurück, transportierte über 41 000 Passagiere und rund 150 000 Soldaten. (45)

Anfang 1919 war die ›Olympic‹ noch einmal in militärischem Auftrag an der Rückführung kanadischer Soldaten beteiligt. Am 12. August desselben Jahres kehrte sie zur Überholung in die Bauwerft nach Belfast zurück. Das Schiff war in schlechtem Zustand, Teile der Einrichtungen waren ausgebaut, auch die Bordwände hatten stark gelitten. Außerdem

sollte eine moderne Ölfeuerung für die Kessel installiert werden. In 11 Monaten wurde die 2. Modernisierung abgeschlossen, die Passagierkapazitäten verändert und den neuen Bedingungen der Nachkriegszeit angepaßt. Es gab nun 750 Plätze statt bisher 735 in der 1. Klasse und statt 675 nur noch 500 Plätze in der 2. Klasse. Die Kapazität der 3. Klasse wurde von 1030 auf 1150 Plätze erhöht. Die veränderten Ansprüche der Reisenden und die häufige Änderung der Aus- bzw. Einwanderungsbestimmungen der europäischen Staaten und der USA zwangen die Reeder wiederholt zu Umbauten. (207)

Nach dem Umbau erzielte die ›Olympic‹ eine Reisegeschwindigkeit von 22,53 kn auf der Heimreise von Ambrose-Feuerschiff nach Cherbourg. Die Überfahrt dauerte 5 Tage, 13 Stunden und 10 Minuten.

Die folgenden 10 Jahre sollten für das Schiff die erfolgreichste Zeit werden.

Während der üblichen Passagierflaute in den Wintermonaten ging die ›Olympic‹ im Januar 1928 zu ihrer dritten und letzten Modernisierung in die Werft. Dabei wurden die Passagierplätze der 3. Klasse zugunsten der 2. Klasse – nunmehr schon »Touristenklasse« genannt – und der 1. Klasse reduziert.

Die einsetzende Weltwirtschaftskrise ging auch an der Seeschiffahrt nicht spurlos vorbei. Die White Star Line suchte 1934 die Rettung in der Fusion mit der Cunard-Reederei.

Bei aller Zuverlässigkeit blieb auch die ›Olympic‹ nicht von Unglücksfällen verschont. Bei der Ansteuerung von New York rammte das Schiff am 16. Mai 1934 bei dichtem Nebel und nur vier Knoten Fahrt gegen 11.00 Uhr Ortszeit die Backbordseite des Nantucket-Feuerschiffs. Sieben Mann der Feuerschiffbesatzung kamen dabei ums Leben, nur vier Überlebende wurden von der ›Olympic‹ geborgen. Die US-Regierung forderte einen Schadensersatz von 500 000 Dollar.

Im März des Jahres 1935 trat die ›Olympic‹ ihre letzte Reise an und wurde dann außer Dienst gestellt. Am 11. Oktober verließ das Schiff zum letzten Mal den Hafen von Southampton, um in Richtung Jarrow zu fahren. Dort wurde sie in den folgenden zwei Jahren verschrottet. Der Verkauf an die Abwrackwerft brachte noch einen Erlös von 100 000 Pfund

Sterling. Insgesamt legte das Schiff etwa 4 Millionen Kilometer zurück und überquerte ohne nennenswerte technische Defekte 500mal den Atlantischen Ozean. (207) In London, Liverpool und Southampton sind etliche Einrichtungsgegenstände der ›Olympic‹ in Pubs und Restaurants zu bewundern.

›Olympic‹-Klasse

Drei Riesendampfer unter weißem Stern

Der Werft von → Harland & Wolff war nicht entgangen, daß die Liverpooler Cunard Line 1907 die beiden bis dahin größten und schnellsten, später auch populärsten Schnelldampfer-Riesen ›Lusitania‹ und ›Mauretania‹ in Dienst gestellt hatte. Dieser Konkurrenz galt das neue Konzept, über das Präsident → Ismay und Lord Pirrie im Herbst 1907 in London berieten. Die Strategie konnte nur darin bestehen, unter Beibehaltung bewährter Technik neue Größenmaßstäbe zu setzen. Erste Untersuchungen kamen übereinstimmend zu dem Ergebnis, daß es erfolglos wäre, die mit 25,5 bzw. 26,2 kn fahrenden neuen Cunard-Schiffe übertreffen zu wollen. Man war zu der Erkenntnis gelangt, daß selbst mit der neuesten Tech-

Aus einer Werbung der White Star Line für ihren Luxusliner ›Britannic‹

nologie in Form leistungsfähigerer Dampfturbinen keine deutlich höheren Geschwindigkeiten zu erzielen waren. So wurde beschlossen, drei Dampfer zu bauen, die jeweils um etwa die Hälfte größer als die Cunard-Neubauten sein sollten und damit bei wöchentlich einer Abfahrt in Europa und den USA eine wesentlich höhere Platzkapazität anbieten konnten. Für die nächsten 18 bis 25 Jahre sollten die drei Schiffe von je mindestens 45 000 BRT und einer Fahrgastkapazität von etwa 7500 Plätzen sowohl den ökonomischen als auch technischen Anforderungen genügen.

Passagiere

Parallel zu der Schaffung neuer Schiffskapazitäten nahm seit Mitte der 90er Jahre des 19. Jahrhunderts die Einwandererzahl in die USA stark ab. Nur aus den Ländern des Baltikums und aus den Balkanländern kamen noch nennenswerte Einwandererströme. Die USA als Hauptaufnahmeland für Einwanderer reduzierten seit dieser Zeit die Einreisegenehmigungen plötzlich drastisch, weil ihr Bedarf an jungen Arbeitskräften weitgehend gedeckt war. Die Anforderungen an die Einwanderer wurden ständig verschärft. So mußten diese Menschen einen Beruf nachweisen, durften eine bestimmte Altersgrenze nicht überschritten haben und waren strengen gesundheitlichen Untersuchungen unterworfen. Entsprachen die Einwanderungswilligen nicht diesen Anforderungen, wurden sie zurückgewiesen und mußten auf Kosten der jeweiligen Reederei nach Europa zurückgebracht werden. Die USA erlebten dann 1893–1895, 1897 und 1905–1907 wirtschaftliche Krisen, die zahlreiche Arbeiter um ihren Arbeitsplatz brachten. Diese negative Entwicklung bremste weiter die schon stark gedrosselte Aufnahmefähigkeit für Ausländer. Zeitgleich versuchten in Europa etliche Regierungen das Auswanderungsbestreben einzuschränken. Die Wirtschaft brauchte zunehmend männliche und weibliche Arbeitskräfte, und die Militärs fürchteten um ihre Armeen. So gehörten die hohen Zahlen von Auswanderern früherer Jahrzehnte bald der Vergangenheit an. Eine neue Gruppe von Fahrgästen

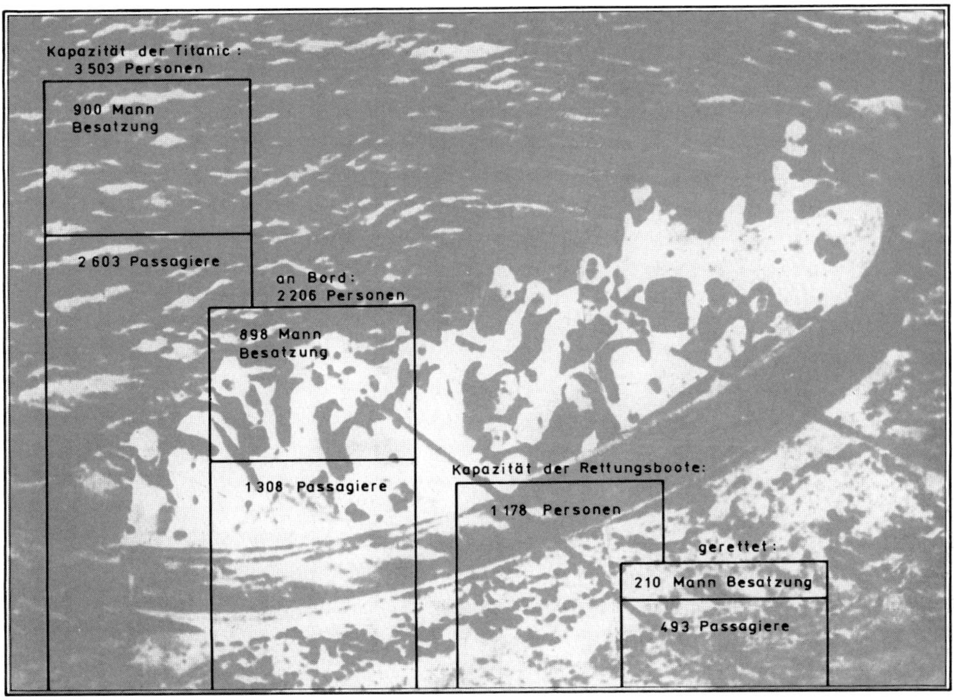

nahm mehr und mehr den Atlantik-Verkehr in Anspruch. Ein neuer, zahlungskräftiger Typ des Reisenden – Künstler und Geschäftsleute, ehemalige Europäer, die ihre alte Heimat besuchen wollten – gehörte nun zum Zielpublikum der Passagier-Reedereien. Die Anzahl Reisender 1. und 2. Klasse nahm zu – s. a. die Verteilung der Passagiere der ›Titanic‹ auf die einzelnen Klassen. Auch der Seetourist trat – freilich noch in bescheidenem Umfang – auf den Plan. Alle diese Passagiere konnten jedoch die Kapazitäten nicht auslasten. Die meisten Passagier-Reedereien stellten sich prompt auf die veränderte Passagierstruktur ein und ließen dementsprechende Veränderungen an den Passagiereinrichtungen vornehmen. Luxuriöse Unterkünfte und zahlreiches Personal kennzeichneten die Entwicklung. Das Zwischendeck – der fast schon klassische Begriff für die Unterbringung der Auswanderer – wurde zur 3. Klasse umdeklariert und schrittweise umgestaltet. Ungeachtet dieser Bemühungen wuchs die Kluft zwischen Platzangebot und Nachfrage, die Über-

Passagier- und Besatzungskapazität der ›Titanic‹ und tatsächliche Auslastung im Vergleich; Kapazität der Rettungsboote, gerettete Passagiere und Mannschaften

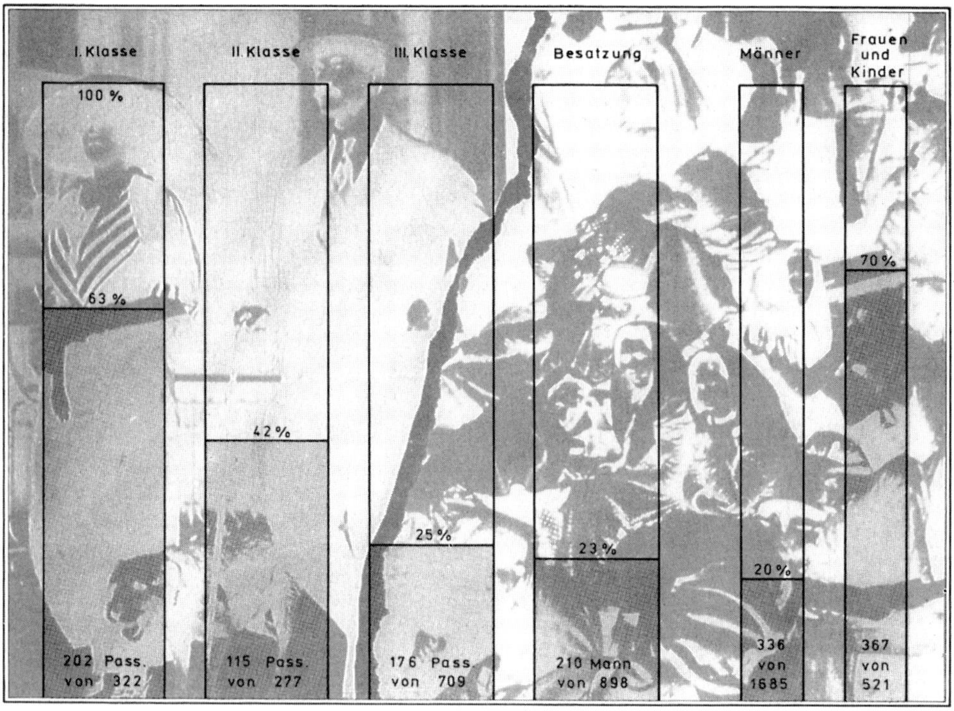

Übersicht über gerettete Passagiere in den einzelnen Schiffsklassen. Die Bevorzugung der 1.-Klasse-Passagiere bei der Rettung wird daraus ersichtlich.

kapazität betrug Anfang dieses Jahrhunderts bereits 60 Prozent des Platzangebots. Die großen und komfortablen Schnelldampfer waren im Linienverkehr vor allem in den Wintermonaten zum Stillstand gezwungen oder mußten mit beträchtlich weniger Fahrgästen als geplant in See stechen. Zu Beginn des 20. Jahrhunderts nannte man derartige Luxusliner gelegentlich »Geisterschiffe«, da sich speziell in den teuersten Kabinen, Salons oder Ladenstraßen wenige Fahrgäste zeigten und nicht selten mehr Bedienungspersonal als Reisende in den Gasträumen zu sehen war. Die ökonomisch stärksten Atlantik-Reedereien übersahen jedoch die ökonomischen Warnsignale im nordamerikanischen Linien-Passagiergeschäft geflissentlich und setzten auf die neue Konzeption »Größe und Bequemlichkeit vor Geschwindigkeit«. Das galt hauptsächlich für die Reeder in den USA, Großbritannien und Deutschland. Hier hoffte man, ungeachtet der wirtschaftlichen Tendenzen, auf ein Wunder.

Pelz von Felinau, Joseph

(1895–1963), Schriftsteller, Kabarettist

Der Roman »›Titanic‹ – die Tragödie eines Ozeanriesen« von Joseph Pelz von Felinau gehörte zum Standardwerk in deutschen Wohnstuben und wurde der meistgelesene und nachhaltig wirkende deutsche ›Titanic‹-Roman.

Pelz von Felinau sei – so wurde von seinen Fans behauptet – einer der Überlebenden der ›Titanic‹-Katastrophe gewesen, und ein seit jener Zeit existierendes Nervenleiden hätte ihn für immer gezeichnet. Andere Geschichten wollten glauben machen, Pelz von Felinau sei als Schiffsjunge auf der ›Carpathia‹ gewesen, als die Geretteten der ›Titanic‹ an Bord genommen wurden.

»Mein Mann ist beruflich nie zur See gefahren. Er war aber immer ein begeisteter Schiffs-Fan. Wir haben elf Ostasienreisen, neun Mittelmeerfahrten und vier Südamerika-Westindienreisen mit Frachtschiffen gemacht. Manches Jahr waren wir sechs Monate auf See ...« und »bei der Hapag war mein Mann Kapitän h. c.« (192), schrieb seine Witwe, Irene Pelz von Felinau in einem Brief vom 18. September 1982 ...

Auch das allgemein gut informierte biografische Nachschlagewerk »Who's who – in Deutschland«, Ausgabe 1978, weiß über eine seemännische Vorgeschichte Pelz von Felinaus nichts zu berichten. Ein ›Titanic‹-Schriftsteller wurde so selbst zur Legende. Allerdings ließ er sich das auch unwidersprochen gefallen. Tausende Besucher folgten aufmerksam seinen Vorträgen über Seereisen und technikgeschichtliche Themen – natürlich auch Vorträgen über seinen Roman, der selbst nach der jüngsten literarischen Inflation zum Thema ›Titanic‹ noch auf den Bücherlisten steht, allerdings in einer leicht bearbeiteten Fassung. Der Roman wurde 1938 erstmalig veröffentlicht. Die Probleme dieses Buches sind politischer Natur – auch Pelz von Felinau erlag dem damals weitverbreiteten deutschen Chauvinismus –, außerdem gibt es Probleme bei der Wahrheitsfindung und mit den richtigen bzw. falschen Zeugen. Im Vorwort, das dem Buch ein Zeugnis höchster

Glaubwürdigkeit geben sollte, kommt ein gewisser Kapitän a. D. Max → Dittmar-Pittmann zu Wort. Es heißt dort:

»Ich habe dies gelesen. Alle darin enthaltenen Ereignisse sind wahr. Selbst Gespräche sind stellenweise dialoggetreu wiedergegeben. Bei aller romanhaften Gestaltung, die der Verfasser anwandte, hat mich das Buch so erschüttert, als ob ich zum zweiten Male den Untergang des Schiffes mit all seinem unfaßbaren Dunkel und dem unmittelbaren Grauen seines Geschehens erlebt hätte. Kapitän Max Dittmar-Pittmann s. Z. Offizier der ›Titanic‹«. (51)

Konnte es eine bessere Legitimation für ein Buch geben? Leider hatte Dittmar-Pittmann die ›Titanic‹ nie auch nur von weitem gesehen.

Die Witwe Pelz von Felinaus, Irene von Felinau, berichtete:

»Als mein Mann in den dreißiger Jahren die erste Fassung seines Titanic-Buches schrieb, meldete sich ein Kapitän Pittmann, der als Offizier auf der Titanic war, wie er selbst sagte. Obwohl das Buch ein Roman und kein Tatsachenbericht ist, hat mein Mann unzählige Vorstudien gemacht und Material gesammelt. Auch in Zeitungsarchiven wimmelte es von widersprechenden Meldungen und Berichten.«

So ausgestattet, trat das Buch seinen Siegeszug durch deutsche Wohnstuben an und verlieh der ›Titanic‹ ein neues Leben. Eindrucksvolle Schilderungen und spannungsgeladene Episoden kennzeichnen den Roman und machten ihn zum Bestseller, auch wenn er keinerlei hohen literarischen Ansprüchen genügt.

In den 70er Jahren korrigierte von Felinau die Dittmar-Pittmann-Legende. Statt der in früheren Auflagen seines Buches angegebenen Geschwindigkeit der Titanic von 26,5 kn nannte er später die richtige Geschwindigkeit und korrigierte auch andere Angaben. Aus Dittmar-Pittmann wurde zunächst der Deutsche Petersen, in späteren Auflagen dann der Däne Hansen. Dem Zeitgeschmack folgend, bringt Pelz von Felinau ein wenig Mystik in das Geschehen, zahlreiche → Legenden dürften in diesem Roman ihren Ursprung haben. Andererseits erweist er sich als ein guter Kenner seemännischer Gepflogenheiten. Nach 1945 schrieb Pelz von Felinau das Buch »Atlantic«, in dem er biographisch korrekt Einzel-

schicksale aus der ›Titanic‹-Geschichte – wie z. B. das des → Funkers Phillips – aufarbeitete. (52)

Pokal

Im Jahre 1935 stiftete der britische Abgeordnete Harold Hales den gewichtigen Pokal, der das Blaue Band des Nordatlantiks symbolisieren sollte. Er besteht bei einer Höhe von 1,30 m aus massivem Silber. Poseidon, in der griechischen Mythologie der Gott der Meere, und seine Frau Amphitrite sitzen auf dem Sockel der Erdkugel, auf der zwei Titanen um einen Überseedampfer kämpfen. Harold Hales ließ sich auf der Mitte der Erdkugel verewigen, flankiert von den Schiffen ›Normandie‹ und ›United States‹. Auch die Schiffe ›Great Western‹ und ›Queen Mary‹ zieren die Trophäe und markieren wichtige Entwicklungsetappen der Atlantikfahrt. Der Pokal sollte den berühmtesten und kostspieligsten Wettfahrten auf dem Meer noch einmal einen Auftrieb geben. Aber 1935 war die goldene Zeit derartiger Rekordfahrten längst vorüber. Die Hales-Trophäe konnte nur noch drei Siegern überreicht werden (94), die ›United States‹ bekam diesen Wanderpokal als vorerst letzter Schnelldampfer. Das Schifffahrtsmuseum zu New York bewahrt dieses Attribut einer ganzen Epoche auf. Doch kaum einer der Besucher wird es mit der ›Titanic‹ in Verbindung bringen, denn dieses Detail der → Legende um das tragische Schicksal der ›Titanic‹, ihrer Mannschaft und der Passagiere ist eine rein deutsche Erfindung gewesen, die immer noch durch die Geschichten um die ›Titanic‹ geistert.

Probefahrt

Die offizielle Probefahrt der ›Titanic‹ fand am 2. April 1912 im North Channel unmittelbar vor Belfast statt. Bei einer solchen Probefahrt sollte ein Schiff auf Herz und Nieren geprüft werden, Tausende von Apparaten und Maschinen müssen sowohl einzeln als auch im Zusammenspiel eine erste Be-

währungsprobe bestehen. Doch reichten die acht Stunden dafür aus, die für die Erprobungsfahrt vorgesehen waren? In der Kürze der Zeit konnten nicht alle Maschinen und Anlagen auf ihre zuverlässige Funktion und Betriebssicherheit geprüft werden. Selbst die Manövrierfähigkeit des Schiffskörpers und das Verhalten der Maschinen unter Vollbelastung war in dieser Zeitspanne nicht ausreichend zu erproben. Der 2. Offizier der ›Titanic‹, Lightoller, der an der Erprobungsfahrt teilgenommen hatte und die spätere Katastrophe überlebte, machte vor dem US-Untersuchungsausschuß einige diesbezügliche Angaben. So wurden nur einzelne Rettungsboote ausgeschwungen und nur zwei mit wenigen Personen probeweise besetzt und bis über die Meeresoberfläche gefiert. Ein Feuerlösch- oder Bootsmanöver fand nicht statt. Das später kritisierte Verhalten von Reederei und Schiffsführung, die sich auf die Bootszertifikate der Werft verließen, war zum Teil berechtigt, denn alle Rettungsboote hatten im eingetretenen Notfall ihre Bewährungsprobe bestanden – das konnte allerdings nicht das Rettungsmanöver mit der gesamten Besatzung auf See ersetzen. Es ist belegt, daß zu damaliger Zeit – und speziell für derartig große Passagierschiffe – in der Regel eine See-Erprobung von vier bis sechs Tagen gemeinsam mit der Werft und dem künftigen Eigner erfolgte. Gerade bei einem solch großen Passagierschiff wie der ›Titanic‹ galt auch bei → Harland & Wolff eine Werftprobefahrt als unerläßlich, auch bei der → ›Olympic‹ hatte man sie durchgeführt. Die Gründe, warum ausgerechnet die ›Titanic‹ eine derart kurze und wenig gründliche Erprobung erfuhr, sind bis heute unklar geblieben. Die Leitung der White-Star-Reederei übernahm den Neubau ohne jede Beanstandung am 2. April 1912 in Belfast von der Werft. Die Seeversicherung bekannte sich ohne Einwände und Auflagen zu ihren Verpflichtungen gegenüber dem neuen Schiff. Das wurde später auch durch die anstandslose Zahlung der Versicherungsprämie deutlich. Letztendlich dürfte ein wesentlicher Grund für die rein formale Probefahrt der ›Titanic‹ in den damaligen lückenhaften Gesetzen sowie der großzügigen Verfahrensweise der Behörden bei der Abnahme zu suchen sein, die sich auf die positiven Erfahrungen mit der ›Olympic‹ stützten.

Queenstown

Noch war es üblich, daß die großen britischen Passagierschiffe vor der Atlantiküberfahrt den Haupthafen von Irland anliefen. Nach 26stündiger Fahrt traf die ›Titanic‹ am Donnerstag, dem 11. April gegen 11.30 Uhr dort ein. Nach der Passage des Leuchtfeuers Daunt übernahm die ›Titanic‹ den Lotsen und ging auf der Binnenreede von Queenstown (Cork) vor Anker. Die Zubringerschiffe ›America‹ und ›Ireland‹ brachten insgesamt 120 Reisende, 113 der 3. Klasse und 7 der 2. Klasse, vom vier Kilometer entfernten Hafenbahnhof zur ›Titanic‹. Sechs Passagiere verließen hier schon wieder die ›Titanic‹. Auch der angemusterte Heizer John Coffey soll hier das Schiff unerlaubt verlassen haben.

Die Seeleute benötigten für die Übernahme von 1385 Postsäcken und den Passagieren nur wenig Zeit. Nach nur zwei Stunden Aufenthalt konnte die ›Titanic‹ gegen 13.30 Uhr wieder auslaufen. Nun begann die eigentliche Seereise mit Kurs auf New York. Eine erste Bilanz des Zahlmeisters der ›Titanic‹ fiel sicher nicht sehr positiv aus: Insgesamt blieben auf dem Schiff 1295 Passagierplätze ungenutzt! Ein Glück, wie sich später herausstellen sollte.

Reederei → White Star Line

Reichweiten, funktechnische

Kurz vor der Havarie der ›Titanic‹ wurden in den USA die Reichweiten von Schiffssendern untersucht. Dabei zeigte sich, daß die seinerzeit möglichen Empfangsweiten bei 400 km lagen. Eine Entfernung zwischen Sender und Empfänger von 600 km bedeutete eine Verringerung der Empfangsqualität und der Empfangssicherheit um rund 40% – atmosphärische Störungen konnten diese Werte noch weiter einschränken. Die grundsätzlichen Untersuchungen hierzu hatten die amerikanischen Kreuzer ›Birmingham‹ und ›Salem‹ mit den Küstenfunkstationen Province Town und Brand

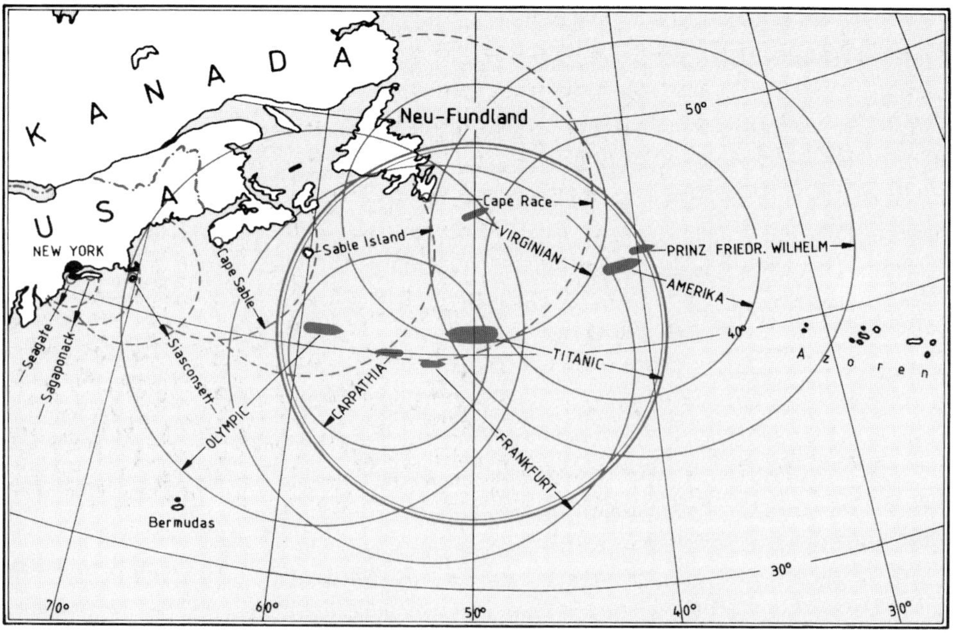

Funkreichweiten und Schiffspositionen zum Zeitpunkt der ›Titanic‹-Havarie

Rock vorgenommen. (62) Ähnliche Reichweiten bestimmten auch die Verbindungen zwischen den Küstenfunkstationen und herannahenden Schiffen.

Mußten größere Entfernungen per Funk überwunden werden, waren die Absender von Nachrichten auf die Mitwirkung anderer Schiffe und Landstationen sowie deren Funker und Funkeinrichtungen angewiesen. Diese hatten dann die Funktion von Relaisstationen zu übernehmen. Zu den technischen Unzulänglichkeiten gesellten sich auf diese Weise zunächst noch subjektive menschliche Fehlerquellen. Einen Hinweis auf diese Arbeiten der ›Titanic‹-Funker gibt auch der Funker Harold Bride von der ›Titanic‹, nämlich »daß man an diesem Tag (14. 4. 1912 – d. Verf.) viel Relais-Arbeit zu leisten hatte«. (44)

Im Jahre 1912 gehörte eine Telegrafieeinrichtung an Bord nicht zum Ausrüstungsstandard, zumal es kaum staatliche oder internationale Verordnungen gab, außer in den USA, die 1909 ein Gesetz verabschiedet hatten, demzufolge alle Passagierdampfer, die den Ozean überquerten, mit Einrichtungen zur drahtlosen Telegrafie ausgerüstet werden sollten. (66)

Dementsprechend lückenhaft gestaltete sich auch 1912 die Nachrichtenübermittlung. Sie war weitgehend von Zufällen abhängig, unter anderem von der Zahl der Schiffe, die mit Funktelegrafen und geschultem Personal an Bord ausgestattet waren. Außerdem mußten sie sich im Empfangsbereich des hilfesuchenden Senders befinden, und die Anlage mußte empfangsbereit sein. Dieser Umstand war durch keinerlei Dienstvorschriften geregelt.

Die Marconi-Sender arbeiteten mit Wellenlängen von 1200 m und einer Antennenleistung von 3,0 bis 4,0 kW. Dabei wurden nach Werkangaben der Marconi-Gesellschaft (61) (62) auf dem Meer Reichweiten von immerhin maximal 520 bis 600 km erzielt.

Der auf der ›Titanic‹ installierte Sender hatte eine Leistung von 5,0 kW und dürfte damit im damaligen Reichweiten-Optimum gelegen haben.

Reiseplan

Der offizielle White-Star-Reiseplan

Datum	Uhrzeit	Position	Vorgang
10. April	10.00	Southampton	Auslaufen
	16.30	Cherbourg	Passagiere/Post
	20.00	Cherbourg	Auslaufen
11. April	10.30	Queenstown	Passagiere/Post
	13.00	Queenstown	Auslaufen
11.–16. April		auf See	Kurs New York
16. April	bis 20.00	auf See	abends Ankunft in New York
17. April	7.00	New York	Einklarieren
18.–20. April		New York	Proviantierung
20. April		New York	Passagiere
20. April	12.00	New York	Auslaufen
20.–25. April		auf See	Rückreise Europa
26. April	7.00	Southampton	Einklarierung

Reisewetter

Der Nordatlanik ist bis heute bei Seeleuten unbeliebt. Besonders in der Zeit von September bis April wird das Meer von rauhem und kaltem Wetter beherrscht. Nebel und stürmische See sind für dieses Gebiet sprichwörtlich. Im langjährigen Mittel galt und gilt auch der ganze April als reiseunfreundlicher Monat.

Für den 11. April konnte die Brückenwache der ›Titanic‹ gutes bis sehr gutes Wetter vermerken. Besonders die Passagiere registrierten erfreut die ruhige See. Auf diese Weise blieb den meisten Fahrgästen die Seekrankheit erspart, denn auch dieser Schiffsriese war ab Windstärke 3 bis 4 den Schlingerbewegungen ausgeliefert. Bei stärkerem Sturm mußten die Schiffe dieser Klasse sogar beidrehen bzw. die Fahrt stark reduzieren, wollten sie nicht beträchtliche Schäden hinnehmen. »Drei Tage lang fuhr die ›Titanic‹ gen New York bei einer See, die wie Glas dalag« – so wußten glaubhafte Zeitzeugen zu berichten.

Rekorde

Als erstes Dampfschiff stellte die britische ›Sirius‹ (703 BRT) einen Geschwindigkeitsrekord auf: 18 Tage und 10 Stunden dauerte die Fahrt von Europa nach Amerika bei einer Durchschnittsgeschwindigkeit von 6,7 kn. Das war im Jahre 1838. Zur gleichen Zeit brauchten Segelschiffe für die Strecke oft noch etwa 45 Tage. Letztmalig wurde 1952 ein Rekord gefahren. Das amerikanische Schiff ›United States‹ (53 392 BRT) konnte nach einer Reisezeit von 3 Tagen, 10 Stunden und 40 Minuten mit einer Durchschnittsgeschwindigkeit von 35,59 kn in die Rekordliste aufgenommen werden. Zwischen 1838 und 1952 errangen 40 Schnelldampfer 115 Mal die imaginäre Auszeichnung für den Geschwindigkeitsrekord. Die meisten und berühmtesten Schiffe, die in diesem Wettstreit bestimmend waren, wurden in Großbritannien gebaut. Noch bis zum Anfang unseres Jahrhunderts sucht man ver-

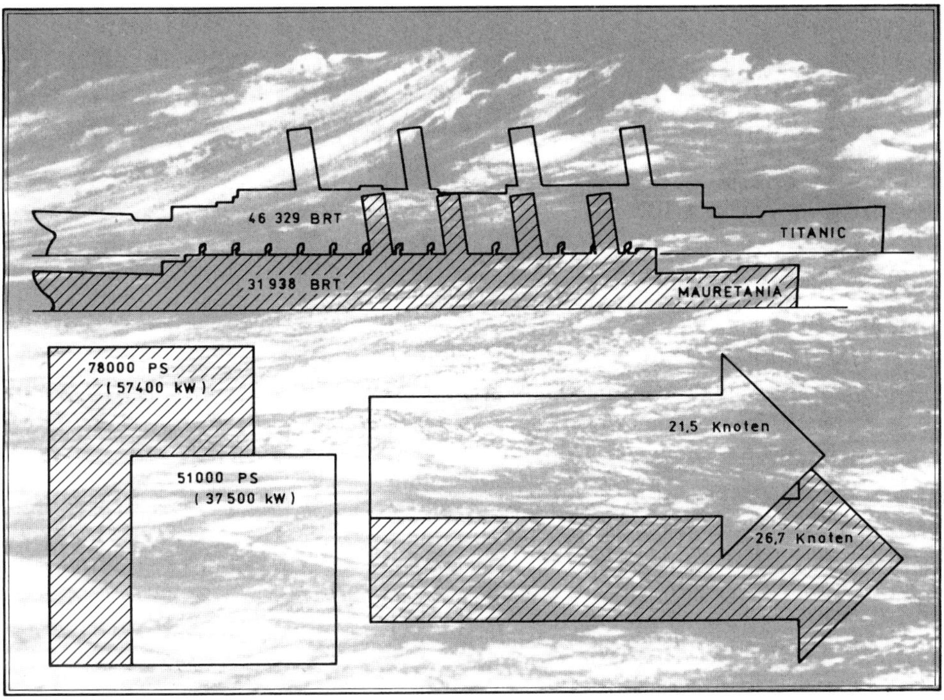

Geschwindigkeiten im Vergleich: ›Mauretania‹ – ›Titanic‹

geblich nach dem Begriff → Blaues Band für einen Geschwindigkeitsrekord.

Einschlägige Quellen erwähnten Rekordreisen, Schnelldampferleistungen, auch neue Ozeanrekorde und viele andere Bezeichnungen für die Wettfahrt über den Ozean. Der Ausdruck Blaues Band setzte sich dagegen erst etwa 70 Jahre nach dem Geschwindigkeitsrekord des Dampfers ›Sirius‹ durch.

Zum Club der schnellen Schiffe – oder später zu den Trägern des Blauen Bandes – zu gehören, wurde immer mehr zu einer Prestigefrage für die großen Reedereien und auch für die Staaten, die sich an der Fahrt über den Atlantik beteiligten. Reedereien und Werften hatten schon deshalb ein verständliches Interesse an solchen Wettbewerben, da das begehrte Attribut für eines ihrer Schiffe gewissermaßen ein Markenzeichen für die Qualität von Werft und Reeder wurde. Daran änderte auch die Tatsache nichts, daß für ein paar Stunden oder selbst Minuten Zeitvorsprung die Ausgaben für → Kohle bzw. später Heizöl und Dieselkraftstoff außeror-

dentlich in die Höhe schnellten. Zusätzlich erforderte die Entwicklung und Anwendung immer neuer Technologien viel Geld. Das Ergebnis sicherte jedoch neben der moralischen Anerkennung der jeweils ausgezeichneten Reederei einen größeren Zustrom an Reisenden und demzufolge eine bessere Auslastung der Kapazitäten. Diese ununterbrochene Auseinandersetzung mit wirtschaftlichen Zwängen, mit der Technik der Natur führte zu Fortschritten im Schiffbau, in der Wissenschaft und den seemännischen Fertigkeiten, brachte aber auch eine enorme Verschwendung von Material, Geld und geistigen Kapazitäten mit sich. In Deutschland, das selbst an diesem Kampf um Marktanteile beteiligt war, meinte man gleich nach den ersten Meldungen über die Kollision der ›Titanic‹ mit einem Eisberg, »daß sich unwillkürlich der Gedanke aufdränge, daß hier wieder einmal der schon oft ans Perverse streifende Schnelligkeitswahn unserer Zeit seine Opfer gefordert hat … Das Ergebnis dieser tollen Fahrt durch Nebel und Nacht liegt nun vor!« (171)

20 Jahre, von Mai 1872 bis Oktober 1892, fuhren englische Schiffe der White-Star-Reederei wiederholt Geschwindigkeitsrekorde auf dem Nordatlantik. In nur zwei Jahrzehnten konnten neun Schiffe unter ihrer Flagge in die Siegerliste aufgenommen werden. Damit stand die White Star Line gleich nach der ebenfalls britischen Cunard Line an zweiter Stelle. Den letzten Record für die White Star Line errang 1891/1892 der Dampfer ›Teutonic‹ (9984 BRT). Wegen der sich drastisch verschlechternden Geschäftsbedingungen und der Kostenexplosion für größere und schnellere Schiffe zog sich die White Star Line 1892 endgültig aus dem kostspieligen Wettbewerb um den Geschwindigkeitsrekord auf dem Nordatlantik zurück.

Rettungsaktion

Auf eine entsprechende Rückfrage der ›Olympic‹ antwortet die ›Titanic‹:

»Wir booten die Passagiere in die Rettungsboote ein.«

0.45 Uhr: Boot Nummer 7 wird als erstes mit Passagieren beladen. »Es gab keinerlei Aufregung, keine Panik, und nie-

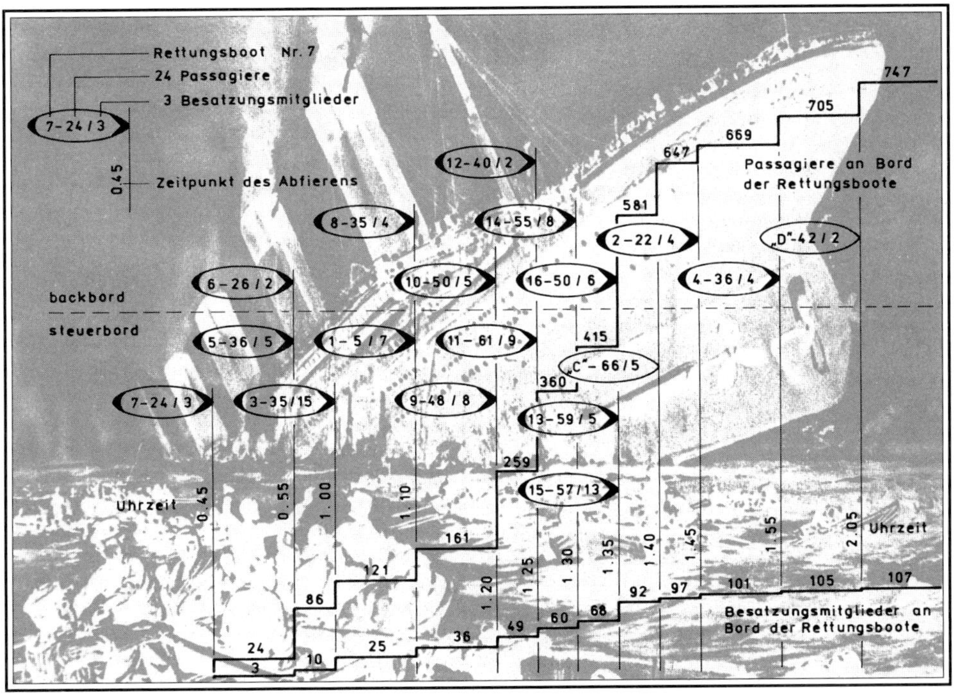

mand schien sonderlich Angst zu haben, die meisten, von denen viele schon fünfzig und sechzig Mal den Atlantik überquert hatten, schienen interessiert das außergewöhnliche Geschehen zu verfolgen.

Die Boote an Backbord waren (üblicherweise – d. Verf.) mit geraden Zahlen numeriert, die an Steuerbord mit ungeraden ... Außer den 16 hölzernen Rettungsbooten gab es noch vier große Rettungsflöße aus Leinwand ... Die Flöße trugen die Buchstaben A, B, C und D. All diese Boote konnten zusammen 1178 Menschen fassen, aber in dieser Sonntagnacht befanden sich 2207 Menschen an Bord der ›Titanic‹. Dieses Mißverhältnis kannten die Passagiere nicht ... die ›Titanic‹ konnte nicht sinken, alle sagten das ... Also standen die Passagiere jetzt ruhig auf dem Bootsdeck ...« (66)

0.55 Uhr: Boot Nummer 5 wird zu Wasser gelassen.

0.55 Uhr: Boot Nummer 6 wird besetzt.

1.00 Uhr: Boot Nummer 3 senkt sich ruckartig dem Wasser entgegen. Im letzten Augenblick springen noch einige Heizer

Rettungsboote und ihre Besetzung mit Passagieren und Mannschaften nach der Havarie. Die Zahlen wurden mehrfach revidiert.

in das mit Passagieren der 1. Klasse besetzte Boot. Mit hektischen Bewegungen versuchen zwei Matrosen, das Boot fortzubringen.

Auf dem Deck hat die Kapelle damit begonnen, Ragtime zu spielen. Das Wasser im Bug ist bis zum E-Deck gestiegen und flutet die achte Abteilung.

1.10 Uhr: Boot Nummer 8 wird zu Wasser gelassen. Aufsteigende Raketen beunruhigen zusehends die Passagiere, die jetzt den tatsächlichen Ernst ihrer Situation begreifen.

»Vor den ersten Booten herrscht noch verhältnismäßige Ruhe und Ordnung. Kein lautes Wort wird gewechselt, keine Panik, nichts. Aber die Boote bleiben halb leer und müssen halbleer zu Wasser gelassen werden, weil die meisten Frauen nicht einsehen wollen, aus welchem Grunde sie einem harmlosen Bootsmanöver ihre Gesundheit opfern und dafür eine Erkältung riskieren sollen, für die sie die Gesellschaft (White Star Line – d. Verf.) mit keinem Cent entschädigen würde. Vergebens das Drängen der Offiziere, alle Überredungskünste prallen an der Logik ab, mit der man diese Passagiere seit fünf Tagen ausgerüstet hat: Die ›Titanic‹ kann nicht untergehen. Wozu also das Schiff verlassen, und außerdem spielt gerade die Musik.« (39)

1.12 Uhr: Boot Nummer 1 wird mit nur 12 Menschen weggefiert.

1.20 Uhr: Boot Nummer 9 folgt.

1.21 Uhr: Boot Nummer 10 folgt.

Die ›Titanic‹ hat deutliche Neigung über Bug erreicht. Auf großen Umwegen erreichen Passagiere der 3. Klasse das Bootsdeck. Steward Hart der 3. Klasse stellt Gruppen zusammen, die er durch die Gänge führt. Allein hätten sich die Passagiere verlaufen. Große Schwierigkeiten ergeben sich bei der Verständigung mit den Ausländern.

Beim Klarmachen der Rettungsboote ereignen sich neue gefährliche Situationen. Die mangelnde Erprobung der Rettungsmittel, die nicht durchgeführten Rettungsmanöver erweisen sich nun als verhängnisvoll. Mister Beesken, ein Passagier im Boot Nummer 12, berichtet später, daß das Boot zwar das Wasser erreichte, aber sich nicht vom Schiff entfernen konnte, da die beiden einzigen Seemänner an Bord nicht

wußten, wie sie die Taue lösen sollten, an denen das Boot zu Wasser gelassen worden war. Inzwischen trieb das Boot an den Leinen unter das Boot Nummer 14, das gerade herabgefiert wurde. In letzter Minute gelang es den Passagieren, die Taue zu kappen. (82)

1.27 Uhr: Das Boot Nummer 13 schwimmt.

1.30 Uhr: Boot Nummer 15 mit Passagieren der 3. Klasse legt ab.

1.35 Uhr: Boot Nummer 14 setzt auf dem Wasser auf.

Der Fünfte Offizier der ›Titanic‹, Harold Godfrey Lowe, feuert ziellos Schüsse aus seiner Dienstpistole ab. Eine unbestätigte Aussage, die sich in verschiedenen Varianten wiederfindet.

»Als wir an Deck vorbeigefiert wurden, wußte oder befürchtete ich, daß das Boot jeden Augenblick unter meinen Füßen durchbrechen konnte. Mir war höchst mulmig bei dem Gedanken ... Ich hatte das Boot überladen, aber ich war mir auch im klaren, daß ich ein gewisses Risiko eingehen mußte ... Wenn auch nur eine einzige Person ins Boot fiel, konnte durch den leichten Ruck der plötzlichen, zusätzlichen Belastung der Haken reißen oder sonst etwas kaputtgehen ... Als wir an den Decks vorbeikamen, an den offenen Decks, sah ich längs der ganzen Reling einen Haufen Italiener – bedenken Sie – das Deck war offen, und sie starrten uns alle mehr oder weniger wie sprungbereite wilde Tiere an. Deshalb rief ich »Wahrschau« (ein seemännischer Ausdruck für »Achtung«, d. Verf.) und schoß am Schiff vorbei.« (33)

1.40 Uhr: Berthon C, das Rettungsfloß bzw. Behelfsboot C wird von Männern geräumt. Das Boot wird dann mit Frauen und Kindern besetzt. Der Präsident der White Star Line, → Ismay, springt jetzt mit in dieses Boot, das ebenfalls unterbesetzt ist. Zuvor war er unmittelbar an den Rettungsarbeiten beteiligt.

1.45 Uhr: Boot Nr. 2 wird ebenfalls von Männern geräumt, um für Frauen und Kinder Platz zu schaffen. 30 Frauen, Kinder und einige Männer haben das Boot besetzt, als es ablegt.

1.55 Uhr: Das letzte Rettungsboot, Nummer 4, wird mit 24 Frauen an Bord gefiert und aus der Nähe der sich über den Bug neigenden ›Titanic‹ gebracht.

2.05 Uhr: Behelfsboot D mit dem Zweiten Offizier Lightoller legt von der ›Titanic‹ ab. Das Wasser reicht bis zum C-Deck. Der Funker Phillips wird aus dem Funkraum geholt. Das Behelfsboot B wird auf das Bootsdeck geschoben und von den Fluten erfaßt. Durch das plötzliche Absacken der ›Titanic‹ entsteht eine große Welle, die das Behelfsboot B umschlägt. Unter dem umgeschlagenen Behelfsboot befindet sich der Zweite Funker Harold Bride.

Das Vorschiff der ›Titanic‹ liegt unter Wasser. Ganze Menschenmassen kommen jetzt auf die oberen Decks. Das Schiff erreicht eine Neigung von 15 Grad.

Überlebende Passagiere in den Rettungsbooten sehen das Ende des Schiffes, das sich bis in die letzten Minuten hell erleuchtet vom Himmel abhebt.

»Das Deck war uns leicht zugewandt. Wir konnten Gruppen der fast 1500 noch an Bord befindlichen Menschen sehen: In Trauben hingen sie zusammen oder bewegten sich wie ein Bienenschwarm über das Schiff, um dann in Scharen zu zweit oder einzeln herabzustürzen, als sich das mächtige, über 60 m lange Achterschiff emporhob. Vom dritten Schornstein nach achtern stand jetzt die ›Titanic‹ reglos senkrecht aus dem Wasser ... Die drei gewaltigen Schiffsschrauben ragten ganz oben in die Dunkelheit hinein. In dieser erstaunlichen Stellung verharrte das Schiff etwa fünf Minuten.«

»Draußen in den Booten trauten die Menschen kaum ihren Augen, über zwei Stunden lang hatten sie zugeschaut und immer noch gehofft, während die ›Titanic‹ tiefer und tiefer sank. Als das Wasser ihre roten und grünen Positionslaternen erreichte, wußten sie, daß das Ende nahe war.«

»Gesehen und ungesehen stürzten taumelnd die Großen und die Unbekannten in einen sich windenden Haufen zusammen, als der Bug tiefer tauchte und das Heck sich höher erhob ... Die Lichter gingen aus, flackerten wieder auf, erloschen endgültig ... Das dumpfe Poltern und Zerbrechen klirrender Gläser wurde lauter. Ein gleichmäßiges Grollen donnerte über die See dahin, alles, was nicht niet- und nagelfest war, sich losriß und stürzte.« (66)

Einige Passagiere wollen gesehen haben, daß das Schiff in

der letzten Phase, nachdem sich das Heck über die Wasserlinie erhoben hatte, auseinandergebrochen sei. Eine Aussage, die später zwar von Technikern widerlegt wurde, heute, nach dem Auffinden des Wracks, sich jedoch voll bestätigt. (3) (41) (4)

Ein um 0.27 Uhr New Yorker Ortszeit (2.17 Uhr Schiffszeit) aufgefangener Notruf der ›Titanic‹ endet plötzlich.

2.20 Uhr Schiffszeit, 15. April 1912: Die ›Titanic‹ versinkt endgültig, nachdem sie sich nochmals senkrecht aufgebäumt hat. Schließlich, so wird überzeugend berichtet, verschwindet das Schiff langsam über den Flaggenstock am Heck. Diese Beobachtung korrespondiert mit dem Auseinanderbrechen des Schiffes. Es entsteht nur ein leichter Wellenring, der sich ausbreitet und die im Wasser treibenden Menschen sanft schaukelt. Das Schiff sinkt so langsam, daß man selbst in großer Nähe keinen Sog verspürt. (33)

Um 4.10 Uhr nimmt die ›Carpathia‹ die ersten Schiffbrüchigen an Bord.

Rettungsboote

Die ›Titanic‹ führte 16 Rettungsboote und 4 Rettungsflöße (Berthons, Behelfsboote) mit sich. Die Boote trugen steuerbords die ungeraden Nummern 1, 3, 5, 7, 9, 11, 13, 15 und backbords die geraden Nummern 2, 4, 6, 8, 10, 12, 14, 16, die Rettungsflöße die Buchstaben A, B, C, D. Die Rettungsboote waren an Davits auf dem Deck A (Bootsdeck) befestigt. Im Notfall sind alle Boote einwandfrei gefiert worden.

Die Anzahl der Rettungsboote und die möglichen Plätze in den Booten entsprachen den Schiffssicherheitsbestimmungen aus dem Jahre 1894, die auch zur Zeit der Indienststellung

Anordnung der Rettungsboote auf dem Bootsdeck. 1–16: Rettungsboote; A–D: Hilfsrettungsboote

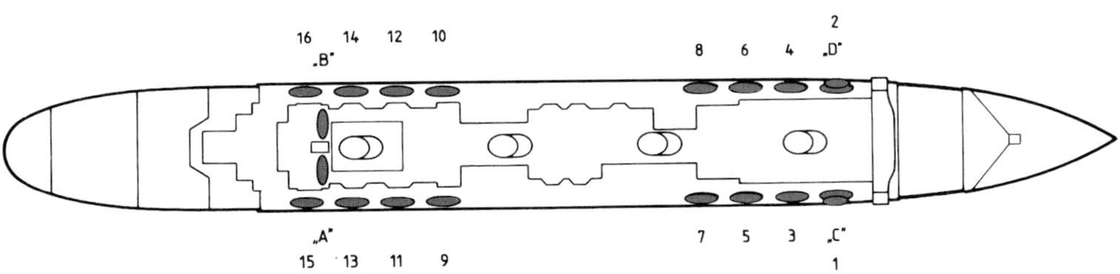

Rettungsboote der ›Titanic‹ an der White-Star-Pier in New York

Hilfsrettungsboot vor dem Anlegen an die ›Carpathia‹

der ›Titanic‹ gültig waren. Danach wurde die Zahl der Rettungsboote von der Tonnage des Schiffes bestimmt. Die ›Titanic‹ besaß demzufolge mehr Rettungsboote und Plätze, als vorgeschrieben waren. In der Untersuchung vor dem US-Senatsausschuß wurde festgestellt, daß die Zahl der Rettungsboote den auch in den USA geltenden Bestimmungen entsprach.

Ungeklärt ist, wie viele Passagiere und Besatzungsmitglieder zunächst in den Rettungsbooten Platz gefunden hatten. Sicher befanden sich anfänglich mehr Passagiere in den Booten, als schließlich von der ›Carpathia‹ geborgen wurden, da einige Passagiere ins Wasser stürzten bzw. in den Booten gestorben sind. Es gibt erheblich voneinander abweichende Schätzungen.

Boot Nr./ Plätze		White-Star-Schätzung	Engberg 1995	Barabas 1998
1	40	12	12	12
2	40	26	18-20	18
3	65	50	36	40
4	65	40	30-40	38
5	65	41	40	40
6	65	28	24	24
7	65	27	24–25	25
8	65	39	26	28
9	65	56	45–50	50
10	65	55	30–35	?
11	65	70	50-55	55
12	65	42	30	30
13	65	64	60	60
14	65	63	45–50	30
15	65	70	65	65
16	65	56	40	40
A + B	94	60	50	?
C	47	71	35–40	40
D	47	44	24	25
Summen		**914**	**712**	**620**

Der rettende Dampfer ›Carpathia‹ war das einzige Schiff, das Überlebende an Bord genommen hat. Nach Angaben Kapitän Rostrons waren es 705 Personen. Der Zahlmeister der ›Carpathia‹ hat in der späteren britischen Untersuchung ausgesagt, er habe noch weitere 6 Personen auf einer gesonderten Liste aufgeführt. Es ist also von einer Zahl von 711 Überlebenden auszugehen. Entsprechend der Kapazität in den Booten (siehe Tabelle, Spalte 1) hätten theoretisch 1178 Menschen gerettet werden können. Selbst bei voller Auslastung der Boote hätten allerdings von den sich an Bord befindenden 2207 Menschen noch über 1000 den Tod gefunden. Aus dieser Erkenntnis heraus wurde die ›Olympic‹ 1913 mit zusätzlichen Rettungsbooten ausgerüstet.

Romane

Zum ›Titanic‹-Thema gibt es zahlreiche Romane, die im zeitlichen Vorfeld der ›Titanic‹-Katastrophe erschienen und nun durch die tatsächlichen Ereignisse eine hohe Aktualität bekamen. Sie hatten das Thema eines Seeunfalls zum Inhalt. Der besonders zwischen Europa und Amerika zunehmende Seeverkehr brachte es mit sich, daß die Reedereien mit immer größerer technischer Vervollkommnung die Überfahrt über den Atlantik zu einem ungefährlichen, von der Natur kaum noch zu störenden Vergnügen stilisierten. Auf der anderen Seite wurde seitens kritischer oder wenigstens aufmerksamer Autoren immer öfter die Gefahr eines großen Seeunfalls heraufbeschworen, ja vorausgeahnt. Zu diesen Büchern gehört der Roman »Futility« von M. Robertsen. (55) Darin beschreibt Robertsen die Kollision eines großen Schiffes – das zudem ›Titan‹ heißt – mit einem Eisberg. Der Roman erschien 1898, also 14 Jahre vor dem Unglück, erlebte aber nach dem Unglück eine besonders große Popularität. In deutscher Übersetzung erschien der Roman erst in jüngster Zeit.

In dieselbe Kategorie gehört der Roman »Atlantis« von Gerhart → Hauptmann, der sich an das Unglück des deutschen Dampfers ›Elbe‹ im Jahr 1895 anlehnt, bei dem 332 Menschen umkamen.

Eine zweite Gruppe von Romanautoren setzt sich mit dem Unglück selbst auseinander und benutzt die Katastrophe als Rahmenhandlung für die Auseinandersetzung mit den gesellschaftlichen und technischen Gegebenheiten. Bernhard → Kellermann schrieb den Roman »Der Tunnel« als Reaktion auf die Unsicherheit der Seefahrt, später »Das Blaue Band«. Joseph → Pelz von Felinau schrieb seinen nationalistisch gefärbten Roman »Titanic – Tragödie eines Ozeanriesen«, der nach dem Auffliegen seines »Beraters« als Hochstapler in einigen Passagen geändert wurde.

»Das Schiff der Verlorenen«, ein Abenteuerroman von Günter Krupkat, 1964 in der DDR erschienen, griff eine Zeitungsmeldung auf, derzufolge ein im Eis eingeschlossener Mann in Abendgarderobe aufgefunden worden sei. An die-

Joseph Pelz von Felinau

sem fiktiven Fund aufgehängt, wird in einem Abenteuerroman das Schicksal der ›Titanic‹ jugendlichen Lesern nahegebracht.

Unübertroffen in seiner intensiven Betrachtung der sozialen Bedingungen zum Beginn des 20. Jahrhunderts, seiner Dichte und seinem literarischen Anspruch ist das Buch von Eric Fosnes-Hansen »Choral am Ende der Reise«. In subtiler Weise wird das fiktive Schicksal der einzelnen Mitglieder der Bordkapelle erzählt, die sich auf der ›Titanic‹ am Ende ihres Lebensweges finden. Die ›Titanic‹ ist schließlich der Ort, an dem sich ihr Schicksal gemeinsam vollendet. Bemerkenswert sind die genauen Details der Schiffsgeschichte, die der Leser zwischen den Romanepisoden erfährt. Dadurch gewinnt die Romanhandlung räumliche Authentizität. (24)

»Hebt die Titanic« von Clive Cussler ist eine Aufforderung an jene Abenteurer, die einen besonderen Rohstoff in den Bunkern der ›Titanic‹ verborgen wissen. Ihn zu heben, führt zu politischen Verwicklungen zwischen den Supermächten. Doch die ›Titanic‹ ist hier Kulisse, wie für viele ähnliche Bücher, die das Schiff, – warum auch nicht? – nur zur Effekthascherei nutzen.

Warum fasziniert die ›Titanic‹ über viele andere ähnliche Schicksale hinaus noch heute? Die Antwort Clive Cusslers: »Sie ist ein versunkenes Archiv einer Epoche.« (15)

Ruder

Das Ruder soll das Schiff in eine bestimmte Richtung lenken. Eine Bewegung nach links oder rechts ändert jeweils die Fahrtrichtung aus der Geraden. Wie schnell ein Schiffskörper

auf die Ruderstellung reagiert, hängt von der Gestaltung des Ruders und der so entstehenden Strömungsänderung ab. Daher gab es naturgemäß auch viele Fragen zur Wirksamkeit des Ruders im Falle des »rechts voraus« entdeckten Eisberges in der Nacht des 14. Aprils 1912.

Das bei der ›Olympic‹-Klasse eingesetzte »Blattruder« entsprach nicht mehr den damaligen strömungstechnischen Erkenntnissen, stellte aber für den Schiffskörper eine einfache und sichere Lösung dar. Das aus fünf einzelnen Gußteilen gefertigte Ruder wurde von einer darauf spezialisierten Firma konstruiert und geliefert. Das Ruder war aus besonders belastbarem Material gefertigt und mit fünf Haken in Ruderösen befestigt. Vor dem Ruder befand sich die mittlere Schiffsschraube, die von der Dampfturbine angetrieben wurde. Diese Schraube drehte sich nur in einer Richtung, d. h. im Vorwärtsgang. Die Montage des Ruders hinter der zentralen Schiffsschraube sicherte die verhältnismäßig schnelle Reaktion des Schiffskörpers auf die Richtungsänderung. Allerdings war seit 1907 auch ein sogenanntes »Balance-Ruder« im Einsatz, das bereits erfolgreich bei den Cunard-Dampfern ›Mauretania‹ und ›Lusitania‹ eingesetzt wurde. Es bestand aus zwei Ruderelementen: aus einem kleinen Flügel vor der Auf-

Aus dieser Perspektive ist die gigantische Ruderkonstruktion besonders gut zu sehen.

hängung und aus dem Hauptflügel hinter der Ruderachse. Durch eine bessere strömungstechnische Wirkung reagiert der Schiffskörper schneller auf die veränderte Richtung des Ruderblattes.

Bei der kurzen zur Verfügung stehenden Strecke vom Schiff bis zum erkannten Hindernis war eine schnellere Reaktion beim Abdrehen vor dem Eisberg kaum möglich. Ob das modernere Balance-Ruder hier eine rettende Wirkung gezeigt hätte, bleibt ein akademischer Streit. (36) Die offenbar bessere Variante nach Erkennen des Eisberges hätte in einer frontalen, beabsichtigten Kollision mit dem Eisberg bestanden. Entsprechende Simulationen sollen zu diesem eindeutigen Ergebnis geführt haben. (48) (→ Maschinen)

Sachbücher

Sachbücher zum ›Titanic‹-Thema sind in unübersichtlich großer Zahl erschienen. Eine aktuelle Übersicht über derzeit in Deutschland sofort zugängliche Literatur weist etwa 50 Titel aus.

Eine erste Serie von Büchern zu diesem Thema stammt aus der Zeit unmittelbar nach dem Schiffsuntergang, es sind Erlebnisberichte von Zeugen des Geschehens, teils nachgestellte Berichte aufgrund von Erzählungen Beteiligter – dazu gehören Lawrence Beesley aus London und H. Hesse (32) – oder vermeintlich Beteiligter wie → Dittmar-Pittmann. (17)

Später wenden sich Schriftsteller und Journalisten, die sich auch schon in anderen wissenschaftlich-technischen Disziplinen einen Leserkreis geschaffen haben, diesem Thema zu. Unter ihnen finden sich Hans Dominik (248) und Bruno H. Bürgel. (12)

Mit der Entdeckung des Wracks der ›Titanic‹ oder schon im Vorfeld der ersten Suchexpeditionen, entsteht eine neue Sachbuchqualität. Man spürt das deutliche Bemühen um eine sachliche Darstellung einer technisch bedeutsamen Epoche, frei von Sentimentalität und Mythen. Das Schiff, seine Geschichte und sein Schicksal werden sorgfältig dokumentiert, parallel dazu wird intensiv nach neuem, bis dahin nicht ver-

öffentlichtem Material gesucht. Beispielhaft für diese Literatur sind die in England erschienenen Bücher von Eaton/Haas und Lynch. (20) (102) Die englische Literatur folgt hier einer ungebrochenen Tradition, wissenschaftlich-technische Sachverhalte optisch brillant und inhaltlich exakt aufzubereiten.

Wichtige Bücher erschienen nach den ersten nichtkommerziellen Expeditionen von Ballard. (34) (3) Zeitgleich mit dem ›Titanic‹-Film von → Cameron oder wenig später erschien eine Flut von sachlich ernst zu nehmenden Büchern. Bemerkenswert ist z. B. die Dokumentation von McCluskie »›Titanic‹ im Detail«, auch sehr willkommen in diesem Zusammenhang die Übersetzung der »›Titanic‹-Protokolle‹«. (219) (48)

Die deutsche »Stiftung Lesen« begleitete den ›Titanic‹-Film mit einem sorgfältigen Literaturangebot zur Geschichte und Technikgeschichte und natürlich auch zum aktuellen ›Titanic‹-Thema. (167)

Schiffbau im Umfeld der ›Titanic‹

Mit den britischen Schiffen ›Lusitania‹ und ›Mauretania‹ sollte Anfang des 20. Jahrhunderts der Schiffbau eine neue technische Dimension bekommen. Erstmals sollte ein Passagierschiff die Überlegenheit der Turbinen-Antriebsanlage über die Kolbendampfmaschine demonstrieren, und zwar mit noch höherer Geschwindigkeit und besserer Fahrplantreue als gewohnt. Die Reederei beabsichtigte, das → Blaue Band, das derzeitig der Dampfer ›Kaiser Wilhelm II.‹ des Norddeutschen Lloyds Bremen für sich beanspruchte, wieder nach Großbritannien zu holen. Um dieses Ziel zu erreichen, hatte Cunard einen revolutionären Schritt unternommen: Nach sorgfältiger Berechnung und Erprobung des Turbinenantriebs entschieden sich die Ingenieure für diese neuartige Antriebsart. Die Auseinandersetzungen zwischen den Befürwortern der alten und bewährten Kolbendampfmaschine und denen des Turbinenantriebs waren durch einen praktischen Versuch zugunsten der Neuerer entschieden worden: Zunächst wurden 1903 bei der Werft Brown für Testzwecke zwei gleich

große Passagierdampfer in Auftrag gegeben. Sie wurden mit unterschiedlichen Antriebsanlagen ausgerüstet. Die Praxis sollte die Vorteile des Turbinenschiffs ›Carmania‹ über den mit Kolbenmaschinen betriebenen Dampfer ›Caronia‹ beweisen. Das mit Turbinen ausgestattete Schiff war bei geringerem Kohlebedarf etwas schneller. Die Turbinenanlage lief zuverlässig und auch die oft bei Kolbenmaschinen auftretenden Vibrationen des Schiffskörpers waren bei der moderneren Anlage merklich geringer.

Diese Tests konnten natürlich nicht alle Risiken beseitigen – immerhin sollte die Turbinenmaschine auf einem fast doppelt so großen und wesentlich schnelleren Passagierschiff zuverlässig arbeiten. Dieser moderne Antrieb hatte sich zuvor nur bei kleinen Kriegsmarine-Fahrzeugen bewähren können. Am 7. September 1907 ging die ›Lusitania‹ auf ihre Jungfernreise nach New York. Bei dieser Reise sollten sich zunächst ihre Maschinen einlaufen, und die Besatzung sollte sich mit der neuen Maschine vertraut machen. Auf der zweiten Reise im Oktober 1907 erzielte das Turbinenschiff auf der Strecke Queenstown – Ambrose mit 23,99 kn Durchschnittsgeschwindigkeit einen neuen Rekord. Auf der Heimreise brach es den selbstaufgestellten Rekord auf der Ost-West-Route mit 23,61 kn. Ein Zeitzeuge kommentierte dieses Ereignis in der Londoner »Times« am 11. Oktober 1907: »Alle sind begeistert über die glänzende Reise der Lusitania, und Gustav Schwab vom Norddeutschen Lloyd hat der Cunard Line das Blaue Band übergeben. Die Deutschen erkennen an, daß sie das beste Schiff ist. Vier deutsche Ingenieure haben an Bord der Lusitania Notizen gemacht und fotographiert. Ich glaube, unsere Ingenieure dürfen mit Recht stolz darauf sein, daß unsere Konkurrenten in Schiffbau und Schiffahrt von interessanten Details Notizen und Fotos machen.«

Noch im Herbst desselben Jahres wurde das Schwesterschiff ›Mauretania‹ fertiggestellt. Nach einer 7tägigen Erprobung auf See wurde sie von der Cunard Line in Dienst gestellt. Sie war nur um 388 BRT größer als die ›Lusitania‹. Deutlichere Unterschiede gab es bei den Maschineneinrichtungen: Die 25 Kessel der ›Mauretania‹ hatten etwas mehr Heizfläche und eine größere Ausdehnung der Roste, die Turbinen hatten

mehr Schaufeln, und ihr Kohleverbrauch war um 90 bis 150 Tonnen pro Seemeile niedriger als veranschlagt. Das war eine bescheidene Arbeitserleichterung für die 324 Heizer und Trimmer, aber auch ein weiterer Pluspunkt für die Gewinn-Verlust-Rechnung. Die ›Mauretania‹ war sogar noch etwas schneller als ihr Schwesterschiff und übertraf mehrfach die Rekordzeit zwischen England und Nordamerika. Auf ihrer ersten Reise heimwärts (Ambrose – Queenstown) schaffte das Dampfschiff im November 1907 mit 23,69 kn Dauerleistung eine Reisezeit von nur 5 Tagen, 5 Stunden und 10 Minuten. Im September 1909 durchfuhr es die Strecke Daunts Rock – Sandy Hook mit der beachtlichen Geschwindigkeit von 26,06 kn.

Außer der bemerkenswerten Geschwindigkeit erregte ihre Betriebssicherheit und die Fahrplantreue das Interesse der Fachleute und Laien. In einer fast 3jährigen Einsatzzeit von Januar 1909 bis Ende November 1911 mußte die ›Mauretania‹ nicht ein einziges Mal zwecks größerer Reparaturen bzw. Dockzeit außer Dienst gestellt werden. In diesem Zeitraum absolvierte sie 44 Rundreisen, d.h. 88 Atlantikü berquerungen. Das entsprach einer Strecke von 264 000 sm oder 488 928 km.

Ein Blick auf den deutschen Schiffbau und seine Strategien zeigt, daß er im Transatlantikverkehr beachtliche Leistungen aufzuweisen hatte. Der Norddeutsche Lloyd (NDL) war mit vier großen Schiffen auf dem Atlantik präsent. 1907 ging mit ›Kronprinzessin Cecilie‹ der letzte von vier »Vierschornsteinern« auf die Reise. Mit der größten je in ein Schiff eingebauten Dampfmaschine und 45 000 PS konnte dieses sehr luxuriös ausgestattete Schiff jedoch nicht die Leistung der neuen Dampfturbinenschiffe von Cunard erreichen. Der letzte deutsche »Rekordbrecher« auf dem Nordatlantik vor dem Ersten Weltkrieg war ›Kaiser Wilhelm II.‹, der mit einer Durchschnittsgeschwindigkeit von 23,85 kn die Meßstrecke in 5 Tagen, 11 Stunden und 58 Minuten durchfuhr. Vier Dampfmaschinen mit insgesamt 44 000 PS trieben das Schiff an.

Den Höhepunkt des deutschen Luxusschiffbaus bildeten die Schiffe der → ›Imperator‹-Klasse mit über 50 000 BRT. Sie wurden auch als »schwimmende Kaiserpaläste« bezeichnet.

Schiffsnamen

Schiffe haben normalerweise repräsentative Namen, die oft auch Programm sind.

Titanenhaft, mächtig und riesig mußten die Schiffe der Zukunft sein, die für Großbritannien und die White Star Line den Ruhm des technischen Fortschritts um die Welt tragen sollten. Deshalb waren die Titanen der griechischen Mythologie ideale Namenspatrone für die Schiffe der White-Star-Reederei, dienten als Synonyme für den Kampf gegen die Götter und die Gewalten der Natur. Bei der Benennung der schwimmenden Wunderwerke wurde allerdings nicht bedacht, daß die Titanen im Kampf gegen Zeus, den Herrscher über Himmel und Erde, letztendlich unterlagen. Nach zehnjähriger Auseinandersetzung befreite nämlich Zeus die Zyklopen, und die Titanen wurden in den Abgrund geworfen, »der so weit unter der Erdoberfläche als der Himmel über der Erde ist«.

Die ›Titanic‹ kam im Jahre 1912 rund 3800 m unter dem Meeresspiegel auf dem Abgrund am Rande der Neufundlandbänke zu liegen. Geldgeber, Konstrukteure und schließlich auch die Seeleute hatten den Kampf gegen die Natur ebenso verloren wie ihre mythischen Paten. Man war mit dem Anspruch der technischen Vollkommenheit so selbstsicher angetreten, daß man über das Schicksal der Titanen in der griechischen Mythologie hinwegsah, als man der ›Olympic‹, die mit ihrem Namen den Sitz der Götter symbolisierte, die ›Titanic‹ zugesellte ... Zur Bescheidenheit veranlaßt, wurde das dritte Schiff dieser Klasse später als → ›Britannic‹ in Dienst gestellt und nicht, wie vorgesehen, auf den Namen ›Gigantic‹ getauft.

Schiffssicherheit

Die ›Titanic‹-Katastrophe und die darauf schnell erfolgenden internationalen Regelungen sind verständlich, wenn man die Geschichte der Schiffssicherheit betrachtet. Havarien waren im letzten Drittel des 19. Jahrhundert keinesfalls ungewöhn-

lich. Zu den elementaren Gewalten auf See gesellten sich zunehmend technisch bedingte Havarien wie Mastbrüche, Maschinenschäden, Navigationsfehler, Brände und Brennstoffmangel. Mit jeder Havarie wurden neue Erfahrungen gesammelt. Die Sicherheit auf See entsprang den spontanen Schlußfolgerungen, die aus Havarien gezogen wurden. Die 70er Jahre des 19. Jahrhunderts mit dem aufkommenden Eisen- und Stahlschiffbau führten beispielsweise zur Schottenbauweise für Handels- und Kriegsschiffe. Eine neue Technologie und neues Material eröffneten in diesem Fall den Weg zu einer neuen und größeren Sicherheit auf See. Auch die Funktelegrafie und der Nachrichtenaustausch auf See erwiesen sich als ein wichtiges Element der Sicherheit für Mensch und Schiff. Allerdings blieb es bis zum Anfang des 20. Jahrhunderts eine Angelegenheit der Schiffseigner, welche Neuerungen sie zugunsten der Sicherheit ihrer Schiffe, ihrer Mannschaften und Passagiere nutzten. Auch Regierungen und Ministerien kümmerten sich wenig um Ausrüstung, Seetüchtigkeit und Sicherheit der Handelsflotten. Ein typischer Streit jener Zeit betraf die Positionslaternen. Noch vor gut 100 Jahren überließ man die Lichterführung dem Reeder bzw. dem jeweiligen Schiffsführer.

Erst in der zweiten Hälfte des 19. Jahrhunderts bildeten sich zögernd zunächst private, später staatliche Aufsichtsgesellschaften zur Gewährleistung der Sicherheit auf See. Diese sogenannten Schiffsklassifikationsgesellschaften (seit 1834 Lloyds Register of Shipping (LR), London; 1867 Germanischer Lloyd (GL), Hamburg; und 1896 gegründet, das American Bureau of Shipping (ABS), New York) beaufsichtigten den Schiffbau und bewerteten neuerbaute, umgebaute oder reparierte Schiffe und erteilten eine Schiffsklassenurkunde (Schiffsklassenattest), die besagt, daß das klassifizierte Schiff im Rahmen festgelegter Normen seetauglich war. Versicherer und Kunden der Reedereien benötigen dieses Schiffsklassenattest als Sicherheit. Die Klassifikationsgesellschaften reagierten oft erst mit Verzögerung auf technische Neuentwicklungen. So unternahm die britische Klassifikationsgesellschaft »Lloyds Register of Shipping« (LR) nichts gegen die längst überholte Vorschrift des britischen Board of Trade über die Ausrüstung der

Handelsschiffe mit → Rettungsbooten, die seit 1894 unverändert bei einer Schiffstonnage von 10 000 BRT endete, obwohl schon längst weit größere Passagier-Schnelldampfer gebaut wurden. Ende der 90er Jahre führte Hapag die sogenannte »Sicherheitsrolle« für das Schiff ein. Diese »Rolle« ist ein Plan, in dem die Funktionen und die Einsatzorte aller Mannschaften bei Notfällen namentlich verbindlich festgelegt sind:

»Die unabdingbare Voraussetzung für die Erfüllung dieses Anspruchs ist ein hoher Ausbildungsstand der Schiffsbesatzungen, und zwar aller Besatzungsmitglieder, sowie ein einwandfreier Zustand der technischen Ausrüstungen.«

Die Einführung der Sicherheitsrolle war eine Konsequenz verlustreicher deutscher Schiffshavarien, u. a. des Untergangs des NDL-Schnelldampfers ›Elbe‹ im Jahr 1895. Viele Reedereien – aber leider längst nicht alle – forderten seither ein strenges Reglement auf ihren Schiffen, das sich in folgenden Forderungen ausdrückte:

»Sofort nach completer Anmusterung muß der erste Offizier unter Hinzuziehung des leitenden Maschinisten die Sicherheitsrolle aufstellen. Aus dieser muß die Funktion eines jeden Mannes der Besatzung für die verschiedenen Manöver deutlich und klar ersichtlich sein.« (200)

Wiederholte Forderungen der Praktiker ergaben nun erste verbindliche Anweisungen über die Anzahl und die Ausstattung der Rettungsboote, über die Sicherheitsrolle und die Manövereinteilung der Besatzung. Aber alle diese Maßnahmen blieben zunächst Ausnahmen. Sie waren national begrenzt oder den privaten Interessen und Handlungen des jeweiligen Reeders überlassen.

Schiffssicherheitskonferenz

Eine von der britischen Regierung einberufene erste internationale Beratung zu verbindlichen Schiffssicherheitsbestimmungen ging später als »›Titanic‹-Konferenz« in die Schifffahrtsgeschichte ein. Diese Konferenz sollte Erkenntnisse aus der ›Titanic‹-Katastrophe beraten und für alle schiffahrttrei-

benden Länder verbindliche Konsequenzen beschließen, durch die auch tatsächlich die Sicherheitslage auf dem Meer deutlich verbessert wurde.

Die Konferenz begann am 12. November 1913 mit der Verabschiedung eines Vertragsentwurfes. Die Grundlage bildeten langjährige Erfahrungen von Seeleuten und Reedereien, die Aussagen und Forderungen von Experten, der Öffentlichkeit und der Organisation von Seeleuten sowie die Ergebnisse der umfangreichen Untersuchungen der ›Titanic‹-Havarie vom April bis Juni 1912 in den USA und in Großbritannien.

Zur Beratung stand das seit 1912 vorbereitete Übereinkommen »Zum Schutz des menschlichen Lebens auf See«, abgekürzt SOLAS (Safety of Human Live at Sea).

Die auf der ›Titanic‹-Konferenz gefaßten Beschlüsse bezogen sich vorrangig auf folgende Sachverhalte:

1. Anzahl der Rettungsboote und Rettungsausrüstungen,
2. Schotteneinteilung von Passagierschiffen und Bauvorschriften für die Schiffe,
3. funktelegrafische Ausrüstung der Schiffe,
4. allgemeine Sicherheit auf See.

»Rettungsbootsraum für alle« forderten die Konferenzteilnehmer für alle Passagierschiffe. Darüber hinaus wurde die Anwendung weiterer Rettungsgeräte (Rettungsflöße, Bojen, Schwimmgürtel), Anordnung der Zu- und Ausgänge und der Feuerschutzmittel einheitlich geregelt. Außerdem gab es genaue Bestimmungen für die Besetzung der Rettungsboote, die Lecksicherung und die Einteilung aller Personen für Rettungsmanöver und deren Ablauf. Besonderer Wert wurde auf die Neufassung der Bau- und Schottenvorschriften gelegt. Das wichtigste Ergebnis dieser Konferenz war jedoch die wesentliche Verbesserung der Bau- und Ausrüstungsvorschriften, sowie die Anpassung der Klassifikationsvorschriften. Es blieb dem Reeder jetzt nicht mehr selbst überlassen, ob er sein Schiff nach den Vorschriften der Klassifikationsorgane bauen und ausrüsten ließ oder nicht.

Die Londoner Konferenz legte auch für die Funktelegrafie Regelungen fest: So mußten ab sofort Seeschiffe, die ausländische Häfen anliefen und mehr als 50 Personen an Bord hatten, mit Funktelegrafie-Anlagen ausgerüstet werden. Das be-

traf allerdings nur etwa acht Prozent aller Seehandelsschiffe, die große Mehrheit konnte nach wie vor nur auf Sicht- und Rufweite Informationen und Signale austauschen.

Die Vertragspartner verpflichteten sich außerdem, im nördlichen Teil des Atlantischen Ozeans Maßnahmen zur Zerstörung von Wracks einzuleiten, die herren- und führerlos auf dem Meer trieben und die Schiffahrt gefährden konnten. Man legte die Gründung eines → Eiswarndienstes fest. Jeder Kapitän wurde verpflichtet, gesichtetes Eis oder gefährliche Wracks sofort den in der Nähe befindlichen Schiffen und den zuständigen Landstellen zu melden. Der Artikel 10 sah vor, die Geschwindigkeit in diesem Falle zu mindern oder den Kurs zu ändern, »damit ein Schiff sicher durch den Gefahrenbereich kommt«.

Weitere sicherheitsfördernde Maßnahmen waren die einheitliche Anwendung international vereinbarter Notsignale, die Nutzung der neu festgelegten Seewege auf dem Nordatlantik, die Lichterführung und die Ausstellung eines amtlichen Sicherheitszertifikates über den Zustand des betreffenden Schiffes nach den Vorschriften des Internationalen → Schiffssicherheitsvertrages.

Schiffssicherheitsvertrag

In den Jahren 1913/1914 schufen Vertreter aus mehr als 40 Ländern auf der → Schiffssicherheitskonferenz in kurzer Zeit den Entwurf für den Internationalen Schiffssicherheitsvertrag (ISSV) oder International Convention for the Safety of Human Life at Sea (SOLAS). So wurde der langjährige Rückstand bei der Regelung der Sicherheit auf See aufgeholt.

Der ISSV vom 20. Januar 1914 sah zunächst eine erste Nachfolgekonferenz für das Jahr 1920 vor, um das Gesetzeswerk zu vervollständigen. Der Kontrakt sollte am 1. Juli 1915 in Kraft treten und ohne jede Zeitbegrenzung bestehen bleiben. Dazu war die Ratifizierung durch die beitretenden Länder bis spätestens 31. Dezember 1914 erforderlich. In verschiedenen Ländern entstanden behördliche Einrichtungen zur Umsetzung und Kontrolle der vielfältigen Auflagen für

Schiffbau und Seefahrt, und einige Reedereien verwirklichten die gesetzlichen Regelungen bei ihren Neubauten, noch bevor der Vertrag in Kraft treten sollte.

Der Erste Weltkrieg – ein Hohn auf jede Sicherheit menschlichen Lebens, auch auf See – verhinderte die Realisierung dieses Vertragswerkes, noch bevor es ratifiziert werden konnte. Es mußten noch 15 Jahre vergehen, bis der überarbeitete Schiffssicherheitsvertrag im Jahre 1929 endlich vorlag und Gesetzeskraft erhielt. Von 1929 bis 1939 bestand er seine erste Bewährungsprobe.

Der Zweite Weltkrieg machte diese Errungenschaften der friedlichen Seeschiffahrt erneut zunichte.

Auf der Grundlage der Beschlüsse von 1929 wurde 1949 auf einer Londoner Konferenz ein ergänzter Schiffssicherheitsvertrag beschlossen. Weitere Fortschritte in der Navigation, der Schiffbau- und Nachrichtentechnik machten 1960 wiederum ein überarbeitetes Vertragswerk erforderlich. Der noch heute gültige Internationale Schiffssicherheitsvertrag (ISSV) wurde mehrmals ergänzt. Er hat inzwischen einen Umfang von über 200 Druckseiten und ist seit Anfang der 80er Jahre geltendes Völkerrecht.

Die wachsende Sicherheit auf See hat mehrere Ursachen: die moderne, verantwortungsvoll gehandhabte Technik, die bessere Ausbildung der Seeleute – aber auch das internationale Vertragswerk für die Sicherheit auf See, das im Gefolge der ›Titanic‹-Katastrophe geschaffen wurde.

Schiffstagebuch → Logbuch

Schotten

Mit dem Einbau der ersten Schotten im Frühjahr 1910 entstand die wichtigste Sicherheitseinrichtung auf der ›Titanic‹. Das stählerne Schottensystem des Neubaus entsprach den Vorschlägen des britischen Bulkhead Committee von 1891. Fünfzehn wasserdichte Schotten trennten den schwimmenden Riesen in 16 Abteilungen. Das garantierte bei einer havariebedingten Flutung von zwei, im Bugbereich von drei

Räumen die Schwimmfähigkeit des Schiffes. Stärke und Qualität des Stahls und die Zuverlässigkeit der zahlreichen wasserdicht verschließbaren Türen sind bis in unsere Tage hinein wesentliche Kriterien für die Widerstandsfähigkeit des Schottensystems. Im Fall der ›Titanic‹ war eine Stahlplattenstärke von 3,5 bis 6,0 cm erforderlich. Bei diesen Dimensionen mußten zusätzlich noch horizontale und vertikale Spanten angebracht werden. Immerhin wurde im Notfall eine Belastung von 70 000 kg/m^2 unterstellt, denen die Kammerwände und Türsysteme standhalten sollten. Doch gerade dieses ausgeklügelte und stabile System von Sicherheitswänden wurde durch einige Konstruktionsfehler unterlaufen, die sich bei der späteren Havarie als zusätzliche Schwachstellen erweisen sollten. So war das Schott 2 nicht bis zum Hauptdeck hochgezogen und ein bei der ›Titanic‹ – im Gegensatz zur ›Olympic‹ – zusätzlich eingebauter → Heizertunnel zwischen dem Kesselraum 6 und den Heizerlogis im Vorschiff stellte ein Sicherheitsrisiko dar. Hier nutzte offensichtlich → Harland & Wolff die entstandene gesetzliche und rechtliche Lücke zwischen fortgeschrittener Technik und zurückgebliebenen Normen für den Schiffbau aus, um den speziellen Wünschen des Auftraggebers – Heizertunnel und niedrigeres Schott 2 – entgegenzukommen. Bei der späteren Auseinandersetzung vor dem englischen Seeunfalluntersuchungs-Ausschuß konstatierte der Generalsekretär des Britischen Lloyds ausdrücklich eine »nach dem Erkenntnisstande bei Inbaugabe des Schiffes zu schwache Schottenkonstruktion ... Denn, zur Zeit der Bauvorschrift von 1885 ... war die Erkenntnis der Beanspruchungen von Schotten mangels hinreichender, systematisch ausgewerteter Untersuchungs- und Betriebserfahrungen noch auf einem ebenso primitiven Stande, wie die Erforschung der Festigkeit der Bauelemente der Schiffe überhaupt. Im Jahre 1909 jedoch bestanden in den Bauvorschriften von Lloyds Bauregeln für Schotten, welche deren Sicherheit verbürgten.« (127)

Allerdings hatte nicht Lloyds die ›Titanic‹ klassifiziert und abgenommen, sondern das staatliche Board of Trade. Die Ursachen für die Versäumnisse am Schottensystem der ›Titanic‹ bleiben im Bereich der Spekulation – ebenso wie

die Antwort auf die Frage, ob eine Vermeidung der Fehler den Verlauf der späteren Katastrophe maßgeblich beeinflußt hätte.

Schuldfrage

Wer hatte Schuld am Unglück des damals größten und schönsten Schiffes der Welt ? Die meisten Schuldzuweisungen seit der Unglücksnacht stammten zunächst von Nichtfachleuten. Die angebliche Jagd um das → Blaue Band, die fehlenden → Ferngläser, der angebliche Druck des Reedereidirektors Bruce → Ismay und jüngst behauptete Qualitätsmängel am Stahl werden als Ursachen für das Unglück herangezogen und damit indirekt Schuldige benannt.

Andererseits haben sich weder die Werft → Harland & Wolff noch die → White-Star-Reederei jemals öffentlich zur Schuldfrage geäußert. Auch die Anhörungen während der Untersuchungen in New York und London haben keine rechtlich wirksamen Schuldsprüche gefällt.

Dennoch haben die Untersuchungen eine Reihe von Ursachen für den Untergang der ›Titanic‹ offenbart, die in der Summe schließlich zur Katastrophe nach der Eisbergkollision führten.

1. Die Leitung der Werft von Harland & Wolff hatte konstruktive Fehler gemacht. So erwies sich der → Heizertunnel als eine bedauerliche Fehlerquelle nach dem Leckschlagen des Schiffes, ebenso die zu geringe Höhe der → Schotten. Möglicherweise hätte auch ein moderneres Ruder ein schnelleres Ausweichmanöver zugelassen.

2. Die ungenügende Erprobung des Schiffes nach seiner Fertigstellung und die unzureichende Einweisung des Schiffspersonals können dazu geführt haben, daß die → Rettungsboote im Katastrophenfall nicht ausgelastet wurden.

3. Die staatlichen Kontroll- und Aufsichtsbehörden haben zu verantworten, daß veraltete Bestimmungen beim Bau und der Ausrüstung der ›Titanic‹ angewendet wurden, die es zuließen, daß nur zwanzig Rettungsboote im Notfall zur Verfügung standen.

4. Die Schiffsleitung unter → Kapitän Smith hat in der fast dreistündigen Havariesituation insofern versagt, als sie durch unzureichende Organisation für den Tod von zahlreichen Passagieren verantwortlich zu machen ist.

5. Das schuldhafte Verhalten von Kapitän → Lord, der den Dampfer → ›Californian‹ befehligte, ist nicht nachgewiesen worden. Er kann allenfalls für unterlassene Hilfeleistung nach der Havarie verantwortlich gemacht werden.

Seereise

Die eigentliche Seereise begann in Queenstown mit Kurs auf New York. Eine erste Bilanz des Zahlmeisters der ›Titanic‹ konnte nicht positiv gewesen sein: Auf dem Schiff blieben 1295 Passagierplätze ungenutzt.

Die ›Titanic‹ am 2. April 1912, kurz nach der Abreise von Belfast

Die Gesamtdistanz von Queenstown bis Ambrose-Feuerschiff, das ist zunächst die direkte Ansteuerung von New York, beträgt rund 2780 sm (das entspricht 5149 km). Das Schiff befand sich nun auf der traditionsreichen »Irischen« Route nach Nordamerika. Setzte man voraus, daß die technischen Einrichtungen einwandfrei funktionierten und die Maschinen die vorgesehene Dauerleistung erreichten, würde die ›Titanic‹ eine Reisegeschwindigkeit von 21,0 bis 22,5 kn haben. Bei günstigen Wetterbedingungen konnte man damit rechnen, daß das Schiff am Dienstag, dem 16. April, gegen 20.30 Uhr vor dem Hafen von New York einträfe. So sah es auch der → Reiseplan der Reederei vor, der in Zeitschriften und Zeitungen zu beiden Seiten des Atlantiks bekanntgemacht worden war. Für Sonnabend, den 20. April, 12.00 Uhr, war die Rückreise der ›Titanic‹ nach Europa vorgesehen. Nach dem Verlassen von Queenstown befanden sich außer den Fahrgästen nur wenige Güter an Bord der ›Titanic‹. Das war für Schiffe dieser Art normal, die Haupteinnahmequelle bildeten die Tickets der Passagiere. Für die Übernahme von Kisten, Säcken, Maschinen und weiteren Waren hatten diese Schiffe nur begrenzte Möglichkeiten. Außerdem hätte ein umfangreicher Lade- und Löschbetrieb die Liegezeiten in den Häfen unvertretbar verlängert. Insgesamt befanden sich an Bord der ›Titanic‹ etwa 350 t Fracht, darunter Tee und ein Posten geschälter Walnüsse. Das versicherte Frachtgut bestand aus über 13 500 Sack Post, wenigen hundert Kolli (verpacktes Postgut) Eilsendungen sowie besonders wertvollen Waren. Nicht zuletzt brachten die Fahrgäste allerhand Hab und Gut mit an Bord. Außer großen Kleiderkoffern und einigen Haustieren konnte die ›Titanic‹ auch Autos der Reisenden befördern, die jedoch erst auf der Rückreise an Bord genommen werden sollten. Das mitgeführte Eigentum der Fahrgäste der 1. und 2. Klasse repräsentierte seinerzeit einen Wert von 38 Millionen Mark. (66)

So beladen trat die ›Titanic‹ die Reise über das offene Meer an. Sie war damit eines von etwa 2500 Schiffen, die täglich diesseits und jenseits des Atlantiks oder zwischen den amerikanischen und europäischen Küsten auf Fahrt waren.

Seeunfalluntersuchung
London, April bis Juli 1912

Am 22. April 1912, drei Tage nach dem Beginn der amerikanischen Anhörung, hatten britische Dienststellen beschlossen, ebenfalls eine Untersuchung der ›Titanic‹-Havarie durchzuführen. Sie begann Ende April und legte am 30. Juli 1912 einen Bericht vor. Das eigentliche Protokoll – das Ergebnis einer eigens berufenen parlamentarischen Untersuchungskommission – umfaßte viele tausend Seiten.

Der Vorsitzende Lord Mersey war zwar kein Seemann, hatte aber als Vertrauter der Krone Justiz-Assessoren und Schiffahrtsexperten zu seiner Verfügung. Wenn diese Untersuchungskommission auch nur Empfehlungen und keine Verurteilungen im gerichtlichen Sinne vornehmen konnte, erwartete man doch eine Aufklärung der Unglücksursachen sowie eindeutige Konsequenzen für mehr Sicherheit auf See.

Lord Mersey, der Vorsitzende der Seeunfalluntersuchung

Zur Vorbereitung der Verhandlung stand weit mehr Zeit zur Verfügung, als für die unmittelbar nach dem Verlust der ›Titanic‹ abgehaltene Verhandlung in New York und Washington. Es nahmen deshalb auch mehr Experten der Werft Harland & Wolff und der White-Star-Reederei daran teil. Im Mittelpunkt der britischen Verhandlung standen 26 Fragen zu Konstruktion und Ausrüstung, Kurs und Geschwindigkeit der ›Tita-

nic‹, dem Funkverkehr, der Eisberg-Kollision sowie der eingeleiteten Rettungsmaßnahmen zur Debatte. So lautete die Frage 2: War die ›Titanic‹ vor Verlassen von Queenstown am 11. April laut Bestimmung der Merchant Shipping Acts von 1894 bis 1906 und der anderen Schiffahrtsbestimmungen für Passagierschiffe ordnungsgemäß ausgerüstet? Bei Frage 4 hieß es: War die ›Titanic‹ vollzählig und mit qualifizierter Besatzung versehen? Frage 8 lautete: Welchen Kurs nahm die ›Titanic‹ bei der Fahrt über den Atlantik, wählte sie den vorgeschriebenen Track? In Frage 14 hieß es: Wie hoch war die Geschwindigkeit der ›Titanic‹ im Moment der Kollision? Frage 17 lautete: War die Disziplin nach der Havarie in Ordnung?, Frage 20: Welche Anzahl von Passagieren und Besatzung konnte in die Boote kommen, gerettet werden, wieviele nicht?

Umfangreich waren die Darstellungen von Bauwerft und Reederei. Man gewann den Eindruck, daß keine technischen Mängel des Schiffes mit der Katastrophe in Zusammenhang gebracht werden konnten.

Das amtliche Dokument wies später allerdings auf Mängel im Schottensystem hin, ohne daß man diese in einen Zusammenhang mit der Katastrophe brachte. Das Protokoll belegt u. a. Mängel bei den stählernen Querschotten. So gingen die Querschotten der Abteilung C bis J nur bis zur unteren Seite des E-Decks (s. Grafik auf der Innenseite des Schutzumschlages). Die vermutete unzureichende Qualität und Stärke des verwendeten Stahls und der nachträglich eingebaute Heizertunnel kamen dagegen nicht zur Sprache.

Laut veröffentlichtem Protokoll wurde beispielsweise die Frage 4 nach der vollständigen und qualifizierten Besatzung nur mit »Ja« beantwortet. Was den gesteuerten Kurs angeht, so hatte die ›Titanic‹ den für diese Jahreszeit vorgeschriebenen südlichen Weg (Southern Track) genommen.

Zur Frage 14 nach der gefahrenen Geschwindigkeit wurde geantwortet, das Schiff habe etwa 22 kn gemacht. Die Kollision sei auf der Position 41 Grad, 46 Minuten Nord und 50 Grad, 14 Minuten West erfolgt. Der Eisberg habe die Steuerbord-Bordwand unter der Wasserlinie von der Vorpiek bis zum Heizraum Nr. 4, einschließlich der wasserdichten Abteilung F, zerstört.

Als Antwort auf die wichtige Frage, ob Ordnung und Disziplin vor und während des Seeunfalls gesichert waren, wurde ebenfalls nur mit einem kurzen »Yes« geantwortet.

Mit der Frage 20 wurde noch einmal das Problem der Rettungsmittel behandelt.

Nach den damaligen Angaben befanden sich auf der ›Titanic‹ 885 Besatzungsmitglieder, davon 66 im Decksbereich, 325 im Maschinen- und 494 im Wirtschaftsbereich. Die britische Untersuchungskommission mußte zur Kenntnis nehmen, daß für die insgesamt 2207 Männer, Frauen und Kinder an Bord nur unzureichend Rettungsbootplätze, nämlich für 1178 Personen zur Verfügung standen. Insgesamt befanden sich 109 Kinder unter den Passagieren; gerettet wurden da-von 6 von insgesamt 7 Kindern der 1. Klasse, 24 Kinder der 2. Klasse und 29 Kinder der 3. Klasse. Das wurde einfach festgestellt, aber nicht kommentiert. Dabei erwartete die Öffentlichkeit gerade hinsichtlich der Fragen der Rettungseinrichtungen und Rettungsorganisation eine eindeutige Antwort.

Der White-Star-Reederei wurde die komplette Ausrüstung der ›Titanic‹ laut der britischen Merchant Shipping Acts der Jahre 1894 bis 1906 bestätigt.

Im Zusammenhang mit der Rettungsorganisation ist sicher folgender Tatbestand aufschlußreich. Es gab nämlich die Unterfrage 5c: Hat es an Bord Bootsmanöver gegeben, und wenn ja, wann? Antwort: Nein. Im Dokument der britischen Untersuchung kann man dazu lesen:

»Es hatte keine vernünftigen Bootsmanöver und auch keine Bootsrolle (s. Glossar) gegeben. Es wurde ausgesagt, daß häufig große Schwierigkeiten auftraten, zum Beispiel u. a. Heizer zu bekommen, die am Bootsmanöver teilnehmen sollten. Sie betrachteten es nicht als Teil ihrer Aufgabe.« (202)

Im Londoner Verhandlungsprotokoll heißt es dazu auswertend:

»Die Disziplin sowohl unter den Passagieren als auch bei der Besatzung während des Fierens der Boote war gut, aber die Organisation hätte besser sein können/müssen. Und wenn sie es gewesen wäre, hätten möglicherweise mehr Leben gerettet werden können.« (202)

Der Mersey-Bericht weist auf Mängel bei der Rettungsarbeit auf der ›Titanic‹ hin, wenn er z.B. feststellt:

»Die wirkliche Schwierigkeit, wenn man sich mit der Frage der Boote befaßt, ist, eine Erklärung dafür zu finden, warum so viele Menschen das Schiff nicht verließen, wenn viele Boote nur wenig Personen aufgenommen hatten (d. h. unterbesetzt waren – d. Verf.).«

Einen weiteren Hintergrund für die Schiffskatastrophe sah die britische Untersuchungsbehörde in der Konstruktion und Bauausführung des Schiffes. Die Steuerbord-Außenhaut war durch die Eisberührung unter der Wasserlinie von vorn in den wasserdichten Abteilungen I bis IV und den Kesselräumen Nr. 6 und Nr. 5 auf mindestens 90 m Länge eingedrückt bzw. geborsten. Dadurch konnte in die vier leck gewordenen vorderen Abteilungen schnell Wasser eindringen. In den anschließenden Kesselraum Nr. 6 drang das Wasser langsamer ein und in den Kesselraum Nr. 5 erst später. Das Schott zu Kesselraum Nr. 4 hatte der Flutung langfristig nicht standgehalten; so kam auch dieser Raum später zumindest teilweise unter Wasser. Allmählich nahm das Vorschiff der Titanic Wasser.

Das bei nur zwei gefluteten Abteilungen unsinkbare Schiff (in der Fachsprache »Zwei-Abteilungs-Schiff) wurde somit fast gleichzeitig in fünf bzw. sechs Abteilungen überflutet. Damit war sein Schicksal besiegelt. Eine technische Erkenntnis, die aus der amerikanischen Berichtzusammenfassung bekannt war. Die britische Seeunfalluntersuchung stellt diese Tatsache in einen Zusammenhang mit den mangelhaften Schotten. Der Vorsitzende Lord Mersey stellte fest:

»Wenn das querliegende Schott hinter Kesselraum Nr. 4 bis zum D-Deck fortgeführt worden wäre, hätte das Schiff flottbleiben können.«

Doch auch hier gab es eine entlastende Erklärung: Die Stärke der wasserdichten Hauptschotten entsprach den Forderungen der britischen Schiffahrts-Aufsichtsbehörden des Board of Trade. Während der Planung und Kiellegung der ›Titanic‹ im Jahre 1909 bestanden jedoch schon Vorschriften, die eine Stahlstärke und Verarbeitungsweise forderten, die die Sicherheit der wasserdichten Abteilungen garantieren konnten.

Die britische Seeunfalluntersuchung bestätigte weitgehend die amerikanischen Untersuchungsergebnisse zur ›Titanic‹-Katastrophe. Zur Klärung der → Schuldfrage befaßte sich die britische Behörde mit vielen Fragen des Bau- und Ausrüstungszustandes, der Navigation und der Rettungsmaßnahmen sowie der Organisation. Doch im Urteilsspruch wurde lediglich die Geschwindigkeit von 22 kn als die eigentliche Ursache dieses Unglücks genannt. Sie sei zu hoch gewesen, wobei man aber andererseits der Schiffsleitung bescheinigte, daß sie nur wie alle anderen in gleicher Lage gehandelt hätte.

Smith, Edward J.

(1850 – 15. April 1912), Kapitän der ›Titanic‹

Edward John Smith wurde 1850 in Stoke-on-Trent, 50 km südlich von Manchester, geboren. Er entstammte einer Mittelstandsfamilie. Nach Kindheit und Besuch einer Mittelschule, begann er um 1867 seine seemännische Laufbahn. Die britische Handelsflotte, Ende der 60er Jahre des 19. Jahrhunderts fast ausschließlich aus Segelschiffen bestehend, suchte für ihre mehr als 16 000 Handelsschiffe ständig Nachwuchs. Edward J. Smith heuerte als Schiffsjunge zunächst auf einem Liverpooler Segler an. Hier bekam er jene Ausbildung, die man als die »hohe Schule« der Fahrensleute bezeichnen kann – von der »Pike auf« lernte der junge Smith alles, was man als Segelschiff-Matrose wissen und können mußte. Entbehrungen und bedingungslose Unterord-

Eine Zeichnung des Kapitäns der ›Titanic‹, Edward J. Smith

nung unter die Befehlsgewalt des Kapitäns gehörten zu seinen frühen Erfahrungen.

Nach einer Fahrenszeit von 32 Monaten besuchte er von 1874 bis 1876 eine britische Navigationsschule. Ein Jahr später, 25jährig, erhielt er sein Kapitänspatent. Doch das allein gab ihm noch kein Recht, als Kapitän zu fahren – als Steuermann mußte er noch etliche Jahre Erfahrungen sammeln.

Ende der 70er Jahre wurde er dann mit ganz neuen Fahrzeugen, den Dampfschiffen der Firma Gibson & Co. in Liverpool, vertraut. Nach 15 Jahren Fahrenszeit heuerte er 1886 bei der größten britischen Passagier-Reederei, der White Star Line, an. Smith war nun mit dem höchsten britischen Kapitänspatent, dem »Extra Master's Certificate« ausgestattet. Er begann seine Karriere bei White Star als 1. Offizier (Chief Mate) auf dem Dampfer ›Cufic‹. Später wechselte er – als Kapitän – auf den Passagierdampfer ›Celtic‹.

Die Fahrten auf der ›Celtic‹ waren für E. J. Smith eine wichtige Bewährungsprobe – hier beobachtete ihn die Reederei und erkannte bald seine Stärken, wie z. B. sein organisatorisches Talent. Das war eine wichtige Voraussetzung für die Aufgabe, mit White-Star-Schiffen mehrmals Truppentransporte nach Südafrika zu befehligen. Während des Burenkrieges (1899–1902) führte Kapitän E. J. Smith die ›Majestic‹ (10 147 BRT).

In seiner 26jährigen Laufbahn bei White Star befehligte er 17 Schiffe, darunter die ›Republic‹, die (erste) → ›Britannic‹, die ›Baltic‹ und die ›Adriatic‹. Die ›Britannic‹ und die ›Majestic‹ waren die schnellsten Schiffe ihrer Zeit.

Smith lernte nahezu alle Weltmeere kennen, doch der rauhe Nordatlantik blieb sein lebensbestimmendes Arbeitsfeld. Er befuhr ihn bis zur Jahrhundertwende mindestens 250 Mal, seine navigatorischen Erfahrungen waren unbestritten. Seine Denkweise und Moral entsprachen der damals üblichen Haltung im rasch erstarkenden britischen Weltreich mit der größten Kriegsflotte, den meisten Kolonien, den reichsten Banken und den modernsten Produktionsstätten.

Smith schwor auf die göttliche Sendung der britischen Krone und war, wie viele andere damals, von der Allmacht

der Technik überzeugt. Seine → Heuer als erfolgreicher Schiffsführer entsprach dem Gehalt hochrangiger britischer Armee-Offiziere und Beamter. Seit den 80er Jahren des 19. Jahrhunderts besaß Smith ein großes Haus in der Nähe von Southampton, wo Frau und Tochter wohnten. Im Jahre 1911 stand Kapitän Edward J. Smith kurz vor seinem 61. Geburtstag. Viele gleichaltrige Kapitäne waren längst ausgeschieden. Doch seiner erfolgreichen Laufbahn sollte noch ein weiterer Höhepunkt hinzugefügt werden.

Als im Frühsommer 1911 die ›Olympic‹ in Dienst gestellt wurde, erhielt Edward J. Smith – als erfahrener Kapitän und geeigneter Repräsentant für dieses besondere Schiff – das Kommando.

In dem knappen Jahr, in dem er die ›Olympic‹ befehligte, bevor er die ›Titanic‹ übernahm, konnte er ausreichende Erfahrungen sammeln, die den Betrieb, die Ausstattung und die Anlagen des Schiffes betrafen, das sich in technischen Details nicht oder nur unwesentlich von denen der ›Titanic‹ unterschied. Im Februar 1912 wurde er nach Belfast zur Werft von Harland & Wolff beordert, um die ›Titanic‹ im Auftrag der White-Star-Reederei zu übernehmen und sie auf ihren Einsatz vorzubereiten. Auf dem Gipfel seiner Laufbahn, den nahen Ruhestand vor Augen, sollte er – wie bei vielen Reedereien üblich – auf dem neuesten oder größten Schiff des Unternehmens als erfahrener und bewährter Schiffsführer die Befehlsgewalt übernehmen.

Dank seiner Dienste durfte er die Bezeichnung Commodore führen, den Ehrentitel einer Reederei für ihren jeweils besten → Kapitän. Mit der Übernahme des prestigeträchtigen Kommandos auf der ›Titanic‹ trat der Routinier zunächst eine von vielen, in Wirklichkeit aber seine letzte Aufgabe an. Commodore E. J. Smith hat beim Untergang der ›Titanic‹ sein Leben eingebüßt.

S-O-S

Der heute allgemein bekannte Seenotruf wurde zur Zeit des ›Titanic‹-Unglücks gerade erst eingeführt. Die wirtschaftli-

chen Umstände und technischen Möglichkeiten Anfang des 20. Jahrhunderts führten vielfach zu einer spontanen Anwendung neuer Technologien – das galt auch für die gerade erblühende Funktelegrafie. Aus heutiger Sicht, wo die drahtlose Nachrichtenübertragung ganz selbstverständlich zum Alltag gehört, lassen sich die Vorgänge im Anfangsstadium dieser Technik oft nicht richtig bewerten.

Der Marconist des Wanamaker-Warenhauses in New York behauptete, in der Nacht zum 15. April die ersten SOS-Rufe der ›Titanic‹ aufgefangen zu haben. David Sarnoff, damals 21jährig, war vom Warenhaus Wanamaker eigens dazu angestellt, die hauseigene Marconi-Station pausenlos vor den Kunden des Kaufhauses zu bedienen und vorzuführen. Diese öffentlichkeitswirksame Tätigkeit mit einem neuen technischen Medium sicherte dem Warenhauskonzern einen neugierigen Käuferstrom. Offenbar hat Sarnoff aus dem Wust atmosphärischer Störungen die Funksignale der ›Olympic‹, des Schwesterschiffes der ›Titanic‹ empfangen. Diese von der ›Olympic‹ aufgefangene Mitteilung hat schließlich dazu beigetragen, daß die → Falschmeldungen über die Rettung der ›Titanic‹-Passagiere zeitig widerlegt wurden.

Während der offizielle Kontakt zur herannahenden ›Carpathia‹ über die Landfunkstation der US- Navy und amerikanische Kreuzer lief, fing Sarnoff die übermittelten Namen Überlebender und Toter auf. Diese Namenslisten wurden sofort von den Tageszeitungen veröffentlicht und stifteten große Verwirrung unter den wartenden Angehörigen und Freunden der Passagiere. Tagtäglich wurden die Listen korrigiert, wurde von Verwechslungen Überlebender und/oder verunglückter Reisender berichtet. (105) Sarnoff soll über diese Stunden und Tage gesagt haben, daß sie für ihn und das Radio einen entscheidenden Durchbruch gebracht hätten.

Southampton

Während seit Beginn des 20. Jahrhunderts einige britische Häfen wie beispielsweise Glasgow und Liverpool für den nordatlantischen Fahrgastverkehr an Bedeutung verloren, ge-

wannen dagegen die englischen Kanalhäfen wichtige Positionen im Passagiergeschäft. Im Jahre 1907 hatte auch die White Star Line ihre Büros und Passagierabfertigungen von Liverpool nach Southampton verlegt. Stadt und Hafen Southampton liegen am nördlichen Ende vom Southampton Water, der Vereinigung der Flüsse Test und Itchen. Wegen der guten Verkehrsverbindungen zum Hinterland und seiner geschützten Hafenlage avancierte dieser Ort zu einem der bedeutendsten Häfen des Landes. Die nahe Lage zum Meer, zahlreiche Versorgungsdepots und der günstige Tidenhub waren weitere Vorzüge: Southampton hat täglich zweimal Hochwasser von etwa je drei Stunden, das begünstigt Schiffe mit großem Tiefgang. In Vorbereitung auf den Einsatz der großen Schiffe wurden spezielle Kaianlagen mit besonders tiefen Hafenbecken gebaut.

Die ›Titanic‹ beginnt in Southampton am 10. April 1912 ihre Jungfernreise.

Wie zuvor für die ›Olympic‹ war jetzt auch für die ›Titanic‹ Southampton der Abgangshafen für die Jungfernreise. Am 2. April verließ die ›Titanic‹ den Werfthafen Belfast und nahm durch den St.-Georges-Kanal Kurs auf Southampton. Die 435 sm wurden mit 17,4 kn in 25 Stunden zurückgelegt. Um Mitternacht des 3. April machte das Schiff in seinem Wahlheimathafen fest.

In Southampton waren über 70 % der Crew beheimatet, ein großer Teil der Besatzung ging daher auch erst hier an Bord.

Southampton ist verkehrsmäßig günstig mit London verbunden, die Züge zum Hafen fuhren – übrigens auch heute noch – von Waterloo Station ab. Von Southampton Central Station führte ein Gleis direkt zum Hafen und zu den großen Passagierkais. Dem tragischen Schicksal der ›Titanic‹ wird auch heute noch an zahlreichen Punkten der Stadt gedacht. Wichtige Denkmäler und Erinnerungsstätten sind über die ganze Stadt verteilt, z.B. das Denkmal für die Schiffsingenieure und das für die Stewards auf der ›Titanic‹. (64) Im Postamt befindet sich eine eher unscheinbare Tafel zur Erinnerung an die Postangestellten auf der ›Titanic‹. Eine Nachgestaltung der Gedenktafel für die Musiker erinnert an die → Bordkapelle. Stadtpläne und eine Informationsbroschüre geben hinreichend Auskunft über die Lage und die Geschichte der Denkmäler. (→Abreise; → Ausstellungen)

Spekulationen

Der Raum für Spekulationen beginnt dort, wo das Wissen fehlt oder vorhandene Informationen zurückgehalten bzw. nicht genutzt werden. Im Falle der ›Titanic‹ waren mit dem Schiff alle greifbaren Beweise für manch eine Legende auf den Grund des Ozeans gesunken – für immer unzugänglich, wie man anfänglich meinte. (171)

Die zur Beweisführung herangezogenen Aussagen der beteiligten Personen sind unter einer verständlichen emotionalen Belastung gemacht worden, so daß bei überlebenden Passagieren und Besatzungsmitgliedern die zeitlichen und räumlichen Umstände des Geschehens oft anders in Erinnerung blieben, als sie von unbeteiligten Beobachtern beurteilt wurden ... Im Falle der ›Titanic‹-Katastrophe waren es Reporter und Romanciers, liebende Verwandte und betroffene Geschäftsleute, die den Verlust ihrer Angehörigen und Werte beklagten oder die Sensation und Tragik des Geschehens auskosteten. Die überlebenden Offiziere und Mannschaften hatten sich vor einer aufgebrachten und aufgestachelten

Weltöffentlichkeit zu verantworten. Mehr und mehr vermischte sich Legende und Wirklichkeit zu einem kaum noch entwirrbaren Knäuel von Information und Halbwahrheit. Jeder, der dieses Surrogat zu lesen oder später in Filmen zu sehen bekam, entnahm ihm das für ihn selbst Wichtige, das Sensationelle, das Spekulative.

So muß also auch ein heute, nach fast 90 Jahren, vorgelegter Versuch der Rekonstruktion einer Katastrophe mit den erwähnten Einschränkungen betrachtet werden. Er gründet sich auf Aussagen, Nacherzählungen, Berichten von Augenzeugen und Gutachten, die nachträglich eingeholt wurden.

Stapellauf

Nachdem die ›Olympic‹ am 20. Oktober 1910 auf der Helling 2 vom Stapel gelaufen war, wurden die Arbeiten auf der ›Titanic‹ weiter beschleunigt. Zusätzliche Arbeitskräfte von der freigewordenen Nachbarhelling wurden herangezogen. Inzwischen hatte man bereits 17 Monate an der ›Titanic‹ gebaut. Ein neuer Höhepunkt in der Geschichte dieses mächtigen Schiffes rückte heran – im Mai 1911 sollte es schwimmen! Äußerlich sah der Schiffskörper bereits im Spätherbst 1910 stapellaufbereit aus. Doch das täuschte. Im Rumpf waren noch täglich bis zu 2000 Werftarbeiter auf den Decks und in den Räumen tätig. Die drei Hauptmaschinen und die Mehrzahl der 29 Kessel baute man erst nach dem Stapellauf ein. Von außen konnte man am Heck den Anbau des riesigen Ruderblattes verfolgen. Unübersehbar waren auch die drei mächtigen Anker.

Schicht- und Überstundenarbeit sollten den geplanten Stapellauf am 31. Mai 1911 garantieren, denn die White-Star-Reederei beabsichtigte, gleichzeitig mit dem Stapellauf der ›Titanic‹, die ›Olympic‹ als ersten der drei Schiffsneubauten in Dienst zu stellen. Zum Stapellauf der ›Titanic‹ hatten sich zahlreiche Menschen in Richtung Werft in Bewegung gesetzt. Sie wollten das Ereignis des Jahres miterleben. Die Leitung der White Star Line hatte eigens ein Schiff gechartert, um ihre Gäste über den Irischen Kanal nach Belfast zu bringen. Ree-

Die ›Titanic‹ ganz kurz vorm Stapellauf

dereidirektor J. B. → Ismay befand sich bereits an Bord der ›Olympic‹, um auf deren Jungfernfahrt noch Verbesserungsmöglichkeiten zu erkunden, die man später für die ›Titanic‹ nutzen wollte. Nach einer kurzen Rede, die ebensoviel Lob für die Schiffbauer wie fromme Wünsche für eine allzeit gute Fahrt enthielt, glitt der Schiffsrumpf als ›Titanic‹ mit einer Ablaufmasse von 25 000 t binnen 62 Sekunden ins Wasser. Große Zeremonien und Feiern waren bei → Harland & Wolff nicht üblich.

Suchexpeditionen → Abenteurer; → Ballard; → Wracksuche

Tauchboote

Die Entdeckung des Wracks der ›Titanic‹ war nur durch eine in Jahrzehnten herangereifte Tauchboottechnologie möglich. Einige Tiefseetauchboote haben lange vor dem Einsatz am ›Titanic‹-Wrack Wissenschaftsgeschichte geschrieben.

Dazu gehört die ›Bathysphäre‹, mit der William Beebe und Otis Barton im Juni 1930 eine Tiefe von 427 m erreichten. 1934 setzte die ›Bathysphäre‹ bei 923 m auf dem Meeresboden auf. Die Tauchkugel ›Benthoscope‹ tauchte 1949 auf 1350 m Tiefe. Mit der ›Trieste‹ tauchten 1953 Jacques Piccard und sein Vater Auguste 3117 m tief auf den Boden des Tyrrhenischen Meeres, 1959 erreichten sie mit der ›Trieste‹ eine Tiefe von 6900 m vor Guam. Den tiefsten Punkt der Erde erreichten Jacques Piccard und Don Welsh im Januar 1960 mit 10 740 m, ebenfalls mit der ›Trieste‹. Die systematische Tiefseeforschung, insbesondere an den geologischen Strukturen des Atlantiks, begann 1973 mit der ›Archimede‹. Es war nun abzusehen, daß die ›Titanic‹ demnächst ein spektakuläres Ziel auf dem Meeresgrund sein würde. Eine erfolgreiche Suche hing nun von geeigneten Ortungstechnologien ab. (→ Alvin; → Forschungsschiff)

Technikzeitalter

Die Technik war seit der zweiten Hälfte des 19. Jahrhunderts Inbegriff des Fortschritts. Durch sie versprachen sich Politik und Wirtschaft Profite, durch sie wurde gesellschaftliche Wandlung erwartet und von der Industrie auch versprochen. Die Arbeiter in Europa und in den USA erhofften sich von der rasanten technischen Entwicklung soziale Fortschritte, erkannten jedoch zugleich auch die Grenzen ihrer Hoffnung, da die Technik ein Instrument jener war, die sie besaßen, lenkten und nutzten. Technischer Fortschritt war daher auch nicht a priori identisch mit sozialer Entwicklung. Die Weltausstellungen in London (1851), Wien (1879) und Paris (1900) demonstrierten den Schaulustigen den nicht mehr aufzuhaltenden technischen Fortschritt. Großbritannien galt zwar noch immer als die unangefochtene Großmacht, aber die USA machten ihr diesen Führungsanspruch zunehmend streitig. Deutschland achtete darauf, daß es bei der Kolonialisierung, vor allem Afrikas, nicht zu kurz kam und daß die See(über)macht Englands durch deutsche Schiffbau-Programme in gewissen Grenzen gehalten wurde. Die Zahl neuer

Technologien und Erfindungen hatte sich um die Jahrhundertwende sprunghaft erhöht. Die deutsche Industrie eroberte immer größere Teile des internationalen Marktes. Die drahtlose Telegrafie wuchs sich zu einer neuen Technologie der Nachrichtenübertragung aus. In Großbritannien rüstete man große Schiffe mit Dampfturbinen aus. 1909 wurde erstmalig der Kanal überflogen, ab 1910 bildeten die Alpen für die Flugzeuge kein Hindernis mehr. 1911 fuhr zwischen Bitterfeld und Dessau der erste elektrisch angetriebene Zug in Deutschland. 1912 erfuhr der technisch Interessierte, daß in Berlin die Allgemeine Luftfahrt-Ausstellung (ALA) in Anwesenheit von Prinz Heinrich von Preußen eröffnet war und dort der Albatros-Doppeldecker und die Rumpler-Taube zu bestaunen waren. »Der Mensch«, so hieß es am 4. April 1912 siegesbewußt in der »Illustrierten Zeitung«, »habe mit dem Zeppelin-Passagierluftschiff den Sieg über das letzte der Elemente davongetragen«, und wer das nötige Geld dazu hatte, konnte einen Zeppelin-Flug zur Beobachtung der am 7. April 1912 anstehenden Sonnenfinsternis buchen. Per Telegraf fand ein Schachwettbewerb zwischen der Berliner Schachspielgesellschaft und dem Prager Schachklub statt. In den USA stöhnte man derweilen unter Überschwemmungskatastrophen, am Kilimandscharo wurde eine deutsche Eisenbahnlinie eröffnet, mit der die Kolonialgebiete noch intensiver er-

Leipziger Hauptbahnhof. Das Bahnhofsgebäude ist etwa so lang wie die ›Titanic‹.

schlossen werden konnten. Im Frühjahr 1912 wurde der Hauptbahnhof in Leipzig etappenweise seiner Bestimmung übergeben. In die vielen positiven Nachrichten von technischen Entwicklungen platzte die Nachricht über den Untergang der ›Titanic‹.

Im Mai 1912 wurde der Neubau des Leipziger Hauptbahnhofs in Betrieb genommen.

Telegrafie, drahtlose

Grenzen und Möglichkeiten der drahtlosen Telegrafie

»Die drahtloseTelegrafie ist durch die ›Titanic‹-Katastrophe plötzlich zu einem Wunderkinde geworden, dessen Leistungen nun von der ganzen Welt angestaunt werden. Die Bedeutung der drahtlosen Telegrafie als Leben und Werte erhaltender Faktor ist durch das größte der Schiffsunglücke der Allgemeinheit zum Bewußtsein gebracht worden, die bisher die neuzeitige Erfindung und ihre Stellung als Kulturfaktor im Wirtschaftsleben der Völker als gering einzuschätzen pflegte«, so liest man es im Finanz- und Handelsblatt der »Vossischen Zeitung« Ende April 1912 in einem Beitrag über die drahtlose Telegrafie. (171)

Eine für die damalige Zeit neue Art der Nachrichtenübermittlung tauchte neben den drahtgebundenen Nachrichtenkanälen auf, eine Technologie, deren Vorteile auf der Hand lagen, wenn sie funktionierte, deren Nachteile beschworen wurden, wenn es um die Konkurrenz ging. Die erste Meldung durch das erste Überseekabel zwischen Großbritannien und den USA war eine Mitteilung über die Aktienkurse ... Die Geschäftswelt hatte also Besitz ergriffen von der neuartigen Nachrichtentechnik, für die Mehrheit der Menschen war die drahtlose Nachrichtenübermittlung jedoch noch bedeutungslos.

Kurz vor der Havarie der ›Titanic‹ wurden in den USA die Reichweiten von Schiffssendern untersucht. Man wollte herausfinden, welche Empfangsbedingungen bei unterschiedlicher Entfernung von der Küstenfunkstation zu erwarten waren. Dabei zeigte sich, daß die seinerzeit möglichen Empfangsweiten bei 400 km lagen. Eine Entfernung zwischen Sender und Empfänger von 600 km bedeutete einen Abfall der Empfangsqualität und der Empfangssicherheit von rund 40%. Atmosphärische Störungen konnten diese Werte noch weiter einschränken. Die grundsätzlichen Untersuchungen hierzu hatten die amerikanischen Kreuzer ›Birmingham‹ und ›Salem‹ mit den Küstenfunkstationen Province Town und Brand Rock vorgenommen. (62) Eine direkte Nachrichtenübermittlung von Schiffen auf hoher See zu den Stationen an Land war demzufolge nur in der durch die technischen Bedingungen vorgegebenen Distanz zum Festland möglich.

Sollten größere Entfernungen per Funk überwunden werden, waren die Absender von Nachrichten auf die Mitwirkung anderer Schiffe und Landstationen sowie deren Funker und Funkeinrichtungen angewiesen. Sie hatten somit die Funktion von Relaisstationen zu übernehmen. Zu den technischen Unzulänglichkeiten gesellten sich menschliche Unzuverlässigkeiten. Wer gab wann – und wie fehlerfrei – eine Nachricht weiter? Hier lagen Fehlerquellen, die in ihren Auswirkungen nur zu erahnen sind. Dennoch war dieser Relaisbetrieb die einzige Möglichkeit, die geringen Reichweiten zu überwinden. Einen Hinweis auf diese Arbeiten der ›Titanic‹-Funker gibt auch die Aussage des → Funkers Harold Bride

von der ›Titanic‹, daß man » an diesem Tag viel Relais-Arbeit zu leisten hatte«.

Im Jahre 1912 gehörte es noch nicht zum Ausrüstungsstandard, eine Telegrafieeinrichtung an Bord zu haben, zumal es kaum staatliche oder internationale Regelungen gab, außer in den USA, die 1909 ein entsprechendes Gesetz ratifizierten, wonach alle Passagierdampfer, die den Ozean überquerten, mit Einrichtungen zur drahtlosen Telegrafie ausgerüstet werden sollten. (66) Die Realität dieses Gesetzes blieb aber auch 1912 noch weit hinter den Forderungen zurück.

Die Nachrichtenübermittlung war weitgehend von Zufällen abhängig, unter anderem von der Zahl der Schiffe, die mit Funkentelegrafen und geschultem Personal an Bord ausgestattet waren. Diese mußten sich außerdem im Empfangsbereich des hilfesuchenden Senders befinden, und die Anlage mußte empfangsbereit sein. Das war in den Nachtstunden keinesfalls gesichert und durch keinerlei Dienstvorschriften geregelt. (→ ›Californian‹)

Der Funkverkehr wurde seinerzeit noch im Bereich sehr langer Wellen betrieben. Die Marconi-Sender hatten Wellenlängen von 1200 m und eine Antennenleistung von 3,0 bis 4,0 kW. Dabei wurden nach Werkangaben der Marconi-Gesellschaft (61) (62) auf dem Meer → Reichweiten von maximal 520 bis 600 km erzielt. Diese eher optimistische Einschätzung entspricht den Untersuchungen der US-Navy. Der auf der ›Titanic‹ installierte Sender hatte eine Leistung von 5,0 kW und hatte damit im damaligen Reichweiten-Optimum gelegen haben. Wilhelm T. Runge würdigte die Erfindung der drahtlosen Telegrafie:

»Telegrafie über den Ozean war auch vor der Einführung des Funks möglich gewesen, mit dem von Kontinent zu Kontinent führenden auf dem Meeresboden verlegten Telegrafenkabel. Aber ein Schiff, das die Küste verließ, war auch dann noch wie in ältesten Zeiten völlig aus der Welt, unerreichbar, auf sich allein gestellt, bis es wieder bewohnte Küsten erreichte, und wenn es nicht ankam, war es verschollen, ohne daß man etwas über sein Schicksal wußte ... (durch die Funktelegrafie) war die furchtbare Einsamkeit für immer aufgehoben.«

Die Erfindung der Elektronenröhre schuf dann die Möglichkeit, auf kürzeren Wellenlängen störungsarm zu senden und die Sendeleistungen bei geringerem Energieaufwand erheblich zu vergrößern. (→ Funker; → SOS; → Notrufe; → Marconi)

Tenderschiffe

Für die ›Olympic‹-Klasse wurden eigens zwei Tenderschiffe, zwei Zubringerschiffe gebaut. Die White-Star-Reederei stationierte diese beiden Schiffe ›Nomadic‹ und ›Traffic‹ im französischen Hafen → Cherbourg, um langwierige An- und Ablegemanöver, Einklarierungs- und Schlepperkosten zu sparen. Zugleich sollten bereits die Zubringer einen höheren Komfort für die Passagiere sichern. Der bis dahin zu diesem Zweck genutzte Raddampfer ›Gallic‹ war den kommenden Aufgaben für die sogenannten »Superschiffe« nicht mehr gewachsen. Auf der Werft von Harland & Wolff entstanden seit Juni 1910 die leistungsfähigen und auf ihren Einsatz genau abgestimmten Tenderschiffe, deren Konstruktion ihren Einsatz in engen Häfen und auch im seewärtigen Küstengebiet ermöglichte. Am 27. Mai 1911 wurden sie der White Star Line übergeben, wenige Tage vor dem Fertigstellungstermin der ›Olympic‹.

Die beiden Doppelschraubenschiffe hatten folgende technische Parameter:

	›Nomadic‹	**›Traffic‹**
Baunummer	422	433
Tonnage in BRT	1273	675
Länge in m	67,27	53,52
Breite in m	11,31	10,70
Geschwindigkeit	12 kn	12 kn
Tragfähigkeit/ Personen	1000 nebst Gepäck	500 nebst Gepäck

Die beiden Zubringerschiffe hatten ein bewegtes Leben: Sie transportierten Auswanderer und Millionäre, wechselten mehrmals den Namen und den Eigner. Am 17. Januar 1941 wurde die Ex-›Traffic‹ als deutsches Hilfskriegsschiff von einem britischen Torpedo im Ärmelkanal getroffen und versank. Die ›Nomadic‹, das größere der beiden Schiffe, wurde mehrmals umgebaut. Heute dient es in Paris als Restaurantschiff auf der Seine. In unmittelbarer Nähe des Eiffelturmes kann man diesen Zeitgenossen der ›Titanic‹ besuchen. (73) Illustre Gäste waren im Frühjahr 1998 letzte Überlebende des ›Titanic‹-Desasters, die hier ihren »zweiten Geburtstag« – ihre Rettung aus Seenot im Jahre 1912 – begingen. In Paris muß man nach der ›Kleinen Titanic‹ fragen, um den Weg dorthin zu finden.

Tersiisko

Ein ›Titanic‹-Dorf in Bulgarien

Auch 30 Bulgaren reisten mit der ›Titanic‹. (20) Sie wollten nach Amerika, um mit ihrer Kunstfertigkeit Geld zu verdienen. Es waren zumeist Handwerker, z. B. geschickte Töpfer,

Bulgarische Auswanderer vor ihrer Abreise

auch einige Kaufleute. Keiner von ihnen überlebte das Schiffsunglück. Die Liste wäre noch länger geworden, hätte eine andere Gruppe nicht kurz zuvor aus Geldmangel ihre Reisepläne aufgeben müssen. Acht der umgekommenen Töpfer stammten aus dem kleinen Dorf Gumoschtnik. Auf dem Friedhof hat man den Umgekommenen einen Gedenkstein mit ihren Namen gesetzt:

Lalju Jonkow, Peju Koltschew, Marin Markow, Lasar Minkow, Stoitscho Miochnow, Penko Naidenow, Nedjalko Petrow und Ilja Stojtschew.

Der Stein ist Zeugnis von einem Unglück, das Tausende Kilometer von der Heimat entfernt passierte und im Balkandorf tiefe Spuren hinterlassen hat.

Stolz präsentierte sich damals zum Abschiedsfoto Christo Dantschew in seiner Gruppe von Freunden, die gemeinsam die Steine für den Bau seines Hauses zusammengetragen hatten. Das restliche Geld für Haus und Familie sollte aus Amerika kommen. Anstelle des Geldes kam auch hier die Todesnachricht, später eine bescheidene Versicherungssumme.

Minko Angelow

Minko Angelow trug auf dem Abschiedsfoto noch einmal seine Gardeuniform. Er ließ Frau, drei Söhne und eine Tochter in Tersiisko nahe Trojan zurück. Die Angelows sollen eine sangesfreudige Familie gewesen sein – und so schreibt man ihnen auch ein Volkslied zu, das heute noch in der Gegend von Trojan gesungen wird. Es handelt von einem Schiff:

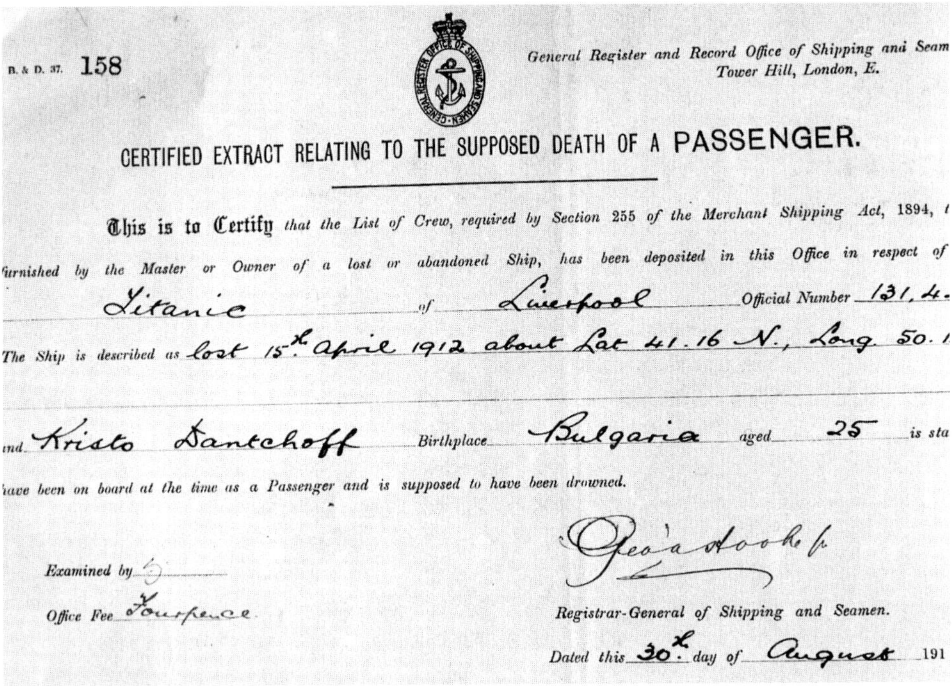

B. & D. 37. 158

General Register and Record Office of Shipping and Seam
Tower Hill, London, E.

CERTIFIED EXTRACT RELATING TO THE SUPPOSED DEATH OF A PASSENGER.

This is to Certify that the List of Crew, required by Section 255 of the Merchant Shipping Act, 1894, furnished by the Master or Owner of a lost or abandoned Ship, has been deposited in this Office in respect of Titanic of Liverpool Official Number 131, 4.

The Ship is described as lost 15th April 1912 about Lat 41.16 N., Long. 50.

and Kristo Dantchoff Birthplace Bulgaria aged 25 is sta… have been on board at the time as a Passenger and is supposed to have been drowned.

Examined by

Office Fee Fourpence

Registrar-General of Shipping and Seamen.

Dated this 30th day of August 191

… das viele junge Burschen gelockt hat
viele junge Burschen voller kühner Pläne
gelockt über neun Länder ins zehnte.
Im zehnten warteten sie auf ein Schiff
und es kam das schnelle Schiff …
Nun fuhren sie drei Tage und drei Nächte
drei Tage und drei Nächte über den Ozean.
Dann tauchten große Berge auf,
keine Berge aus Stein, sondern aus dickem Eis.
Spielt auf, Ihr Musiker, zum Ruhm
und zum Gedenken, denn hier werden wir alle ertrinken,
jung, grün, weiß, rot (Grün, Weiß und Rot sind die Nationalfarben Bulgariens – d. Verf.)
Und es sank das schnelle Schiff …
Auch Minko Angelow aus Duljusko
und Ristju Dantschew aus Tersiisko
hinterließen junge Witwen,
junge Witwen mit kleinen Kindern …

Todesurkunde von Kristo Dantschoff, bulgarischer Auswanderer aus Tersiisko. Die Todesurkunden wurden von einem Block abgerissen.

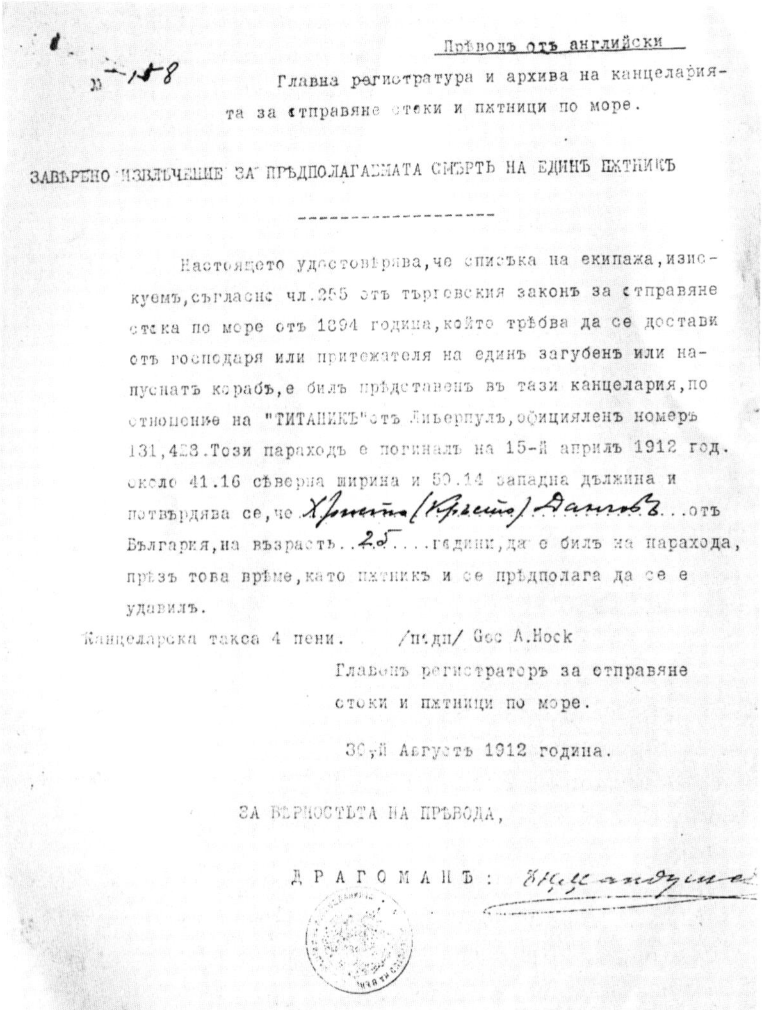

Прѣводъ отъ английски

№ 158 Главна регистратура и архива на канцелария-
та за отправяне стоки и пѫтници по море.

ЗАВѢРЕНО ИЗВЛѢЧЕНИЕ ЗА ПРѢДПОЛАГАЕМАТА СМЪРТЬ НА ЕДИНЪ ПѪТНИКЪ

Настоящето удостовѣрява, че списъка на екипажа, изискуемъ, съгласно чл.255 отъ търговския законъ за отправяне стока по море отъ 1894 година, който трѣбва да се достави отъ господаря или притежателя на единъ загубенъ или напуснатъ корабъ, е билъ прѣдставенъ въ тази канцелария, по отношение на "ТИТАНИКЪ" отъ Ливерпулъ, официяленъ номеръ 131,428. Този параходъ е погиналъ на 15-й априлъ 1912 год. около 41.16 сѣверна ширина и 50.14 западна дължина и потвърдява се, че Христо (Кръстю) Данчовъ ...отъ България, на възрастъ ..25.... години, да е билъ на парахода, прѣзъ това врѣме, като пѫтникъ и се прѣдполага да се е удавилъ.

Канцеларска такса 4 пени. /подп/ Geo A.Hock

Главенъ регистраторъ за отправяне
стоки и пѫтници по море.

30-й Августъ 1912 година.

ЗА ВѢРНОСТЬТА НА ПРѢВОДА,

ДРАГОМАНЪ:

Todesurkunde in kyrillischer Schrift (Übersetzung durch die bulgarische Botschaft)

Im Haus der Angelows in Tersiisko werden die Todesurkunden noch sorgsam aufbewahrt.

Die Todesurkunden von Minko Angelow und Ristju Dantschew sind an einer Seite perforiert, offenbar von einem dicken Block abgerissenen. Sie waren 1912 in einem gewöhnlichen Brief mit einer beglaubigten Übersetzung aus Großbritannien in den Balkan geschickt worden. Die Bewohner kennen die Häuser – die ›Titanic‹-Häuser –, die sich die Hinterbliebenen von der nicht sehr üppigen Versicherungsprämie gebaut haben. Bilder von den Umgekommenen zieren die gute Stube oder werden zu Geburtstagen aus staubigen Kartons hervorgeholt. Neben den Grabsteinen der Mütter sind kleine steinerne Gedenkkreuze für die toten Söhne aufgestellt.

An hohen Feiertagen singen die Einwohner noch heute, fast 90 Jahre nach dem Schicksalsschlag, das Lied von den Jungen, die über die Berge gingen und deren Leben an einem Eisberg scheiterte. In Tersiisko wird der Besucher von einer Vergangenheit eingeholt, die noch vor den beiden Weltkriegen liegt. (93) Alle hier zitierten Namen sind in der Passagierliste der ›Titanic‹ wiedergefunden worden.

Theissinger, Alfred

(geb. 1869), Steward deutscher Nationalität

Er überlebte die Katastrophe. Zunächst war er auf der ›Olympic‹ tätig und wechselte später auf die ›Titanic‹. Bereits kurz nach dem Unglück (2 Monate später) heuerte er auf der ›Majestic‹ an. Schließlich fuhr er auf der ›Liverpool‹ und ›Oceanic‹. Alle Schiffe gehörten zur White Star Line. Das Seefahrtsbuch, indem die seemännische Laufbahn ausgewiesen

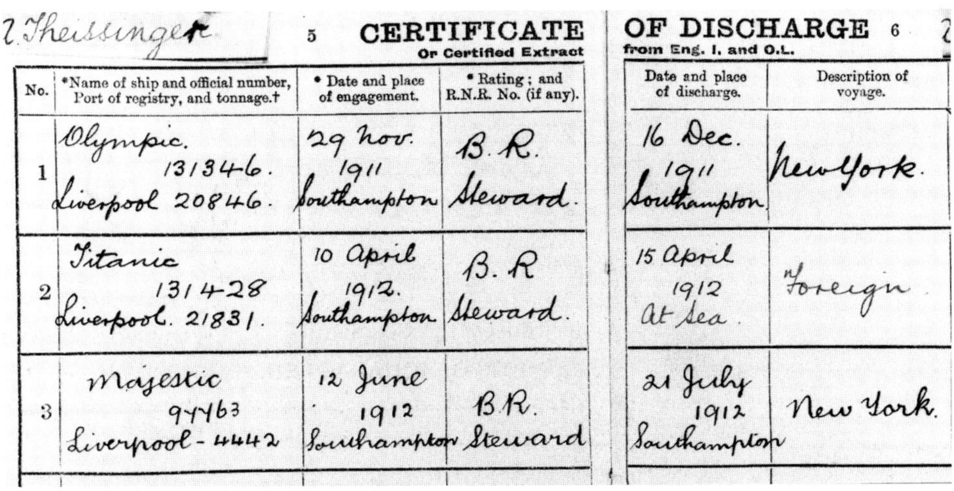

2 Theissinger 5 CERTIFICATE OF DISCHARGE 6

Or Certified Extract from Eng. I. and O.L.

No.	*Name of ship and official number, Port of registry, and tonnage.†	* Date and place of engagement.	* Rating; and R.N.R. No. (if any).	Date and place of discharge.	Description of voyage.
1	Olympic. 131346. Liverpool 20846.	29 Nov. 1911 Southampton	B. R. Steward.	16 Dec. 1911 Southampton	New York.
2	Titanic 131428 Liverpool. 21831.	10 April 1912. Southampton	B. R Steward.	15 April 1912 At Sea.	Foreign
3	Majestic 99763 Liverpool - 4442	12 June 1912 Southampton	B.R. Steward	21 July 1912 Southampton	New York.

Auszug aus dem Seefahrtsbuch des deutschen Stewards Theissinger

ist, befindet sich im Besitz des Deutschen Schiffahrtsmuseums in Bremerhaven. Bei dem Dokument handelt es sich um eine Zweitschrift. Die Neuausstellung wird darin mit dem Satz begründet »Renewal, Original lost through Shipwreck«. (149)

Mit dem Auftauchen des Seefahrtsbuches 1998 sind erst sehr spät Spekulationen der Berliner Presse aus dem Jahre 1912 bestätigt worden, nach denen man vermutete, daß Theissinger als einziges deutsches Besatzungsmitglied den Untergang der ›Titanic‹ überlebt habe.

Titanic-Konferenz → Schiffssicherheitskonferenz

›Titanic‹-Korb

Diese Bezeichnung wählten die Konstrukteure der Meyer-Werft in Papenburg für die spezielle Gestaltung des Bugs von Kreuzfahrtschiffen, die auf dieser Werft seit 1998 im Bau sind.

Nach der Aufführung des ›Titanic‹-Films von James → Cameron wurde von Kreuzfahrtpassagieren zunehmend der Wunsch geäußert, von der Bugpartie aus ins Wasser schauen zu können. Um einen gefahrlosen Besuch dieses Schiffsteils zu ermöglichen, wurden konstruktive Änderungen am Bugbereich vorgenommen. Auf Wunsch des Auftraggebers der ›Superstar Leo‹, einem Kreuzfahrtschiff-Neubau in Papenburg, wurde erstmals in Anlehnung an die ›Titanic‹ ein derartiges Geländer installiert. Die Navigations-

Der sogenannte »›Titanic‹-Korb« am Kreuzfahrtschiff ›Superstar Leo‹ (Meyer-Werft, Papenburg)

geräte (u. a. eine Radarantenne) wurden an dieser Stelle so konstruiert, daß sie absenkbar sind. So können die Passagiere zeitweilig den Bugteil ungefährdet betreten.

Todesopfer

Die letzten Mühen im Drama des Unterganges galten den Toten, die einige Zeit nach der Unglücksnacht gefunden wurden. Der deutsche Dampfer ›Bremen‹ war beispielsweise unversehens in ein Feld von schwimmenden Resten der ›Titanic‹ geraten, in dem weit über 100 Tote gesichtet wurden. Die Passagiere konnten einzelne Personen ausmachen, zum Teil an Deckstühle geklammert, alle mit Rettungswesten versehen.

»Auf dem Meer sah man Rettungsgürtel umherschwimmen, die Mehrzahl der Toten trieb zwischen zwei Eisbergen« (gemeint sind Eisschollen – d. Verf.), so heißt es in einem Bericht vom 24. April. (91)

Schon wenige Stunden nach dem Untergang des Schiffes begannen Verantwortliche von White Star, die Suche und Bergung der Opfer zu organisieren. Nächst dem Kollisionsort lag der kanadische Hafen Halifax, von dem aus man die Suche nach Opfern organisierte. Die Vertretung von White Star, Jones & Company, charterten den Kabelleger ›Mackay-Bennet‹, um die Unglücksstelle nach Überlebenden und Toten abzusuchen – mit der Hilfe von 40 Freiwilligen und einem großen Begräbnisunternehmen. Am 17. April lief das Schiff aus und erreichte am 20. April gegen 20.00 Uhr den angenommenen Unglücksort. Am Morgen des 21. April wurden die ersten Toten gefunden, die meisten mit Schwimmwesten. Sie machten den Eindruck Schlafender, wird berichtet. Jeder Leichnam wurde in Segeltuch gewickelt und gekennzeichnet. Persönliche Habseligkeiten kamen in einen ebenfalls gekennzeichneten Sack. Am 26. April traf zusätzlich der Kabelleger ›Minia‹ am Unglücksort ein und beteiligte sich an der Suche und Bergung. Überlebende wurden nicht gefunden. Kapitän Lordner vom beauftragten Bergungsschiff übermittelte einen Funkspruch an alle Schiffe im Nordatlantik, nach dem »die meisten Leichen in einem Feld treiben, das sich

über viele Meilen nach Osten und Westen erstreckt. Passagierdampfer sollen einen weiten Kurs um dieses Gebiet nehmen« (London, 26. April). (91) Die ›Mackay-Bennet‹ hatte 306 Leichen aufgenommen, 116 davon – bis zur Unkenntlichkeit verstümmelt – wurden sofort in die See bestattet. Sie waren nicht zu identifizieren. 100 Holzsärge mit Toten der 1. Klasse wurden an Land gebracht, weitere 90 Opfer wurden mit Eisstücken in Leinensäcken überführt. Alle wurden in der Eissporthalle von Halifax aufgebahrt. Von vier Suchschiffen wurden insgesamt 328 Tote gefunden. Hinterbliebene versuchten Angehörige zu identifizieren, in vielen Fällen ohne Erfolg. Eine größere Anzahl von Opfern wurde in ihre Heimatorte überführt und dort beigesetzt.

Viel später noch begegneten Schiffe einzelnen Leichen, die in Treibeis eingeschlossen mit der Strömung getrieben waren. Am 13. Mai, fast einen Monat nach dem Unglück, fand der Dampfer ›Oceanic‹ das bis dahin noch vermißte Hilfsrettungsboot A, eines der vier zusammenlegbaren Segeltuchboote. Die letzten darin befindlichen Opfer der ›Titanic ›, die das Unglück zunächst überlebt haben müssen, wurden ebenfalls der See zur letzten Ruhe übergeben.

Eine Zeitung veröffentlichte eine makabre Meldung, die später nie bestätigt wurde: »Einen seltsamen Fund machte die Besatzung eines auf der Eisbergroute kreuzenden amerikanischen Wachschiffes ... Sie fand in einem Eisberg eingeschlossen einen Toten in Abendgarderobe des angehenden 20. Jahrhunderts.« (190)

Tatsächlich wurde seinerzeit am 13. Mai 1912 im Hilfsrettungsboot A der ›Titanic‹ ein Passagier in Abendgarderobe tot aufgefunden. Sollte er Anlaß zu dieser makabren Zeitungsmeldung gegeben haben? Wie viele Opfer unmittelbar in den Fluten umgekommen sind und wieviele im Schiffskörper, ist nicht zu ermitteln. Die Expeditionen zum Wrack der ›Titanic‹ machten auch deutlich, daß keinerlei Überreste von den Umgekommenen mehr zu finden sind. Schätzungen besagen, daß etwa 1000 Menschen das Schiff in den letzten Minuten verlassen und den Tod durch Unterkühlung in den Fluten gefunden haben. Insgesamt 1503 Opfer forderte das Schiffsunglück. Ihre letzte Ruhe fanden die Opfer auf See, auf großen

Friedhöfen oder auf kleinen heimatlichen Gottesäckern. Vieler Opfer wurde mit Gedenksteinen oder größeren Denkmälern gedacht. Das sind Orte, wo Angehörige und Freunde ihre Trauer bezeugen konnten und können. Ein Ort, in dem die Erinnerung an die Toten noch sehr lebendig ist, ist z. B. das bulgarische Dorf → Tersiisko.

Tresor

Ob sich die vielfach vermuteten Wert- und Schmuckgegenstände aus den Tresoren der ›Titanic‹ wirklich an Bord befunden haben, wird bezweifelt. Zweifel daran waren und sind nach wie vor berechtigt. John Hollis, Mitglied und Sprecher der Historischen ›Titanic‹-Gesellschaft, hat behauptet, daß die Pretiosen und Goldbarren von McElroy, dem Zahlmeister, und zwei Kabinenstewards nach dem Zusammenstoß mit dem Eisberg in Leinensäcke verstaut wurden und während des Versuchs, sie in einem der Rettungsboote zu bergen über Bord gegangen und versunken seien.

»Wolle man die Schätze der Titanic bergen« , so John Hollis 1987 vor der Presse, »solle man zuvor die Ladepapiere prüfen. Die Titanic war als Passagierdampfer konzipiert und konnte nur geringe Mengen an Fracht befördern.«

Bereits am 19. April 1912 meldete die »Vossische Zeitung« aus Berlin: »Aus Amsterdam wird uns geschrieben: Gegenüber Gerüchten, welche den Wertbetrag der mit der ›Titanic‹ untergegangenen Diamanten und Edelsteine in maßloser Weise übertreiben, wird von fachmännischer Seite hier vermerkt, daß der Wert der teils als Postsendung, teils im Besitz von Privatpersonen an Bord befindlichen Diamanten höchstens auf 750 000 Gulden zu veranschlagen sei.« (171)

Mit der Öffnung eines angeblichen ›Titanic‹-Tresors haben sich die Veranstalter einer internationalen Fernseh-Show in aller Öffentlichkeit blamiert: Während der 21. Tauchfahrt des Tauchbootes ›Nautile‹ wurde im August 1987 ein Tresor geborgen. Der Fernsehstar Telly Savalas moderierte am 28. Oktober 1987 ein weltweit life ausgestrahltes Fernsehspektakel aus dem Pariser ›Cité des sciences et de l'industrie‹ – dem

Museum für Wissenschaft und Technik. Vor laufenden Kameras sollte der stählerne Schrank geöffnet werden, der zusammen mit etwa 800 anderen Objekten an die Oberfläche gebracht worden war. Er enthielt unbedeutende Kleinigkeiten, und selbst die – so vermuteten Journalisten – dürften noch vor der offiziellen Öffnung des Tresors hineingeschmuggelt worden sein, um wenigstens eine völlige Blamage zu vermeiden.

Einen Nominalwert von 5000 Dollar repräsentierte der Inhalt des Geldschrankes. Durchweichte Dollarnoten, einige britische Goldmünzen, Ringe, Goldketten, eine Uhr und ein goldener Schmuckanhänger waren der magere Inhalt des mit großem Aufwand angekündigten Unternehmens. Eine in einem Armband entzifferte Gravur ließ darauf schließen, daß der geöffnete Safe der Privatsafe eines Passagiers der 1. Klasse gewesen sein könnte. Auf keinen Fall handelte es sich um einen der im Schiff fest verankerten Safes. Nach der ernüchternden Öffnungszeremonie behaupteten Taucher von IFREMER (dem französischen Institut für Meeresforschung), daß es sich bei dem gezeigten Tresor nicht um den von ihnen geborgenen gehandelt habe.

Unsinkbarkeit

Ein Wort, ein Begriff, schließlich ein Mythos machte die Runde – die ›Titanic‹ sei unsinkbar. Diese Behauptung wurde selbst noch am Morgen des 15. April 1912 um 8.30 Uhr in London aufrechterhalten. Einem dort verbreiteten Funkspruch zufolge sollte sich »die ›Titanic‹ um 8.30 Uhr heute früh noch über Wasser halten und mit vollgelaufenen Vorderräumen den Kurs auf Nova Scotia nehmen. Man hoffe, den Hafen bei langsamer Fahrt zu erreichen, falls die Schiffswandung den ungeheuren Wasserdruck aushält. Ein hiesiger Vertreter der White Star Line erklärte aufs bestimmteste, die ›Titanic‹ sei überhaupt unsinkbar.« (171)

Der Begriff der Unsinkbarkeit ist nicht erst mit der ›Titanic‹ erfunden worden, allerdings in diesem Zusammenhang völlig falsch ausgelegt worden. Zum Zeitpunkt der Indienststellung der ›Titanic‹ besaßen bereits viele Schiffe eine Reihe von

Vorkehrungen gegen Kollisionen und andere Auffahrtshavarien. Mit jeder neuen Sicherheitsmaßnahme erlangte ein Schiff einen höheren Grad jener Unsinkbarkeit, wie sie als terminus technicus gebräuchlich ist. Carl Busley, Professor an der Kaiserlichen Marine-Akademie zu Kiel, von dem diese Ausführungen stammen, sah in einer Reihe von technischen Maßnahmen also jenes mögliche Maß an Unsinkbarkeit, das ständig verbessert werden konnte. Er schrieb 1892:

»Einen großen Schutz haben die neuen Handelsschnelldampfer sowie die größeren Kriegsschiffe schon in ihrem Doppelboden, sodann werden sie durch Querschotte, welche bis zum Hauptdeck reichen, in eine Anzahl wasserdichter Abteilungen zerlegt ... Die Teilung ist in neueren Kriegsschiffen so weit fortgeschritten, daß viele derselben einschließlich ihres Doppelbodens und Kohlenzellen ... weit über 100 vollkommen getrennte wasserdichte Räume enthalten. Daß aber auf den Handelsschnelldampfern in Zukunft eine größere Trennung in wasserdichte Räume um sich greifen wird, läßt sich wohl als ziemlich sicher hinstellen.« (14) Die Unsinkbarkeit war eine technische Größe, der auch die ›Titanic‹ in vielen Details gerecht wurde. Ein doppelter Boden, ein unverzichtbares Kollisionsschott und eine höhere Spantendichte im Bugbereich gehörten zu den Kriterien der technischen Unsinkbarkeit ebenso wie die automatisch schließenden → Schotte, die das Schiff in 16 wasserdichte Abteilungen unterteilten. Offenbar stand die ›Titanic‹ in ihrem Unsinkbarkeitsgrad anderen Schiffen nicht nach, besaß aber keine bemerkenswerten Einrichtungen, die über das übliche Maß für Schiffe im Nordatlantik-Dienst hinausgingen. Sie war jedoch unter der klar definierten Bedingung unsinkbar, daß zwei nebeneinanderliegende Abteilungen geflutet werden konnten, ohne daß das Schiff gesunken wäre. Daß bei einer Havarie mehr als zwei Kammern betroffen sein könnten, wurde dabei nicht in Betracht gezogen. Die absolute Unsinkbarkeit großer Fahrgastschiffe ist auch heute nicht zu gewährleisten. Die Unsinkbarkeit der ›Titanic‹ war also eine in die Öffentlichkeit getragene und falsch interpretierte Größe, der auch aus Werbegründen nicht ausdrücklich widersprochen wurde. Einige deutsche Fachleute bescheinigten

dem Schiff in ersten Stellungnahmen, daß »sie ein Riesenschiff mit allen Errungenschaften der modernen Sicherheitstechnik« gewesen sei. Daß sie dennoch gesunken ist und die Folgen für die Menschen so ungewöhnlich dramatisch wurden, lag vermutlich auch an der bewußten und mißbräuchlichen Benutzung dieses terminus technicus. Auch die Passagiere selbst fühlten sich in größter Sicherheit und reagierten demzufolge anfänglich mit sehr großer Gelassenheit auf die Anordnungen des Schiffspersonals, nachdem es zur Kollision gekommen war. Ebenso wurden die Notrufe der ›Titanic‹ anfänglich nur mit Gleichmut von einer Reihe von Schiffen aufgenommen, da auch deren Führung von der Unsinkbarkeitsformel gehört hatte und zunächst Zurückhaltung an den Tag legte – andere möglicherweise gar nicht erst an eine Rettungsaktion dachten. Wurde die Formel von der Unsinkbarkeit letztlich zu einer der Hauptursachen für die Katastrophe? Die ›Olympic‹ jedenfalls, nach dem Unglück der ›Titanic‹ umgebaut und mit hochgezogener zweiter Bordwand an den Seiten, besaß einen noch höheren Unsinkbarkeitsgrad, ohne daß davon jemals wieder die Rede war. Weder die Werft noch die Reederei hatte sich im Zusammenhang mit der ›Titanic‹ dieser Begriffsinterpretation bedient. Sie stammte von Protagonisten der allmächtigen Technik, mit der der Mensch zum Sieger über die Natur erklärt wurde. → Harland & Wolff und die → White Star Line hatten allerdings auch nichts gegen diesen Schwall wohlwollender Beschreibungen ihrer Neubauten unternommen.

Untersuchungen

Die Anhörungen in New York und Washington

Die Morgenausgaben aller Zeitungen rund um den Erdball verkündeten am Morgen des 16. April 1912: »Die Titanic auf der Höhe von Neufundland gesunken!«

Entsetzen und Unsicherheit verbreiteten sich schnell. Das Vertrauen in die Technik war erschüttert, die aufgebrachte Öffentlichkeit in den USA und Großbritannien forderte einen Prozeß. Unüberhörbar waren auch die Forderungen vieler

betroffener (und auch nicht betroffener) Menschen nach einer gerechten Bestrafung der Schuldigen. Gerade diese öffentliche Empörung erzwang die amtliche Untersuchung, außerdem wurde zunächst befürchtet, daß sich die Verantwortlichen der Reederei und die Offiziere der ›Titanic‹ nach Großbritannien zurückziehen würden.

Vier Tage nach dem tragischen Unglück begannen die US-Behörden am 19. April 1912 im New Yorker Waldorf-Astoria-Hotel, das Unglück der ›Titanic‹ zu untersuchen. Es gab noch weitere Gründe dafür, daß die Untersuchung in Amerika stattfand. Zum einen befanden sich sehr viele US-Bürger unter den Opfern, zum anderen war das unter britischer Flagge fahrende Schiff durch die Fusion von White Star Line und Morgan-Trust weitgehend im Besitz von US-Aktionären.

Durch diese Interessenlage erhielt die Untersuchung einen besonderen Stellenwert. Vom US-Präsidenten Taft angeregt und unterstützt, wurde ein Senatsausschuß gebildet, dem der Jurist und Senator William Alden Smith vorstand. Nach den Vorstellungen unterschiedlicher politischer Kräfte wurden auch die weiteren Mitglieder des Ausschusses bestimmt: Es waren Republikaner und Demokraten, gemäßigte und fortschrittliche, Marine und Wirtschaft gleich stark repräsentierend.

Die New Yorker Untersuchung hatte den Charakter einer Anhörung von zahlreichen Spezialisten und Überlebenden der ›Titanic‹. Eine gründliche Aufklärung der Unglücksursachen und entsprechende Schlußfolgerungen sollten das Ziel dieser Verhandlung sein.

Unmittelbar nach Ankunft der Überlebenden in New York bildeten sich Gruppierungen, die öffentlichen Beschuldigungen, Indiskretionen, Erfindungen und Wichtigtuereien Gehör schenkten. In der Folge entstanden unkritische Veröffentlichungen in Zeitungen unterschiedlichster politischer Richtung. Der Untersuchungsausschuß stand daher von Anfang an unter dem Druck politischer Interessengruppen im eigenen Land, außerdem standen Senatswahlen bevor. Zunächst sollten die folgenden Schwerpunkte untersucht werden:

1. Die Aussagen Direktor → Ismays über seine Rolle an Bord der ›Titanic‹ und seine Rettung.

2. Fragen der Kommandoausübung auf der ›Titanic‹ und Tätigkeit der Schiffsleitung unter Commodore Smith.

3. Organisation und Durchführung der Rettungsoperation.

Um zunächst die zahlreichen Zeugen unter den Geretteten befragen zu können tagte der Untersuchungsausschuß anfänglich in New York, ab 22. April tagte er in Washington im Versammlungssaal des Senatsgebäudes.

Untersuchungsergebnis

Die Anhörungen durch den amerikanischen Senatsausschuß in New York und später in Washington wurden am 27. April offiziell beendet. Der Untersuchungsausschuß sollte nun für den US-Senat einen Bericht erstellen und Vorschläge für einen Gesetzentwurf einbringen, der als Schlußfolgerungen aus dem Geschehen um die ›Titanic‹ die Sicherheit auf dem Meer erhöhen sollte.

Am 28. April legte der Vorsitzende des Untersuchungsausschusses, Senator Smith, dem Senat der USA den Bericht vor.

Er belegte, wie es durch das Zusammenspiel von technischem und menschlichem Versagen zu der Katastrophe kommen konnte.

Den Bau des Schiffes betreffend, wurden die Erkenntnisse mit folgenden Worten zusammengefaßt: »Werft und Reederei waren sich ihrer Sache so sicher, daß die Kessel, Schotten, Einrichtungen und Ausrüstungen nicht genügend getestet wurden ... Offiziere und Mannschaften waren auch mit dem Schiff nicht vertraut ... Sehr viel Schuld an der Katastrophe trägt auch das englische Handelsministerium, weil seine Vorschriften für den Schiffbau unzureichend sind und das Schiff bei der Abnahme viel zu flüchtig geprüft wurde ... Man glaubte, daß die Wissenschaft des Schiffbaus nunmehr vollkommen, daß auf diesem Gebiet das letzte Wort gesprochen sei. Endlich hatte man das Meer bezwungen. Vermessenheit scheint die sonst so hellwachen Fähigkeiten eingelullt zu haben.«

Aufgrund der Bauweise als »Zwei-Abteilungs-Schiff« (→ Unsinkbarkeit) wäre die ›Titanic‹ schwimmfähig geblieben,

wenn nur zwei nebeneinanderliegende Abteilungen geflutet worden wären. Da aber das Vorschiff über fünf Abteilungen leckgeschlagen und geflutet war, sackte das Schiff nach etwa zwei Stunden über den Bug ab.

Die unzulängliche Besetzung der Rettungsboote war auch Gegenstand der abschließenden Bemerkungen des Ausschußvorsitzenden:

»... Die Rettungsboote waren so unzulänglich besetzt und so rasch gefiert, daß nach eindeutigen Beweisen fast 500 Menschen unnötigerweise sterben mußten, weil man es beim Besetzen der Rettungsboote an ordentlicher Disziplin fehlen ließ ... Und doch behaupten manche, daß die beste Disziplin geherrscht habe. Wenn man das Disziplin nennt, wie sieht dann Unordnung aus?« fragte Senator William Alden Smith verbittert.

Er und die Fachleute seines Ausschusses hatten in kurzer Zeit die unterschiedlichen, ihrer Meinung nach bestimmenden Ursachen für die »unnötige Katastrophe« aufgedeckt. Doch selbst US-Zeitungen polemisierten gegen diese Untersuchung: Sie sei ohne jede Vorbereitungszeit zustande gekommen, und ihr Vorsitzender sei kein Schiffahrts-Fachmann.

Fast übereinstimmend heftig reagierten auch britische Blätter auf Smiths Rede vor dem Senat. Der britische »Daily Express« behauptete in einem Leitartikel mit der Überschrift »Bombastes«:

»Die groteske Rede des Senators Smith hat seine Untersuchungsergebnisse stark abgewertet. Diese außergewöhnliche Anhäufung großsprecherischer Phrasen ist vermutlich in der Geschichte der Parlamente beispiellos.«

Die britische »Saturday Review« war noch unfreundlicher und schrieb:

»Alles in allem wirkt Senator Smith auf die meisten Menschen keinesfalls unsympathisch, aber er ist doch zweifellos ein Mensch, den wir in England als Esel zu titulieren pflegen.«

Die Londoner »Daily News« rückte dagegen von früheren Anschuldigungen ab und erkannte die Leistungen des US-Untersuchungsausschusses an.

»Senator Smith braucht sich für seinen Ausschuß nicht zu entschuldigen. Die Mitglieder des Untersuchungsausschus-

ses haben die Zeugen vorgeladen, als sie greifbar waren, als die Tatsachen in ihren Erinnerungen noch so lebendig waren, daß sie nicht willentlich oder irrtümlich verfälscht werden konnten, und insgesamt waren die von dem Ausschuß gestellten Fragen beispielhaft für eine gewissenhafte Untersuchung ... Zumindest manche von dem Ausschuß gezogenen Schlußfolgerungen sind unabweisbar, und sie sind sehr beruhigend.«

Tatsächlich waren die Untersuchungsergebnisse trotz aller Einschränkungen brauchbar und für die Verwirklichung moderner Vorschriften zur Schiffssicherheit von Bedeutung.

So wurden daraufhin verschiedene gesetzliche Regelungen für den US-Schiffbau, die Schiffssicherheit und Schiffskontrolle vom Senat verabschiedet. Der Inhalt dieser Gesetzesvorlage – auch »Smith-Gesetz« genannt – bildete zugleich die Grundlage für die Beschlüsse der internationalen → Schiffssicherheitskonferenz von 1912/13.

Mehrere Vorschriften des »Smith-Gesetzes« waren Vorbild für verbindliche Regelungen in der Seeschiffahrt. Nicht zuletzt bewirkte die US-Anhörung, daß die britische Regierung – gegen ihre frühere Absicht – den Beschluß faßte, eine eigene, gründliche Untersuchung über den Untergang der ›Titanic‹ durchzuführen. Lord Mersey, der Vorsitzende der britischen Untersuchungskommission, mußte den Einfluß der amerikanischen Untersuchung akzeptieren und berücksichtigen.

Versicherungsbetrug

In dem Wust von ›Titanic‹-Geschichten und Legenden machte 1995 ein angeblicher Versicherungsbetrug Schlagzeilen: Nicht die ›Titanic‹ sei versunken, sondern in Wahrheit die → ›Olympic‹. Außerdem sei das ein von langer Hand vorbereiteter inszenierter Betrug der White-Star-Reederei gewesen. Bereits auf der Werft von → Harland & Wolff habe man diesen Austausch vorgenommen – Inventar, Dekorationen, Wäsche und selbst Aggregate seien ausgewechselt worden. Man

wollte, so die Autoren, die durch den Zusammenprall mit dem Kreuzer HMS ›Hawke‹ beschädigte ›Olympic‹ loswerden.

Die Grundthese, daß der Austausch der Aggregate in einer Nacht- und Nebelaktion stattgefunden habe, ist unhaltbar. Am vorgeblichen Tatort, der Werft, arbeiteten 14 000 Ingenieure und Arbeiter im Schichtbetrieb. Rund 1600 Besatzungsmitglieder waren auf beiden Schiffen angemustert. Sie alle als Zeugen auszuschalten bzw. zum Schweigen zu verpflichten, wäre ein unmögliches Unterfangen gewesen. Zudem erhielt jedes Schiff eine eigene Baunummer (Nr. 400 für die ›Olympic‹ und Nr. 401 für die ›Titanic‹). Sie diente der Zulieferung der Bauteile zu den Schiffsbaustellen. Alle Bauteile wurden mit denselben Baunummern versehen. Alle Stahlplatten, Spanten, Schiffsschrauben, Aggregate hatten Stanzmarken mit dieser Baunummer. Eine nachträgliche Änderung wäre sichtbar geworden. Die Behauptung, die Schiffe seien »baugleich und nicht unterscheidbar« gewesen, ist schlichtweg falsch.(25) Erste Erfahrungen mit der bereits im Einsatz befindlichen ›Olympic‹ wurden auf der ›Titanic‹ baulich umgesetzt, so daß die beiden Schiffe sehr wohl Unterschiede auch am Schiffskörper aufwiesen. Bemerkenswertes Detail an der ›Titanic‹ war der → Heizertunnel. (96)

Vor ihrer Jungfernreise wurde auch für die ›Titanic‹ eine Schiffsversicherung abgeschlossen, die ein Zeugnis von einer Klassifikationsgesellschaft (Lloyds) voraussetzte. Die ›Titanic‹ war (umgerechnet zum damaligen Kurs) auf einen Kasko-Wert von 14,6 Millionen Mark versichert. Diese Versicherungssumme wurde auch anstandslos an die Reederei gezahlt – ein Betrag, der äußerst bescheiden wirkt angesichts der auf wenigstens 250 bis 300 Millionen Mark geschätzten Werte, die mit dem Schiff verloren gingen. (Vorräte 3,5 Millionen, Safe-Depots und Bargeld 8,5 Millionen, Fracht 99,5 Millionen, Eigentum der Fahrgäste und Besatzung 40 Millionen, Post und Diverses 26 Millionen). (102) Auch die millionenschweren Personenversicherungen der Passagiere aus der 1. und 2. Klasse haben den Kasko-Wert des Schiffes weit übertroffen. Die These vom Versicherungsbetrug läßt sich mühelos in den Bereich der Legenden einordnen.

Wade, Wyn Craig
Schriftsteller

Der US-Schriftsteller Wade beschäftigt sich als Psychologe mit dem Katastrophenverhalten. Für diesen Forschungsbereich boten die Unterlagen über die ›Titanic‹-Katastrophe viele, sich zum Teil widersprechende Fakten.

»Kein Schiff – von der Arche Noah abgesehen – ist so von Geheimnis umwoben wie die ›Titanic‹. Der Untergang des Luxusliners war seinerzeit ein Drama, das zwei Aspekte hatte: zum einen die Schiffskatastrophe, zum anderen die Art und Weise, wie die Menschheit darauf reagierte. Aus dieser Doppelnatur des Geschehens erwuchs ein Mythos, der nun schon sieben Jahrzehnte überdauert.«

Mit diesen Gedanken leitet Wyn Craig Wade seine Aufarbeitung der angelsächsischen Literatur und Presse ein, die er in seinem Buch vorlegt. Aus der Perspektive Amerikas wird das Geschehen betrachtet. Wäre das Buch 70 Jahre früher erschienen – die Europäer hätten sich viele Spekulationen ersparen können, wären allerdings auch um einige phantastische Geschichten ärmer. In diesem Report sucht man nämlich vergeblich nach jenen Legenden, die das Thema so lebendig erhalten haben.

Wade unterzog sich der Mühe, Protokolle der Verhandlungen in Washington und London und Aussagen von Überlebenden in verschiedenen Publikationen zu vergleichen. Dabei bediente er sich für den Faktenvergleich im Falle der ›Titanic‹ erstmals der elektronischen Datenverarbeitung. Dadurch erreichte er eine hohe Dichte von Aussagen – und eine exzellente Vergleichsmöglichkeit. Obwohl die ebenfalls von Wade ausgewerteten Protokolle des US-Senatsausschusses sogar in Berlin in der Staatsbibliothek eingestellt waren, hatte sich keiner der deutschen Schriftsteller oder Journalisten dieses Grundlagenmaterials bedient. (204)

In jüngster Zeit sind die Aussagen der Überlebenden vor dem US-Senatsunterausschuß in New York und Washington in deutscher Übersetzung zugänglich gemacht worden. (46)

Der Dampfer ›Teutonic‹, 1891–1892 letzter »Rekordinhaber« der White Star Line

White Star Line

Reederei der ›Titanic‹

Bis zur Wende vom 19. zum 20. Jahrhundert hatte der Präsident der Reederei Bruce → Ismay die White Star Line zu einem der bedeutendsten Schiffahrtsunternehmen Großbritanniens und der Welt geführt. Diese Passagierreederei, die um 1906 30 Dampfer betrieb, davon 19 über 10 000 BRT, und über 8 Millionen Pfund Sterling Betriebsmittel verfügte, konnte jährlich eine stattliche Dividende von 12 bis 20% ausschütten. Doch zur Sicherung der Bausumme für die Schiffe der ›Olympic‹-Klasse mußten grundsätzliche Entscheidungen getroffen werden. 40 Millionen Dollar zahlte der US-amerikanische Stahl- und Eisenbahntrust Morgan & Company an White Star im Jahr 1902 als Kaufpreis für die Fusion von Trust und Reederei. Diese Summe war das wichtigste finanzielle Polster, das Ismay zu den großen Projekten ermutigte. Staatliche Subventionen, speziell für die Posttransporte, hatte anfänglich nur die → Cunard Line erhalten. Eine Verbindung zum mächtigen Morgan-Trust konnte das Eindringen in das nordatlantische Passagiergeschäft nur begünstigen. Das Mor-

gan-Imperium hatte bis 1905 bereits zwei amerikanische und drei britische Seereedereien aufgekauft. Rund 100 Passagierschiffe und Frachter machten das Gros der Flotte aus, die ein Fünftel der damals zwischen Europa und Nordamerika verkehrenden Tonnage und mehr als ein Drittel der Fahrgastplätze auf dieser Route repräsentierte. Der so entstandene Schiffahrtstrust führte fortan den Namen International Mercantile Marine (IMM). Trotz der amerikanischen Mehrheitsbeteiligung blieben die Schiffe der White Star Line weiterhin unter britischer → Flagge. Ismay wurde Generaldirektor von IMM, Lord Pirrie erhielt eine führende Funktion im Aufsichtsrat. (26) 1908 stimmte die Aktionärsversammlung unter dieser Führung dem Bau der drei künftigen Luxusliner zu. Noch im gleichen Jahr wurde bei der Werft → Harland & Wolff das erste Schiff auf Kiel gelegt. Die Finanzierung dieses Riesenprojekts war zwar durch den US-Bankier J. Piermont Morgan gesichert, aber es sollte erst der Beweis erbracht werden, ob die Verantwortlichen von IMM und White Star mit ihren kühnen und teuren Vorhaben der ›Olympic‹-Klasse richtig entschieden hatten. Höhere Profite versprach man sich durch Größe, Luxus und Pünktlichkeit.

White-Star-Line-Schiffe

von Harland & Wolff; eine Auswahl

Schiffsname	Baujahr	BRT	Rekord
Adriatic	1872	3 888	+
Germanic	1875	5 008	+
Teutonic	1889	9 984	+
Majestic	1890	9 965	
Medici	1899	11 985	
Oceanic	1899	17 274	
Republic	1903	15 378	
Athenic	1901	12 234	
Adriatic	1906	24 541	
Olympic	1911	45 324	

Im Oktober 1891 stellte die ›Teutonic‹ als letztes Schiff der White Star Line einen Geschwindigkeitsrekord bei der West-Ost-Überquerung des Nordatlantiks (Blaues Band) auf. Sie durchfuhr eine Distanz von 2790 sm mit einer Durchschnittsleistung von 19,79 kn. (→ Rekorde)

Wilhelm II., deutscher Kaiser

Die ›Titanic‹-Katastrophe am deutschen Hof

Bereits am 23. April 1912, also nur elf Tage nach der Katastrophe, informierte der Reichsminister des Äußeren, Delbrück, telegrafisch den deutschen Kaiser über die ersten Kontakte der deutschen Regierung mit deutschen Schiffbauunternehmen und der englischen Regierung und avisierte ihm eine Konferenz im Reichsamt des Inneren zum 6. Mai. Daraufhin ereiferte sich Wilhelm II.:

»... wie ich vom Reichsamt des Inneren erfahre, hat das Auswärtige Amt von sich aus Schritte bei den fremden Regierungen getan anlässlich des ›Titanic‹-Falles, um internationale Vereinbarungen herbeizuführen. Aufgrund welchen Auftrages oder Befehls ist das geschehen? ... Ein Schritt von solcher grossen internationalen Bedeutung kann nur von einem Souverain gefasst und befohlen werden, nicht aber von einer ihm unterstehenden Behörde ohne sein Vorwissen und Willen. Ich betrachte dieses Gebiet als ein besonderes Vorrecht Meiner Krone und werde die ganze Angelegenheit in der Hand behalten. Mithin ist Mir das Nötige zur Genehmigung vorzulegen beziehungsweise Vorschläge zu unterbreiten, die von Mir aus nachher abgehen werden. Reichsamt des Inneren benachrichtigen.«

gez. Wilhelm, F. R.

Eiligst antwortete der als »übereifrig« getadelte Staatssekretär des Inneren:

»Berlin, den 26. April 1912.

Der Staatssekretär des Inneren an Seine Majestät den Kaiser und König.

Die Berufung der Konferenz zum 6. Mai war bereits vor Eintreffen des ersten Allerhöchsten Telegrammes Eurer Majestät

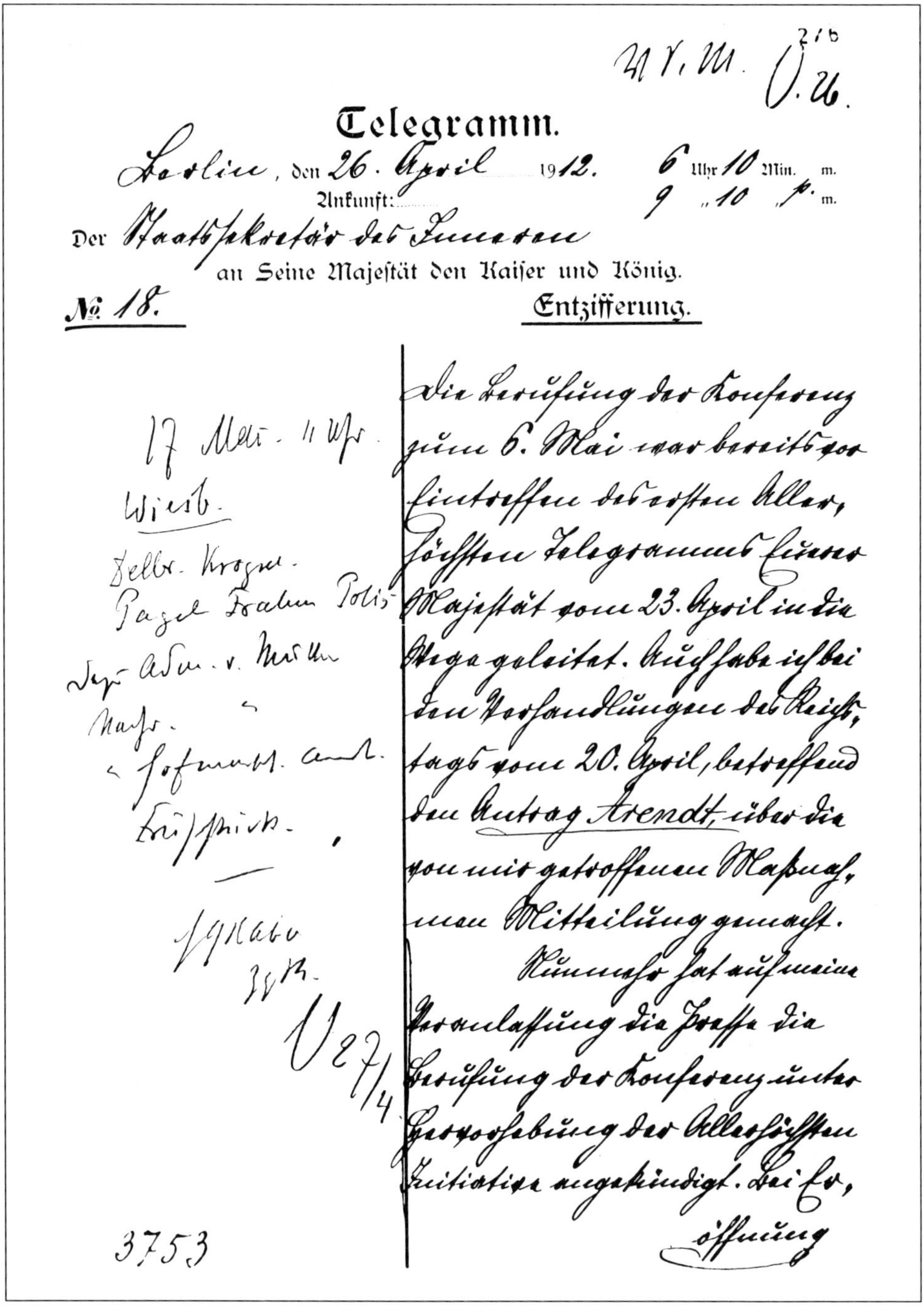

Telegramm.

Berlin, den 26. April 1912. 6 Uhr 10 Min. m.

Ankunft: 9 „ 10 p. m.

Der Staatssekretär des Innern

an Seine Majestät den Kaiser und König.

No 18. Entzifferung.

Die Berufung der Konferenz zum 6. Mai war bereits vor Eintreffen des ersten Allerhöchsten Telegramms Euerer Majestät vom 23. April in die Wege geleitet. Auch habe ich bei den Verhandlungen des Reichstags vom 20. April, betreffend den Antrag Arendt, über die von mir getroffenen Maßnahmen Mitteilung gemacht.

Nunmehr hat auf meine Veranlassung die Presse die Berufung der Konferenz unter Hervorhebung der Allerhöchsten Initiative angekündigt. Bei Eröffnung

17 Mai. 4 Uhr.

Wiesb.

V 27/4

3753

vom 23. April in die Wege geleitet. Auch habe ich bei den Massnahmen Mitteilung gemacht. Nunmehr ist auf meine Veranlassung die Berufung der Konferenz unter Hervorhebung der Allerhöchsten Initiative angekündigt. Bei der Eröffnung der Konferenz werde ich nicht verhehlen, die Anregung Eurer Majestät besonders zum Ausdruck zu bringen ...«

gez. Delbrück

In seiner Sommerresidenz Bad Homburg nahm der deutsche Kaiser am 17. Mai die Vorträge des Staatssekretärs Dr. Delbrück und Krogmanns, des Präsidenten der Seeberufsgenossenschaft, Professor Pagels, des Direktors des Germanischen Lloyd, der Werftdirektoren Geh. Baurat Flohr, Schwartz, Frahm und des Vertreters der Hamburg-Amerika-Linie, Kapitän Polin, entgegen.

Erörtert wurde die Vervollkommnung des Eisnachrichtendienstes durch internationale Vereinbarungen und Veranstaltungen. (205) Die Konferenz schloß mit der Beratung der Sicherheitsmaßnahmen für den neuesten deutschen Dampfer ›Imperator‹, der nach seiner Fertigstellung im April 1913 das größte Schiff der Welt sein würde.

Links: Telegramm Kaiser Wilhelms II. an seinen Innenminister Delbrück

Wracksuche, erfolgreiche

Das Wrack der ›Titanic‹ war offenbar nur mit Hilfe moderner Hochtechnologie zu finden. Experten des französischen Meeresforschungs-Institutes IFREMER und des Woods Hole Institute sowie der US-amerikanischen DOSS-Gesellschaft (Deep Ocean Salvage Systems) hatten ein Gerätesystem entwickelt, mit dessen Hilfe die Entdeckung des großen Schiffskörpers tatsächlich nur eine Frage der systematischen Suche und damit eine Frage der Zeit war.

Das wichtigste Gerät des Systems ist ein Sonar (Sound Navigation Ranging), eine Einrichtung, die hochfrequente Schallwellen aussendet, die sich unter Wasser besonders gut ausbreiten. Ähnlich wie ein Radargerät werden die Echos der ausgesendeten Wellen analysiert und aufgezeichnet. Die Erfindung ist gar nicht so neu. Auf Schiffen sind diese Geräte fest installiert und dienen der Tiefenlotung und dem Auf-

spüren von Fischschwärmen. Doch was sich für den normalen Betrieb eignet, muß für spezielle wissenschaftliche Forschungen noch längst nicht ausreichen. In der herkömmlichen Version des Sonars ist eine große Zahl von Störfaktoren zu berücksichtigen. Das Schiff selbst ist solch ein Störfaktor, ebenso die wechselnden Druck- und Temperaturbedingungen im Wasser. Diese verändern die Ausbreitung der Schallwellen. Die Ausbreitungsgeschwindigkeit der Schallwellen wächst bei hohem Druck und verringert sich bei sinkenden Wassertemperaturen. Damit gewinnen die Forscher nur eine ungenaue Abbildung des Meeresbodenreliefs, denn feine Details verschwimmen im sogenannten »Rauschen« der Störungen.

Diesem Mangel konnte nur eine Schleppanlage abhelfen, aber auch für diese mußten besondere technische Lösungen gefunden werden, um das Gerät in große Tiefe zu schleppen und dort über den Meeresboden zu »ziehen«. Die Lösung hieß SAR (Sonar Acoustique Remerqué), ein vom französischen Meeresforschungsinstitut entwickeltes Spezialsonar, das man bis in Tiefen von 6000 m verwenden kann.

Am Ende eines 8500 m langen Schleppkabels wurde das 2,5 t schwere Gerät von 5,5 m Länge und 1 m Durchmesser mit einer Geschwindigkeit von einem 1 m/sec über den Meeresboden gezogen. Das SAR ist mit einem Seitensonar ausgerüstet, das mit 180 kHz arbeitet. Diese hohe Frequenz war nötig, um besonders kleine und fein detaillierte Gegenstände auf dem Meeresboden zu erkennen. Herkömmliche Sonare verwenden niedrigere Frequenzen, weil sie nur Objekte ohne spezifische Formen identifizieren müssen. Für die Ortung des ›Titanic‹-Wracks war jedoch ein höheres Auflösungsvermögen besonders wichtig. Die gewählte Frequenz gestattet es, Objekte mit weniger als 4 m Durchmesser im Umkreis von etwa 500 m aufzufinden. (106)

Das zweite System an Bord der Schleppsonde sandte Schallwellen mit einer Frequenz von 3,5 kHz aus, die in der Lage sind, lockeren Meeresboden bis in eine Tiefe von 80 m zu durchdringen. So konnte sowohl ein Bodenquerschnitt als auch ein Wrack im Boden ausgemacht werden. Die mit den

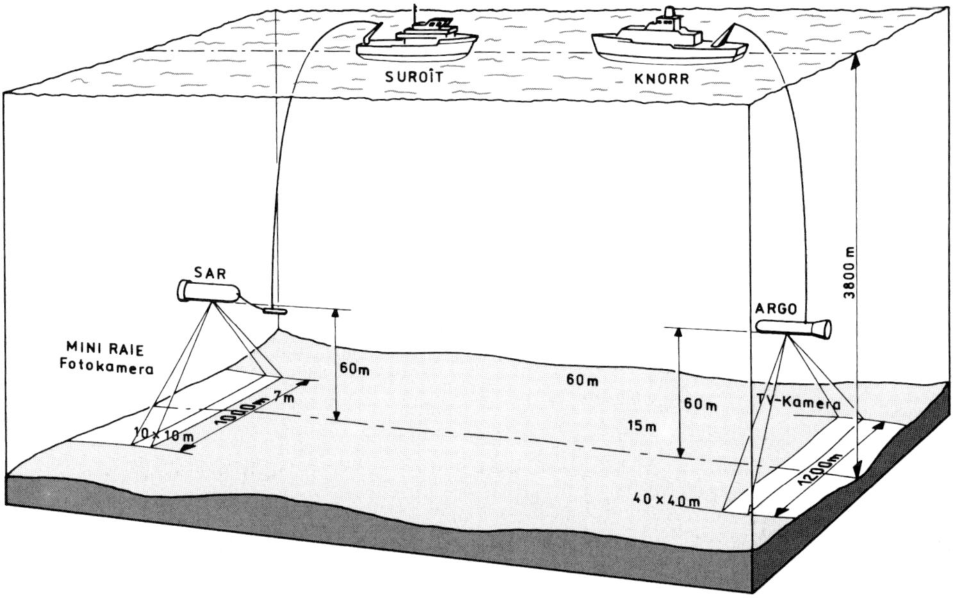

Schematische Darstellung der Suchoperationen 1985 mit den Schiffen ›Suroit‹ und ›Knorr‹

Sonaren gewonnenen Daten wurden nun per Kabel zum Schleppschiff übertragen, wo Computer die Daten verarbeiteten und selbst von Schlick eingeschlossene Wracks abbilden konnten.

Das ganze Gerätesystem wurde noch durch eine Radio-Navigationsanlage komplettiert, die für die Kursbestimmung und -einhaltung unerläßlich war. Und schließlich befand sich noch ein Magnetometer an Bord, mit dem zunächst einmal die große Metallmasse auf dem Ozeanboden entdeckt wurde.

Die nächste Etappe des Unternehmens übernahm das Forschungsschiff ›Knorr‹ der US-Navy. Wiederum mit einer Schleppsonde versehen, suchte es den ermittelten Fundort der ›Titanic‹ auf. »Argo« hieß der optische Helfer, den die amerikanischen Wissenschaftler in die Tiefe schickten und der 15 m über dem Meeresboden seine Arbeit verrichtete. Mit Video-Kameras wurde im Lichtkegel zweier Scheinwerfer der gigantische Rumpf des gesuchten und nun gefundenen Wracks abgetastet. Auf dem Monitor des amerikanischen Forschungsschiffes erschien das Bild, das den endgültigen Beweis lieferte. Auf französischer Seite nahm eine Fotokamera weitere Bilder auf. Einzelheiten wurden erkennbar: Im diffu-

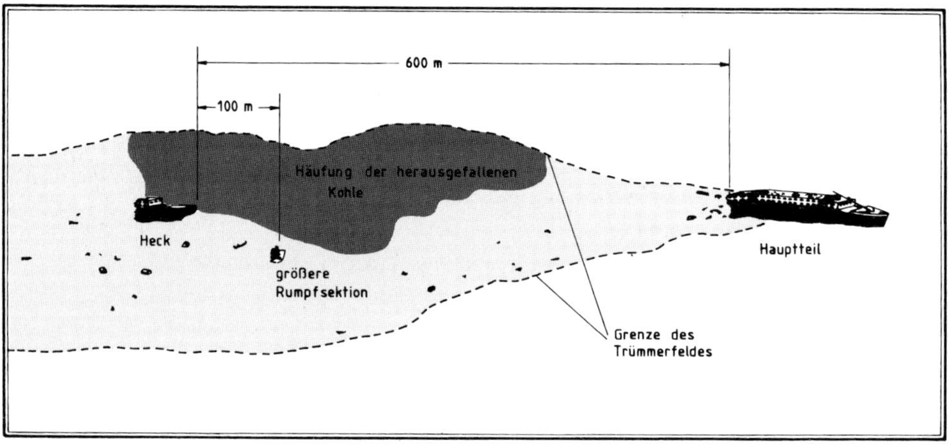

Lage der Trümmer und Wrackteile auf dem Meeresgrund (nach den Erkundungen von Ballard 1986). Markiert ist auch das Gebiet, in dem die mitgeführte Kohle der ›Titanic‹ verstreut wurde.

sen bläulichen Licht erschienen Bug und Mittelschiff und die Kessel der ›Titanic‹, die beim Absinken aus ihren Verankerungen gerissen waren und den Schiffsrumpf durchschlagen hatten. Erste Bestätigungen früherer Vermutungen wurden durch die Bilder erbracht – 73 Jahre nach der Katastrophe. Modernste Forschungstechnik hat gewissermaßen mit dem Sichtbarmachen des Wracks einen Schlußstrich unter eine der größten zivilen Verkehrskatastrophen aller Zeiten gezogen. Sie hat uns aber auch einen großen Friedhof auf dem Meeresboden gezeigt. Damit stellt sich Betroffenheit ein, und neue – ethische, moralische – Fragen tauchen auf, z. B. hinsichtlich des → Wracktourismus.

Wracktourismus

Die kommerzielle Verwertung des ›Titanic‹-Wracks begann kurz nach der Entdeckung und ersten Besichtigung.

Nachdem die Fundstelle gesichert war, fanden zahlreiche Expeditionen statt, die der Gewinnung von Wrackteilen und der Herstellung von kommerziellen Filmaufnahmen dienten.

Entgegen den Empfehlungen der ersten Forschungsteams unter Leitung von Robert → D. Ballard wurde das Wrack in dieser Hinsicht nicht geschont und nicht als »Denkmal« behandelt.

Die »RMS Titanic« – die Firma des ehemaligen Autohändlers Tullock aus den USA hat die Rechte für sich gesichert, Teile des ›Titanic‹-Wracks zu bergen. Die geborgenen Gegenstände wurden zunächst auf großen Ausstellungen, u.a. in Paris der Öffentlichkeit gezeigt. Mittlerweile ist es möglich, Teile der ›Titanic‹, Ausrüstungsgegenstände, Wrackteile und Kohlestücke mit einem Echtheitszertifikat zu erwerben. Spektakulär gestaltete sich 1996 eine Bergung von Wrackteilen erstmals unter den Augen der Öffentlichkeit. Etwa 1800 Passagiere an Bord von Kreuzfahrtschiffen sollten die Bergung von Wrackteilen der ›Titanic‹ miterleben. Das Tauchboot ›Nautile‹ der Firma hatte bereits mehrere vorbereitende Tauchgänge zum Wrack unternommen, nun sollte bei Bergung eines großen Wrackteiles die Öffentlichkeit dabei sein. Die Passagiere, unter denen sich auch noch drei Überlebende des Unglücks befanden, wurden mit Menüs und Musik der ›Titanic‹-Ära bei Laune gehalten. Das Unternehmen wurde in der amerikanischen Öffentlichkeit heftig kritisiert, fand aber offenbar doch großen Anklang. Die Firma Tullock rechtfertigte die Bergung der Reste mit dem Argument ihres steten Zerfalls und der kulturellen Aufgabe, die Reste der ›Titanic‹ der Nachwelt auf diese Weise zu erhalten. Während des Bergungsversuches wurden auf den Kreuzfahrtschiffen aus »Gründen der Pietät«, wie es hieß, die Spielautomaten abgeschaltet.

Über diese Unternehmung hinaus sind für die nächste Zeit kommerzielle Tauchfahrten zur Wrackbesichtigung vorgesehen. (230)

Zusammenstoß – Untergang

Mit Recht wollte die Öffentlichkeit wissen, was der Schiffsführer in den zwei Stunden und 40 Minuten vom Zusammenstoß des Schiffes mit dem Eisberg bis zum Untergang getan hatte. Bis heute gibt es dazu viele Fragen, aber leider nur wenige exakte Antworten.

Weder die Überlebenden noch Dokumente bzw. die beiden Untersuchungen können ausreichend Auskunft geben

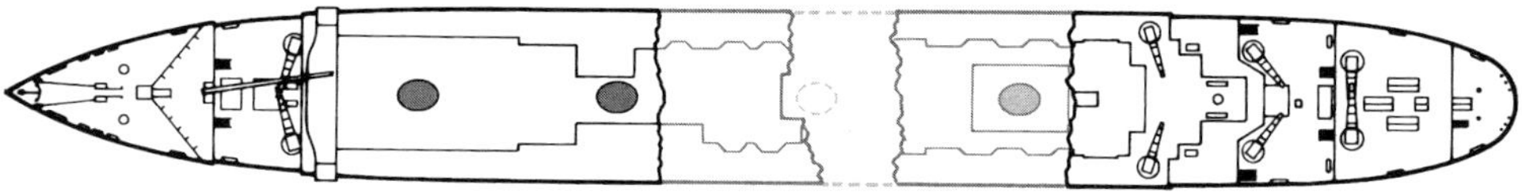

Rekonstruktion der Zerstörungen am Schiffskörper

über das Verhalten von → Kapitän Edward J. Smith in diesen entscheidenden 160 Minuten der Leitung der Rettungsaktion. Die Untersuchungsbehörden hatten kein Interesse daran, die Administration oder den Reeder mehr als unbedingt nötig in den Urteilsspruch miteinzubeziehen. Das hätte dem nationalen Ansehen geschadet und der Konkurrenz genutzt. Der Kapitän dagegen war tot und konnte nicht widersprechen.

Der Unfall ereignete sich bei sehr ruhiger See und guten Sichtverhältnissen – und das havarierte Schiff blieb immerhin noch über zwei Stunden in fast waagerechter Lage schwimmfähig. Der Umfang der Tragödie hielt sich noch in gewissen Grenzen. Nicht allein das Versagen einzelner Schotts im Heizertunnel, auch nicht die unzureichenden Schotts im Oberdeck oder Materialfehler sind für das Unglück verantwortlich. Nicht nur die wenigen Rettungsplätze in den Rettungsbooten haben die Dimensionen der Katastrophe bestimmt, sondern u. a. die Tatsache, daß die Hälfte der Plätze in den Booten unbesetzt blieb und rettende Schiffe nicht rechtzeitig eintreffen konnten.

Das unterlassene komplette Rettungsmanöver mit den Passagieren (heute auf jedem Kreuzfahrtschiff selbstverständlich) und die fehlende Rettungs- bzw. Bootsrolle, die die Aufgaben der Besatzung in Notfällen festlegte, sollten sich als unverständliche Nachlässigkeit erweisen. Das waren jene Fehlerquellen, die der Kapitän geduldet hat und für die er möglicherweise voll zur Verantwortung gezogen werden muß.

In der zur Verfügung stehenden Zeit wurde von dem technischen Personal die erforderliche Dampf- und Stromversorgung in selbstlosem Einsatz gesichert. Alle Lenz- und Bilgenpumpen funktionierten. Sie schafften stündlich etwa 400 t eingedrungenes Meerwasser nach außen.

Die Handlungskette nach der Kollision läßt sich – entsprechend den Zeugenaussagen und den staatlichen Unterlagen – so verfolgen: Unmittelbar nach der Kollision begab sich der

Kapitän auf die Kommandobrücke. Unklar geblieben ist, ob er vom Wachhabenden informiert oder die Berührung mit dem Eisberg selbst wahrgenommen hatte. Die große Mehrheit der Passagiere und der Besatzung hatte die Havarie zunächst nicht bemerkt. Nach seinem Eintreffen auf der Brücke fragte der Kapitän den leitenden Wachoffizier Murdoch, was geschehen sei. Nach erteilter Auskunft befahl Smith, die Schotten schließen zu lassen. Doch diesen Befehl hatte vorher schon Murdoch erteilt.

Etwa 20 Minuten nach der Kollision hatten sich der Kapitän und der Chefkonstrukteur der ›Titanic‹, Thomas → Andrews einen Überblick über das Ausmaß des Unfalls verschafft. Die Berechnungen aufgrund der Leckinspektion ergaben, daß das Schiff nur noch etwa zwei Stunden schwimmfähig sei. Ungefähr 20 Minuten wurden für die Inspektion benötigt, nicht zuviel bei der Größe des Schiffes. Erst nach der Untersuchung konnten geeignete Rettungsmaßnahmen eingeleitet werden.

Nach Aussagen des Quartermeisters A. Olliver lautete der Befehl des auf der Brücke erschienenen Kapitäns an die Maschine: Halbe Kraft voraus! Das war eine zunächst logische und erforderliche Handlung: Der Kapitän wollte mit dem Versuch, einige wenige Minuten voraus zu fahren, den Umfang des Schadens am beschädigten Schiff genauer ermitteln.

Bedenkt man, daß in der Zeit von 0.05 Uhr bis 2.05 Uhr, also innerhalb von 120 Minuten 20 Rettungsboote zu Wasser gelassen wurden, so bedeutet das, daß alle 6 Minuten ein Boot auf dem Wasser aufsetzte. Entgegen der landläufigen Meinung ist doch offenbar mit großer Disziplin das Rettungsmanöver geleitet worden; ein längeres Warten und Verzögern des Fierens der Rettungsboote war nicht zu verantworten. Daß die im Wasser schwimmenden Boote später keine Rettungssuchenden aufnahmen, lag außerhalb der Gewalt der Offiziere an Bord der ›Titanic‹.

Eine allgemeine Panik an Bord wurde zunächst vermieden: Ein Verdienst der Mannschaften und der Offiziere, denn hätten die Passagiere die Boote gestürmt, wäre die Rettung selbst der relativ wenigen Überlebenden in Frage gestellt worden.

Senator Smith, der Vorsitzende des US-Untersuchungsaus-

schusses für diesen Seeunfall, informierte im Mai 1912 dazu die Öffentlichkeit:

»Nach den vorliegenden Beweisen hat keiner der Offiziere eine eindeutige Warnung ausgesprochen ... Es wurde kein allgemeiner Alarm geschlagen; die Schiffsoffiziere wurden nicht offiziell zusammengerufen; keine geordnete Routine kam in Gang, kein organisierter Rettungsversuch wurde eingeleitet.« (33)

Dieser Vorwurf scheint aus heutiger Sicht anfechtbar und aus der seemännischen Unkenntnis des Untersuchungsausschusses herzurühren. Daß die Mannschaften Gewalt anwendeten, um eine Panik zu vermeiden, und daß es bei der Trennung von Männern und Frauen voneinander ebenfalls zum Einsatz körperlicher Gewalt gekommen ist, darf in keinem Falle der Schiffsführung angelastet werden, denn sie mußte darauf bedacht sein, den eintretenden Schaden so gering wie möglich zu halten.

Der Erste nautische Offizier und Wachhabende während der Kollision, W. M. Murdoch, war der entstandenen Situation nicht gewachsen. Er schoß sich angesichts der sich anbahnenden Tragödie eine Kugel in den Kopf.

Das Ende des Kapitäns, Commodore Edward J. Smith ist nicht überliefert. Es wird sich nicht klären lassen, welchen Anteil ein derart erfahrener Mann in der Stunde lebenswichtiger Entscheidungen am Schicksal der umgekommenen oder der glücklich geretteten Menschen gehabt hat.

(→ Schuldfrage)

Zwischendeck

Noch um die Jahrhundertwende nutzten die Reedereien die Not der Auswanderer aus, die ihren Weg in die neue Welt antraten. In einzelnen Abmachungen heißt es, daß der Auswanderer sich verpflichten sollte, nach der Reise durch besondere, ihm vom Reeder anbefohlene Arbeiten einen Teil seiner Überfahrtkosten »abzuverdienen«. (14) Damit wird umschrieben, daß noch zum Ende des 19. Jahrhunderts die Auswanderer durch die Reeder »verkauft« wurden. Im Gesetz

über das Auswanderungswesen vom 9. Juni 1897 wurden erstmals Grundforderungen für die Versorgung der Auswanderer an Bord von Schiffen fixiert: »Der Unternehmer ist verpflichtet, während der Seereise entsprechend für das körperliche Wohl des Auswanderers Sorge zu tragen ... Während der Seereise ist jedem über 10 Jahre alten Reisenden eine Schlafkoje mit Matratze, Kopfpfühl und Schlafdecke zur Benutzung zu überweisen, demselben ferner täglich mindestens drei Mahlzeiten zu verabreichen und ihm das dazu nötige Eß- und Trinkgeschirr unentgeltlich zur Verfügung zu stellen, ihm ferner das erforderliche Trink- und Waschwasser sowie die erforderlichen Wascheinrichtungen zu gewähren ...«

Das Gesetz vergaß auch nicht, darauf zu verweisen, »daß für die Klosetts entsprechend zu sorgen (sei), so daß für je 50 männliche und für je 50 weibliche Auswanderer mindestens ein Klosett zu deren ausschließlichem Gebrauch dient ...«

So wird die Meinung von Wyn Craig → Wade verständlich, wenn er anerkennend über die 3.-Klasse-Ausstattung der ›Titanic‹ schreibt: »... auf dem Schiff konnten sich auch Zwischendeck-Passagiere kaum über etwas beklagen: Viele genossen hier mehr Annehmlichkeiten und besseres Essen als je zuvor in ihrem Leben.« (66)

Auf anderen Schiffen war es durchaus noch üblich, Auswanderer in einem sogenannten Zwischendeck zu transportieren, in dem wahlweise Güter, Vieh oder Menschen befördert wurden. Auch auf der ›Titanic‹ war es noch möglich, nicht benötigte Räumlichkeiten, die der 3. Klasse als Passagierunterkunft dienten, bedingt für den Transport von Fracht und Gepäck zu nutzen. Was die Ausstattung der ›Titanic‹ für die Passagiere der 3. Klasse betraf, so nahm die White Star Line Rücksicht auf entsprechende Gesetze sowie auf die amerikanische Öffentlichkeit, die schon längere Zeit die unmenschlichen Zustände an Bord europäischer Schiffe argwöhnisch im Auge hatte. So gab es amerikanische Vorschriften, nach denen der Raum für diese Passagiere um 20% größer zu sein hatte, als es entsprechende englische Gesetze zu diesem Zeitpunkt vorsahen. Die ›Titanic‹ bot für 1134 Passagiere der 3. Klasse eine den damaligen Verhältnissen mehr als angemessene Unterkunft, Verpflegung und Versorgung.

Bei der Befragung überlebender Besatzungsmitglieder und Passagiere wurde behauptet, daß die Zugänge zu den Salons der 3. Klasse und die Durchgänge zu den anderen Decks angeblich nicht abgesperrt waren, die Passagiere also auch nicht daran gehindert wurden, im normalen Tagesablauf auf See ihre Quartiere zu verlassen. Erst der Katastrophenfall sollte deutlich machen, daß die Auswanderer auch auf der ›Titanic‹ gegenüber den Passagieren der 1. und 2. Klasse im Nachteil gewesen sind. Unter den Überlebenden (→ Ankunft Überlebender) befanden sich weit mehr Reisende der 1. und 2. Klasse als aus der 3. Klasse.

Glossar – Erläuterungen seemännischer Begriffe

Achtern:
Hinterer Teil eines Schiffes

Ankerspill:
Vorrichtung zum Fieren und Einhieven (Aufwickeln, Aufziehen) von Anker und Kette

Back:
Ein auf das Vorschiff aufgesetzter Aufbau

backbord:
Linke Seite eines Schiffes, vom Heck nach vorn gesehen, in Fahrtrichtung vorwärts

Bilge:
Unterster Raum (Kielraum) eines Schiffes, in dem sich Wasser sammeln kann. Aus der Bilge wird das Wasser mittels Pumpen abgesaugt.

Bootsdeck:
Das Deck, auf dem die Rettungsboote zugänglich sind, an → Davits hängend befestigt oder befestigt abgestellt. Bei der ›Titanic‹ war es das oberste Deck.

Bootsrolle (Schiffsrolle, Sicherheitsrolle):
Richtlinie für das Verhalten im Seenotfall und zur Bemannung der Rettungsboote (der Besetzung der Boote mit sachkundigen, für diese spezielle Aufgabe namentlich bestimmten Seeleuten)

Brücke (auch Kommandobrücke):
Erhöhter Aufbau eines Schiffes, von dem aus das Schiff geführt wird. Hier befindet sich das Personal der Seewache, das Ruder, der Karten- und Funkraum sowie die Navigationsgeräte. Sie wird durch eine → Nock begrenzt.

Brückennock:
Auf der Höhe der Brücke rechts und links kleiner herausragender Schiffsteil – einem Erker gleich – von dem aus man Schiffsmanöver direkt beobachten und ggf. steuern kann.

Bug:
Das vordere Ende, die Spitze des Schiffes

Davits:
Schwenkbare Kranarme an Deck eines Schiffes zum Aufnehmen und Aussetzen der Rettungsboote

Dock:
Anlage zum Anheben (Trockenlegen) und Absenken von Schiffen beim Bau oder bei Ausbesserungsarbeiten. Trockendocks, Schwimmdocks, Bergungsdocks oder durch Dock-Tore abgeteilte, gezeitenfreie Hafenbecken (Dockhäfen)

Etmal:
Fahrstrecke, die ein Schiff in 24 Stunden (eines astronomischen Tages) von 12.00 Uhr mittags eines Tages bis 12.00 Uhr mittags des nächsten Tages zurücklegt

Gangway:
Bewegliche Rampe, über die Passagiere und Besatzung das Schiff verlassen oder betreten können

Havarie:
Jede Art von Schiffsunfall

Helling:
Bauplatz eines Schiffes

Heck:
Hinteres Ende eines Schiffes

Jungfernfahrt:
Die erste Reise eines neu gebauten Schiffes

Kartenraum:
Zur Brücke gehörender Raum, in dem sich Seekarten, nautische Handbücher und Chronometer befinden. Hier werden auch schrift-

liche nautische Arbeiten wie z. B. Standortberechnungen erledigt.

Knoten:
Abgekürzt »kn«, bezeichnet die Geschwindigkeit eines Schiffes pro Stunde. Gemessen wird mit dem → Log. 1 Knoten entspricht einer → Seemeile pro Stunde.

Koppelnavigation:
Bestimmen des geschätzten Schiffsstandortes aus Kurs, Fahrt und Zeit, ausgehend vom letzten wahren Schiffsort

Krähennest:
Meist kleiner, geschützter Stand in Tonnenform am vorderen Mast als Platz für den Ausguck

Log:
Instrument zum Bestimmen der Geschwindigkeit eines Schiffes. Eine Leine mit Knoten, die in regelmäßigen Abständen angebracht sind, läuft aus dem Log und ermöglicht so die Bestimmung der Geschwindigkeit.

Lot:
Instrument zum Messen der Tiefe eines von einem Schiff befahrenen Gewässers. Das Handlot (markierte Schnur mit Bleigewicht) wurde auf größeren Schiffen durch das Echolot abgelöst.

Nautiker:
Vereinfachte Bezeichnung für »nautische Offiziere« eines Schiffes, die aufgrund ihrer speziellen Ausbildung berechtigt sind, notwendige Messungen zur Ortsbestimmung, Geschwindigkeit und Kursfestlegung vorzunehmen

Nock: → Brückennock

Poller:
Fest verankerter, starker, einfacher oder doppelter Pfahl aus Holz oder Stahl zum Festmachen von Leinen und Trossen

Quartermeister:
Ein ausgewählter Matrose, der nur als Rudergänger (Matrose, der das Ruder bedient) auf der Brücke eingesetzt wird

Seemeile:
Abgekürzt »sm«, entspricht 1,852 Kilometern

Sextant:
Instrument zur Bestimmung des Winkels, den die Sonne oder andere Gestirne zum Horizont bilden. Er ermöglicht bei wolkenlosem Himmel auf See u. a. die Bestimmung des Standortes eines Schiffes.

steuerbord:
Die rechte Seite eines Schiffes in der jeweiligen Vorwärtsfahrtrichtung

Steven:
Bezeichnet die vordere oder hintere Begrenzung des Schiffskörpers (Vordersteven oder Hintersteven, auch Achtersteven genannt)

Tenderschiff:
Speziell für den Zubringerverkehr zu Großschiffen (heute Kreuzfahrtschiffen) konstruiertes kleineres Schiff, mit dem Passagiere, Mannschaften und Gepäck zu den Schiffsliegeplätzen befördert werden

Trimmer:
Besatzungsmitglied, ist Gehilfe des Heizers. Er bringt die Kohle dem Heizer vor die Kesselfeuer und hat die Asche zu entsorgen (auf See außenbords mit einem Wasserschwall; im Hafen in sogenannten Aschesäcken).

Vormast:
Mast, der auf der ›Titanic‹ vor der Brücke stand und an dem sich das → Krähennest befand

Zwischendeck:
Wohndeck für Passagiere, zumeist unvermögende Auswanderer. Ursprünglich das Deck mit geringer lichter Höhe, das wahlweise für Fracht, Viehtransporte oder für Unterkünfte von Billigpassagieren genutzt wurde

Verzeichnis der Personennamen

Verzeichnis der Schiffsnamen

Literaturverzeichnis

Buchveröffentlichungen

(1) Anderson, Roy: White Star. Lancashire 1964

(2) Archbold, Rick & McCauley, Dana: Das letzte Dinner auf der Titanic. München 1997

(3) Ballard, R. D.: Das Geheimnis der Titanic. Berlin 1988

(4) Ballard, Robert D.: Lost Liners. München 1997

(5) Banse, E.: Lexikon der Geographie. Braunschweig 1923

(6) Belkin, Semjen Isaakowitsch: Golubaja lenta atlantiki. Leningrad 1990

(7) Blumenschein, U.: Luxusliner. Berlin – Darmstadt – Wien 1976

(8) Bonsall, Thomas: Titanic. New York 1989

(9) Bown, Mark & Simmons, Roger: R.M.S. Titanic – A Portrait in Old Picture Postcards. Shropshire 1987

(10) Brosin, H. J. (Hrsg.): Das Weltmeer. Leipzig – Jena – Berlin 1984

(11) Brown, A.: Women and Children Last – The Loss of the Steamship »Arctic«. New York 1961

(12) Bürgel, B. H.: Anfang und Ende. Berlin 1947

(13) Bullock, Shan: A Titanic Hero – Thomas Andrews, Shipbuilder. Baltimore 1913

(14) Busley, C.: Die neueren Schnelldampfer der Handelsmarine. Kiel – Leipzig 1892

(15) Cussler, Clive: Hebt die Titanic! Berlin – München 1980

(16) Dekany, A.: SOS – Titanic. Budapest 1973

(17) Dittmar- Pittmann, M.: Ein Menschenalter auf dem Meere. Berlin – Leipzig 1926

(18) Dodge, W.: The Loss of the Titanic. Riverside 1912

(19) Eaton, John P. & Haas, Charles A: Titanic. Legende und Wahrheit. Königswinter 1997

(20) Eaton, John P. & Haas, Charles A.: Titanic – Triumph und Tragödie. München 1997

(21) Enzensberger, H. M.: Der Untergang der Titanic – Eine Komödie. Frankfurt/Main 1981

(22) Flamm, O.: Schiffbau – Seine Geschichte und Entwicklung. Berlin 1907
(23) Flamm, O.: Sicherheitseinrichtungen der Seeschiffe. Berlin 1904
(24) Fosnes-Hansen, Eric: Choral am Ende der Reise. Köln 1995
(25) Gardiner, Robin & Van der Vat, Dan: Die Titanic-Verschwörung. München 1996
(26) Gerdau, K.: Der Kapitän in der Literatur. Herford 1980
(27) Gilsenbach, R.: Der ewige Sindbad – Merkwürdige Historie phantastischer Reisen zu Lande, zur See und ins All. Berlin 1981
(28) Gottschewsky, K.: Die unsichtbare Brücke. Rostock 1987
(29) Hauptmann, G.: Atlantis. Berlin 1925
(30) Hess, Harro & Hessel, Manfred: Titanic – zwei Gesichter einer Katastrophe. Berlin 1989
(31) Hess, Harro & Hessel, Manfred: Titanic – zwei Gesichter einer Katastrophe. Bindlach 1995
(32) Hesse, H.: Der Untergang der Titanic. Zürich 1986
(33) Höfert, Siegfried: Gerhart Hauptmann und der Film. Berlin 1987
(34) Kellermann, B. B.: Der Tunnel. Berlin 1972
(35) Kellermann, B. B.: Das Blaue Band. Berlin 1985
(36) Kludas, A.: Die großen Passagierschiffe der Welt. Oldenburg – Hamburg 1972
(37) Klute, F. (Hrsg.): Handbuch der geographischen Wissenschaften. Postdam 1933
(38) Köppen, W.: Grundlinien der maritimen Meteorologie. Hamburg 1899
(39) Krupkat, G.: Das Schiff der Verlorenen. Berlin 1964
(40) Lächler, P. & Wirz, H.: Die Schiffe der Völker. Olten – Freiburg 1965
(41) Ley H. v. der & Wetterholm, C.-G.: Expedition Titanic. Stuttgart 1997
(42) Lightoller, Charles H.: Titanic and Other Ships. London 1935
(43) Lord, Walter: Die Titanic-Katastrophe. München 1977
(44) Lord, W.: Die letzte Nacht der Titanic. Klagenfurt 1984
(45) Korotkin, I. M.: Seeunfälle und Katastrophen von Kriegsschiffen. Berlin 1982
(46) Kuntz, Tom: Titanic-Protokolle. Die Berichte der Überlebenden. Schindellegi 1998
(47) McCaughan, Michael: Steel, Ships and Iron Men. Belfast 1989

(48) McCluskie, Tom: Die Titanic im Detail. Augsburg 1998
(49) Mills, Simon: RMS Olympic – The Old Reliable. Dorset 1993
(50) Pellegrino, Charles: Die letzte Fahrt der Titanic. München 1998
(51) Pelz von Felinau, J.: Titanic – Tragödie eines Ozeanriesen. Berlin 1939
(52) Pelz von Felinau, J.: Atlantik – Geschichten über die Seefahrt. Berlin 1948
(53) Pelz von Felinau, J.: Titanic – Tragödie eines Ozeanriesen. Frankfurt/Main 1986
(54) Prechtl, Robert: Der Untergang der Titanic. Bremen o. J.
(55) Robertsen, M.: Futility. New York 1989
(56) Rook, Hans-Joachim: Die Jagd ums Blaue Band. Berlin 1990
(57) Rose, A.: Build your own Titanic. New York 1981
(58) Scharnow, U. (Hrsg.): Lexikon Seefahrt. Berlin 1984
(59) Schneider, W.: Mythos Titanic – Das Protokoll einer Katastrophe. Hamburg 1986
(60) Seehandbuch Kanal, Teil I. Berlin 1973
(61) Skrjagin, L.: Vor Kap Hattaras gesunken – Schiffskatastrophen auf sieben Weltmeeren. Leipzig 1964
(62) The Deathless Story of the Titanic. London 1984
(63) Ticehorst, Brian: Titanic's Memorials, world-wide. Southampton 1996
(64) Ticehurst, Brian: Titanic-Southampton's Memorials. Southampton 1998
(65) Tschörtner, H. D.: Nachwort zur Romanasgabe »Atlantis« von G. Hauptmann. Berlin – Weimar 1971
(66) Wade, W. C.: Titanic – das Ende eines Traums. Oldenburg – Hamburg – München 1981
(67) Wall, R.: Die goldene Zeit der Ozeanriesen. Gütersloh 1977
(68) Wilson, Neil: Die großen Schiffskatastrophen. Augsburg 1998

Zeitschriftenaufsätze

(69) Anonym: Das englische Urteil über die Titanic-Katastrophe. In: Hansa, deutsche nautische Zeitschrift. 1912/H. 33
(70) Anonym: Titanic – Mit Händels Largo in die Tiefe. In: Buch aktuell. 1995
(71) Anonym: Die Pleite. In: Der Spiegel. 1987/H. 45
(72) Bäbler, Günter: Nomadic und Traffic. In: Titanic-Post. 1996/Nr. 16

(73) Bäbler, Günter: Aufgetaucht: In Nacht und Eis. In: Titanic-Post. 1998/H. 23
(74) Ballard, R. D. & Michel, J.-L.: How we found Titanic. In: National Geographic. Washington D. C. 168 (1985) 6
(75) Ballard, R. D.: A long Last Look at Titanic. In: National Geographic. 1986/H. 6
(76) Ballard, R. D.: Epilogue for Titanic. In: National Geographic. 1987/H. 4
(77) Ballard, Robert D.: Auf der Suche nach der Titanic. Hamburg 1988
(78) Bancroft, Caroline: The Unsinkable Mrs. Brown. Boulder 1963
(79) Barabas, Daniel: Mehr Boote – mehr Leben? In: Titanic-Post. 1998/Nr. 24
(80) Barndt, G.: Die Titanic in Literatur und Film. In: Panorama maritim. Rostock 1981/Nr. 12
(81) Baschin, O.: Die Gefahren des Eises. In: Deutsche Schiffahrt. Berlin 1913
(82) Bethge, H.G.: Titanic und Andrea Doria – zwei Schiffskatastrophen und ihre Auswirkungen auf die Sicherheitsvorschriften zum Schutze des menschlichen Lebens auf See. In: Marinewesen. Berlin 10 (1971) 9, 10
(83) Brennecke, J.: Neue Fakten zur Titanic-Katastrophe. In: Schiff und Zeit. 1976
(84) Deutsche Presseagentur (DPA): Agenturmeldungen 1998. 24.01/15.05
(85) Dudley, B.: The Construction of Titanic. In: Steamboat Bill. Spring 1972
(86) Elliot, B.: Where exactly did Titanic sink? In: Safety at Sea. London (1980) 6
(87) Engberg-Klarström, Peter: Wie viele waren es wirklich? In: Passengers and Crew. 1995
(88) Foerster, E.: Die Titanic-Katastrophe in der Technik-Geschichte. In: Werft-Reederei-Häfen. Berlin 1942/3.
(89) Hepper, G.: Wracks auf dem Meeresgrund – wem gehören sie? In: Wissenschaftliche Beiträge der Ingenieurhochschule für Seefahrt. 1984/4
(90) Hess, H.: Was suchte das Pentagon in der Titanic? In: Volksarmee. Berlin 1986/3
(91) Hess, H.: Legenden und Wahrheiten über die Titanic. In: Technische Gemeinschaft. Berlin 1987/8
(92) Hess, H. & Hessel, M.: Die zwei Gesichter der Titanic. In: Wochenpost. Berlin 1988, Heft 19 bis 23

(93) Hess, Harro: Das Titanic-Dorf. In: Das Magazin. Berlin 1999
(94) Hessel, M.: Der kapitalistische Konkurrenzkampf in der Seeschiffahrt bei der Jagd um das Blaue Band des Atlantischen Ozeans. Warnemünde – Wustrow 1983
(95) Hessel, M.: Der Kampf um das Blaue Band. In: Horizont. Berlin 1983/17
(96) Hessel, Manfred: Der »vergessene« Heizertunnel auf der Titanic. In: Passengers and Crew. 1995
(97) Hessel, Manfred: Vom Rätsel zur ›Verschwörung‹. Titanic-Post, 1997/H. 21
(98) Hoffmann, William & Grimm, Jack: Beyond Reach. New York
(99) N.N.: Titanic-Nachbauten? In: Titanic-Post. 1998/H. 24
(100) Lausch, E.: Die gezähmten Ungeheuer. In: Geo-Magazin. Hamburg 1985/H.12
(101) Lutterbeck, Claus: Die Schätze der Titanic. In: Stern, 1987/H. 45
(102) Mc Grace, P. T.: Mystery, Tragedy and Adventure in Iceberg's Path. In: New York Times. 1912/21.04.
(103) Murken, E.: Die großen transatlantischen Linienreedereiverbände. Jena 1922
(104) M. W.: Die Entschädigung für die Postsachen der Titanic. In: Deutsche Schiffahrt. 1912/H. 5
(105) Lynch, Don & Marschall, Ken: Titanic – Königin der Meere. München 1992
(106) Ortroli, S.: La Péche au Sonar. In: La Recherche. Paris 1985/10
(107) Rumler, Fritz: Apokalypse, wow! In: Spiegel. 1997/H. 48
(108) Scheu, R.: Die Welt in diesem Monat. In: Simplicissimus. Berlin 1912/1
(109) Schneider, Wolf: Titanic: Der ewige Mythos. In: Geo. 1997/12
(110) Schneider, Wolf: Suche nach der Titanic. In: Spiegel.1980/29
(111) Siwek, Thomas: Titanic – Die komplette Anleitung zum Selberbauen. Köln 1993
(112) Streller, Friedbert: Titanic-Untergang im Opernhaus. In: Das Orchester. 1994/H. 12
(113) Zeyher, Armin: Olympic – die kleine Schwester der Titanic. In: Titanic-Post. H. 18/20

Zeitschriften

(114) Der Film. Berlin 1942
(115) Deutsche Schiffahrt-Zeitschrift für Schiffbau. Berlin 1911 und folgende Jahre
(116) Elektrotechnische Zeitschrift – Zeitschrift des VDE. Berlin 1912
(117) Engineering. London 1912
(118) Engineering News. London 1912
(119) Geo-Magazin. Hamburg 1986 und folgende Jahre
(120) Hansa – Deutsche nautische Zeitschrift. Hamburg 1912 und folgende Jahre
(121) Hobby – Magazin für die Freizeit. Hamburg 1985
(123) International Marine Engineering. London 1912
(124) Marine Engineer. London 1907
(125) National Geographic – Official Journal of the National Geographic Society. Washington D.C. 1985, 1986
(126) Panorama maritim – Mitteilungsblatt des DDR-Arbeitskreises für Schiffahrts- und Marinegeschichte. Rostock 1982 und folgende Jahre
(127) Schiffbau. Berlin 1912
(128) Schiff und Zeit. Herford 1976, 1986
(129) The Shipbuilder. London 1911, 1912
(130) Titanic-Post. 1997 und folgende Jahre
(131) Wissenschaftliche Beiträge der Ingenieurhochschule für Seefahrt Warnemünde – Wustrow. Warnemünde 1982 und folgende Jahre
(132) Bild der Wissenschaft. Hamburg 1985 und folgende Jahre
(133) Jugend und Technik. Berlin 1982 und folgende Jahre
(134) P. M. – Peter Moosleitners interessantes Magazin. München 1985 und folgende Jahre
(135) Wochenpost. Berlin 1985 und folgende Jahre

Zeitungen/Journale/Drucksachen/Presseagenturen

(136) Allgemeiner Deutscher Nachrichtendienst (ADN). Berlin
(137) Associated Press (AP)
(138) Ausstellungsbegleitheft, Schiffahrtsmuseum Rostock. Kunze, Christian, Piechulek, R.: Titanic – Rückkehr eines Mythos
(139) Berliner Illustrierte Zeitung. Berlin 1912
(140) Berliner Tageblatt. Berlin 1912 und folgende Jahre

(141) Bord Journal Titanic. Programmheft Nr. 1, Staatstheater Cottbus. Hrsg. von Carola Böhnisch, Cottbus 1995
(142) Bunte Illustrierte. München 1985
(143) Daily Express. London
(144) Der Morgen. Berlin 1960
(145) Der Spiegel. Hamburg 1980 und folgende Jahre
(146) Der Tagesspiegel. Berlin 1985
(147) Der wahre Jacob. Stuttgart 1912
(148) Deutsche Presseagentur (DPA)
(149) Deutsches Schiffahrtsmuseum: Infoservice 1998, S. 1
(150) Die Woche. Berlin 1912 und folgende Jahre
(151) Economist. London
(152) Exchange Telegraph Company. London 1912
(153) Expedition Titanic – die Ausstellung. Ausstellungskatalog, Hamburg 1997
(154) Frankfurter Allgemeine Zeitung. Frankfurt/Main 1985
(155) Frau im Spiegel. Hamburg 1985
(156) Gedenkblätter: Imperator auf See (Hapag). Hamburg 1913
(157) Hamburger Abendblatt. Hamburg 1986
(158) Horizont. Berlin 1981
(159) Neue Zürcher Zeitung. Zürich 1985
(160) Neues Deutschland. Berlin 1985 und folgende Jahre
(161) Paris Match. Paris 1959, 1982
(162) Rheinischer Merkur. Köln 1986
(163) Schweizer Illustrierte Zeitung. Zürich 1956
(164) Simplicissimus. Berlin 1912, 1913
(165) The Titanic Commutator: The journal of the Titanic Historical Society 1993 und folgende Hefte
(166) Titanic – Southampton and District Information Sheet. Southampton o.J.
(167) Titanic-Spurensuche, Ideen für den Unterricht; Stiftung Lesen (Hrsg). Mainz 1997
(168) Titanic – vom Mythos eines Schiffes. Ausstellungskatalog, Filmmuseum Potsdam, 1992
(169) The New York Times. New York 1912
(170) Volksblatt Berlin. Berlin 1985
(171) Vossische Zeitung. Berlin 1912 und folgende Jahre
(172) Die Zeit. Hamburg 1986
(173) United Press International (UPI)

Zeitungsveröffentlichungen

(174) Dabson, Christopher: Fotojagd auf die Titanic. Stuttgarter Zeitung, 1980/1.8.
(175) De Weck, Roger: Enttäuschte Franzosen. Die Zeit, 1985/39
(176) Dominik, Hans: Der drahtlose Verkehr zur See. Der Tag, Berlin 1912/26.4.
(177) Garett, Gerald: Nach 84 Jahren soll die ›Titanic‹ in New York landen – in Stücken. Frankfurter Allgemeine Zeitung 1996/28.08.
(178) Gütt, Dieter: Fortschritt bis zum Untergang. Stern 1985
(179) Henning, Gustav A:; Tote wird man niemals finden. Hamburger Abendblatt, 1985/21.7.
(180) Hochhut, Rolf; Die Spitze des Eisberges. Berliner Morgenpost 1995/18.2.
(181) M. W.: Die Entschädigung für die Postsachen der Titanic. Deutsche Schiffahrt, 1912/H. 5
(182) Mester, Nandor & Szabo, Imre: Nepszaba. Budapest 1985/ 4. September
(183) Rostron, Arthur H.: The Rescue of the Titanic Survivors. Scribners Monthly,1983
(184) Trippel, v.: Titanic und deutsche Passagierdampfer. Der Tag, Berlin 1912/23.4.
(185) Wildenbruch, Ernst von: Schiffbruch. Vossische Zeitung, Berlin 1912/17.4.

Persönliche Mitteilungen und Korrespondenzen

(186) Barndt, G.: persönliche Mitteilung
(187) Film-Museum der DDR: briefliche Mitteilung v. 14. 8. 1986
(188) Herrmann, D. B.: briefliche Mitteilung v. 3. 7. 1985
(189) Kolbe, Günter: persönliche Mitteilung v. 10. 1. 1999
(190) Krupkat, G.: persönliche Mitteilung v. 8. 7. 1986
(191) Lauber, R.: briefliche Mitteilung v. 10. 10. 1985
(192) Pelz von Felinau, Irene: briefliche Mitteilung v. 18. 9. 1982 und vom Januar 1986 sowie persönliche Mitteilung vom Juni 1987
(193) Piontkowski, P.: briefliche Mitteilung v. 11. 12. 1986
(194) Siebert, Horst Wilhelm: persönliche Mitteilung vom 27. 1. 1999
(195) Streichler, S.: briefliche Mitteilung v. 30. 1. 1987

(196) Stadtarchiv Erfurt: briefliche Mitteilungen 1986
(197) Gesprächsprotokoll eines Besuchs bei Irene Pelz von Felinau, 1987 in Berlin (nachträgliche Zusammenfassung)
(198) Günther, E.: briefliche Mitteilung vom 10.02.1998

Dokumente

(199) Bundesarchiv Koblenz: Akten-Nr. R 109, II vorl. 26 o. S.
(200) Instruktionen für Schiffsoffiziere (Hapag). Hamburg 1898
(201) Reichs-Film-Prüfstelle-Filmbegleitkarte zum Tobis-Film Titanic. Berlin, 30. April 1943
(202) Report on the Loss of the Titanic (S.S.). London 1912
(203) Sea-Ice-Information Services in the World: WMO Nr. 574. Genf 1981
(204) US-Congress Senate Documents: Vol 28 No. 726 – Wreck of the Titanic Steamship. – 28th Congress, 2nd Session 1911 – 1912. Washington 1912
(205) Ehemaliges Staatsarchiv, Dienststelle Merseburg, Signatur 2.2.1., Nr. 29033, Blatt 263 und 276

Videos, Tonträger, CD-ROM

(206) Titanic, James Cameron, 20th Century Fox. Video Nr. 042101/1998
(207) Das Geheimnis der Titanic. National Geographic Video. 71063/1993
(208) Titanic-Dokumentation. RTL 1993/7.2.
(209) Titanic. Die großen UFA-Klassiker. BMG-Video Nr. 3985/1997
(210) White Star Orchestra. CD
(211) Ballard, Robert D.: Expedition zur Titanic. CD-ROM. United Soft Media, München 1998
(212) L' Salonisti: And The Band Played On. CD, Köniz

Anschriften von Titanic-Gesellschaften

The British Titanic Society
PO Box 401
Hope Carr Way
GB-Leigh.Lancs. WN7 3WW

Zeitschrift: The Atlantic Daily Bulletin

Titanic International Inc.
PO Box 7007
USA Freehold
New Jersey 07728-7007

Zeitschrift : Voyage

The Titanic Historical Society
PO Box 51053
Indian Orchad
USA Massachusetts
01151-0053

Zeitschrift: The Titanic Commutator

Titanic-Verein Schweiz
Postfach 407
CH-8636 Wald

Zeitschrift : Titanic-Post

Titanic Informations-Center Deutschland e.V.

Postfach 1214
87618 Füssen

Titanic-Seiten im www

www. fireball.de/surflips/art tit html

www. yahoo.de/promotions/events/titanic.html

www. rmplc.co uk/eduweb/sites/phind/

Register

Bildnachweis

Archive der Buchverlage Herbig Langen Müller
Seiten: 15, 19, 20, 86, 104, 110, 117, 136, 137, 142, 143, 160, 162, 163, 166, 190, 203, 213
Archiv Hessel:
Seiten: 31, 43, 49, 50, 55, 241
Bundesarchiv Koblenz
Seiten: 12 (Bundesarchiv/Bild 183/1985/0909/16), 90 (Bundesarchiv/Bild 183/1986/0731/28), 94 oben (Bundesarchiv/Bild 183/1986/0719/5), 94 unten (Bundesarchiv/Bild 183/1985/0909/15)
Deutsches Schiffahrtsmuseum Bremerhaven
Seite: 227
Hess, Gisela
Seiten: 23, 24, 25, 33, 88, 108, 109, 150, 151, 225, 226
Hessel
Seite 95
Meyer-Werft Papenburg
Seite: 228
Sammlung Hess
Seiten: 17, 18, 25, 44, 47, 59, 60, 61, 64, 74, 77, 79, 83, 84, 85, 88, 89, 96, 97, 98, 105, 106, 111, 112, 131, 132, 135, 143, 147, 148, 161, 186, 189, 205, 209, 216, 218, 219, 223, 224
Sammlung Peverstorf
Seiten: 51, 52
Staatsarchiv Merseburg
Seite: 244
Staatstheater Cottbus:
Seite: 149
Archiv transpress Verlag, Zeichnungen von Klaus Huhndorf
Seiten: 66, 69, 71, 101, 127, 129, 155, 156, 169, 170, 176, 179, 181, 185, 247, 248, 250 und Vorsatz
URANIA Berlin
Seite: 26

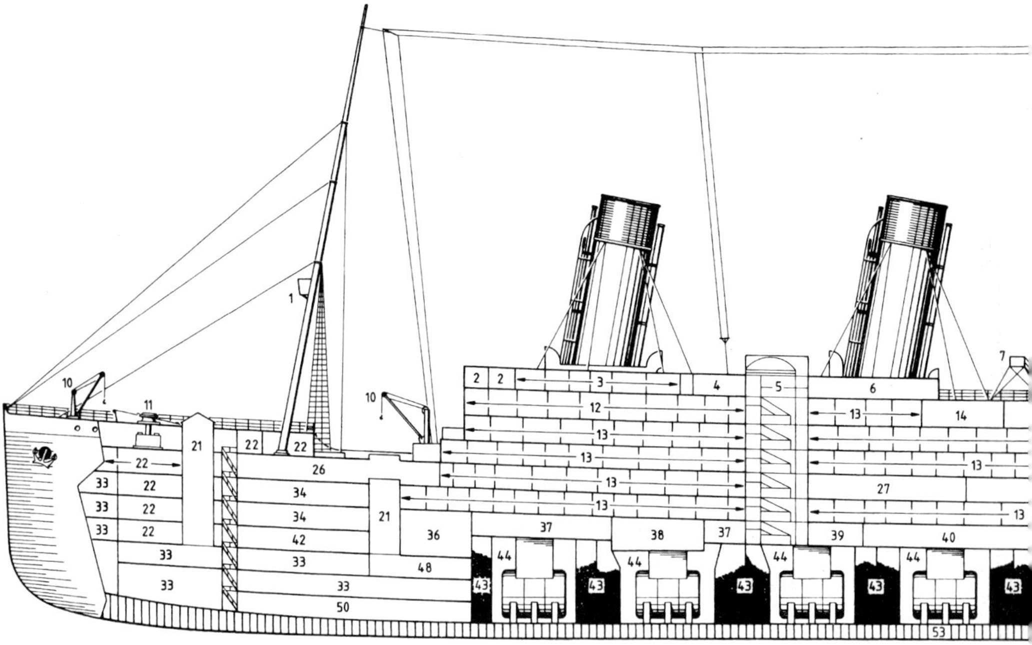

Schematischer Längsschnitt durch den Schiffskörper der ›Titanic‹

1 Krähennest
2 Kommandobrücke
3 Offizierskabinen
4 Funkraum
5 Vestibül und Treppenhaus 1. Klasse
6 Gymnastikraum
7 Kompaß
8 Bootsdeck
9 Treppenhaus 1. Klasse
10 Ladekräne
11 Ankerwinde
12 Suiten 1. Klasse
13 Kabinen 1. Klasse
14 Schreibsalon
15 Salon 1. Klasse
16 Rauchsalon 1. Klasse
17 Bar 1. Klasse
18 Restaurant
19 Rauchsalon 2. Klasse
20 Empfang 2. Klasse
21 Ladeschacht
22 Besatzungsräume
23 Speiseraum für Butler und Zofen
24 Bibliothek
25 Rauchsalon 3. Klasse
26 Wandelgang 3. Klasse